普通高等教育"十一五"国家级规划教材

复旦卓越·数学系列

高等职业技术院校教材

实用数学（下册）
工程类

编委会主任　刘子馨
编委会成员（按姓氏笔画排列）
　王　星　　叶迎春　　孙卫平　　孙福兴　　许燕频　　应惠芬
　张圣勤　　沈剑华　　金建光　　姚光文　　诸建平　　焦光利

本书编写成员
　主　编　张圣勤　　叶迎春
　副主编　姚光文
　编　著（按姓氏笔画排列）
　　王　星　　孙卫平　　孙福兴
　主　审　沈剑华

复旦大学出版社

内容提要

《实用数学》共分上、下两册（下册分为经管类和工程类两种）.下册共分6章，分别介绍了二阶微分方程、拉普拉斯变换、多元函数微积分初步、无穷级数、图与网络基础、概率论基础，以及相关数学实验、数学建模、数学文化等内容.书末所附光盘内含本书数学实验和数学建模的教学辅助软件.同时，本书还有配套练习册可供选用.

本书可作为高职高专或者普通本科院校的高等数学、工程数学课程教材，也可以作为一般工程技术人员的参考书.

前　言

欢迎使用这套《实用数学》教材.本套教材根据教育部现行高等职业教育数学教学大纲、教学基本要求,组织上海市部分高等职业技术院校和普通高校长期从事高职数学教学的资深教师编写,主要适用于高职高专工科学生或普通高校工科学生,也可作为高职成人教育教材和自学考试学生的课外教材,同时也可作为一般工程技术人员的参考书.

随着当今计算工具和计算技术的飞速发展,数学这门既传统又古老的基础课程也正在发生着深刻的变化.放眼当今世界的科学技术界,手工设计和计算正在或即将成为历史,代之而起的是计算机设计和计算.高等数学课程的计算功能正在与计算机技术密切结合形成众多的计算技术和计算软件,而这些计算技术和计算软件正在科学领域、工程领域、经济管理等领域发挥着不可替代的作用.作为高等教育重要基础课程的高等数学应该教什么、怎么教的问题比任何时候都要突出.在这样一个大背景下,在本书的编写过程中,作者们本着顺应时代潮流,对国家和民族负责、对学生负责的态度,以构建适合于我国国情的高职教育的公共课程体系为己任,以符合大纲要求、优化结构体系、加强实际应用、增加知识容量为原则,以新世纪社会主义市场经济形势下制造业对人才素质的要求为前提,以高职数学在高职教育中的功能定位和作用为基础,努力编写一套思想内涵丰富、实际应用广泛、反映最新计算思想和技术、简单易学的高等数学教材.因此,在内容上删去了一些繁琐的推理和证明,比传统数学教材增加了一些实际应用的内容,力求把数学内容讲得简单易懂,重点让学生接受高等数学的思想方法和思维习惯;在习题的编排上加入了大量的例题和习题,并照顾到高职多专业的特点,力求做到习题难易搭配适当.知识与应用结合紧密、掌握理论与培养能力相得益彰;在结构的处理上,注意与现行高中及中职教学内容的衔接,同时注意吸收国内外高职教材的优点,照顾到高职各专业的特点和需要,适当精简结构,使之更趋合理.为跟上当今计算机应用的发展步伐和大学生参加数学建模的需要,特意增加了一些数学软件的实验和数学建模的练习.书中带有 * 号的内容为选学内容.

《实用数学》共分上、下两册(下册分为经济类与工程类两种).本书为下册工程类,内容包括二阶微分方程、拉普拉斯变换、多元函数微积分初步、无穷级数、图与网络基础、概率统计基础,以及相关的数学实验和数学建模、数学文化等.本书所附光盘内含本书数学实验和数学建模的教学辅助软件.同时,本书还配有配套练习册可供选用.使用本教材的学校可另外向复旦大学出版社索要教师用教学辅助光盘或到复旦大学出版社的网站下载,在光盘中我们为各使用学校和教师们准备了本书全套的标准化教案、教学用 PPT 课件等教学辅助资料.此外,教学辅助网站也正在建设中.

本书由张圣勤、叶迎春担任主编,并最后统稿.参与具体编写的有孙卫平(第 7 章)、叶迎春(第 8 章、第 10 章)、张圣勤(第 9 章及第 12 章的 §12.4 节)、王星(第 11 章及全书的数学实验部分)、孙福兴(第 12 章的 §12.1、§12.2、§12.3 和 §12.6 节).

在本书的编写过程中,各位作者得到了各参编院校各级领导的关心和支持,同时也得到了复旦大学出版社领导和各位编辑的支持,编写中也参阅了有关的文献和教材,在此一并表示衷心的感谢.

由于时间仓促,加之水平有限,书中疏漏错误之处在所难免,恳切期望使用本书的师生多提意见和建议,以便于再版时更正.

编　者

2010 年 1 月

目 录

第7章 二阶微分方程 …………………………………………………… 1

§7.1 二阶可降阶微分方程 ……………………………………………… 1

7.1.1 型如 $y''=f(x)$、$y''=f(x,y')$、$y''=f(y,y')$ 的方程 …………… 1

7.1.2 应用举例 ……………………………………………………… 3

练习与思考 7-1 …………………………………………………… 6

§7.2 二阶常系数线性微分方程 ………………………………………… 6

7.2.1 二阶线性微分方程解的结构 ………………………………… 6

7.2.2 二阶常系数齐次线性微分方程 ……………………………… 8

7.2.3 二阶常系数非齐次线性微分方程 …………………………… 10

7.2.4 二阶常系数线性微分方程应用举例 ………………………… 12

练习与思考 7-2 …………………………………………………… 14

§7.3 数学建模(五)——微分方程模型 ………………………………… 14

7.3.1 微分方程模型的基本概念 …………………………………… 14

7.3.2 放射性废料处理模型 ………………………………………… 18

7.3.3 船舶渡河路线模型 …………………………………………… 23

练习与思考 7-3 …………………………………………………… 27

本章小结 …………………………………………………………………… 28

本章复习题 ………………………………………………………………… 29

第8章 拉普拉斯变换 …………………………………………………… 31

§8.1 拉普拉斯变换的概念 ……………………………………………… 31

8.1.1 拉普拉斯变换的概念与性质 ………………………………… 31

8.1.2 常见函数的拉普拉斯变换 …………………………………… 36

练习与思考 8-1 …………………………………………………… 38

§8.2 拉普拉斯逆变换及其求法 ………………………………………… 39

练习与思考 8-2 …………………………………………………… 43

§8.3　拉普拉斯变换的应用 …………………………………………… 43
　　8.3.1　求解微分方程 ……………………………………………… 43
　　8.3.2　线性系统问题 ……………………………………………… 45
　　练习与思考 8-3 …………………………………………………… 46
§8.4　数学实验（六）——二阶微分方程与拉普拉斯变换 …………… 46
　　练习与思考 8-4 …………………………………………………… 48
本章小结 ………………………………………………………………… 48
本章复习题 ……………………………………………………………… 51

第 9 章　多元函数微积分初步 …………………………………… 52

§9.1　多元函数的基本概念 …………………………………………… 53
　　9.1.1　空间直角坐标系 …………………………………………… 53
　　9.1.2　二元函数及其极限与连续性 ……………………………… 55
　　练习与思考 9-1 …………………………………………………… 59
§9.2　偏导数与全微分 ………………………………………………… 59
　　9.2.1　二元函数的偏导数 ………………………………………… 59
　　9.2.2　高阶偏导数 ………………………………………………… 63
　　9.2.3　全微分的概念 ……………………………………………… 64
　　练习与思考 9-2 …………………………………………………… 67
§9.3　复合函数、隐函数的偏导数 …………………………………… 67
　　9.3.1　二元复合函数 ……………………………………………… 67
　　9.3.2　二元复合函数求导 ………………………………………… 67
　　9.3.3　隐函数求导法 ……………………………………………… 70
　　练习与思考 9-3 …………………………………………………… 72
§9.4　多元函数的极值 ………………………………………………… 72
　　9.4.1　二元函数的极值 …………………………………………… 72
　　9.4.2　最大值和最小值 …………………………………………… 74
　　9.4.3　条件极值与拉格朗日乘数法 ……………………………… 75
　　练习与思考 9-4 …………………………………………………… 77
§9.5　二重积分 ………………………………………………………… 78

9.5.1 二重积分的概念和性质 ………………………………… 78

9.5.2 二重积分的计算 …………………………………………… 81

9.5.3 二重积分的应用 …………………………………………… 89

练习与思考 9-5 …………………………………………………… 91

本章小结 ………………………………………………………………… 92

本章复习题 ……………………………………………………………… 94

第10章 无穷级数 …………………………………………………… 96

§10.1 无穷级数的概念 …………………………………………… 97

10.1.1 无穷级数及其收敛与发散的概念 …………………… 97

10.1.2 无穷级数的性质 ………………………………………… 99

10.1.3 常数项级数 ……………………………………………… 100

练习与思考 10-1 ………………………………………………… 104

§10.2 幂级数与多项式逼近 …………………………………… 105

10.2.1 幂级数及其收敛区间 ………………………………… 105

10.2.2 幂级数的性质 …………………………………………… 108

10.2.3 函数展成泰勒级数 …………………………………… 109

10.2.4 多项式逼近及其应用 ………………………………… 114

练习与思考 10-2 ………………………………………………… 117

*§10.3 傅立叶级数 ………………………………………………… 118

10.3.1 三角级数、三角函数的正交性 ……………………… 118

10.3.2 函数展开成傅立叶级数 ……………………………… 119

10.3.3 正弦级数与余弦级数 ………………………………… 124

练习与思考 10-3 ………………………………………………… 127

§10.4 数学实验(七)——二元函数微积分与无穷级数 …… 127

练习与思考 10-4 ………………………………………………… 129

本章小结 ……………………………………………………………… 129

本章复习题 …………………………………………………………… 132

第 11 章 图与网络基础 ………………………………………… 135

§11.1 最短路与中国邮路问题 ……………………………… 135
11.1.1 图的基本概念 …………………………………… 135
11.1.2 最短路问题 ……………………………………… 137
11.1.3 欧拉回路与中国邮路问题 …………………… 141
练习与思考 11-1 ……………………………………… 143

§11.2 网络流 ……………………………………………… 144
11.2.1 容量网络的基本概念 ………………………… 144
11.2.2 容量网络的最大流问题 ……………………… 146
11.2.3 网络最小费用最大流 ………………………… 150
练习与思考 11-2 ……………………………………… 151

§11.3 数学建模(六)——网络模型 ……………………… 152
11.3.1 最短路模型 …………………………………… 152
11.3.2 网络流模型 …………………………………… 155
练习与思考 11-3 ……………………………………… 157

§11.4 数学实验(八)——图与网络 ……………………… 158
练习与思考 11-4 ……………………………………… 159

本章小结 ……………………………………………………… 159
本章复习题 …………………………………………………… 160

第 12 章 概率统计基础 ……………………………………… 165

§12.1 随机事件及其概率 ………………………………… 165
12.1.1 随机现象与随机事件 ………………………… 165
12.1.2 随机事件的概率与古典概型 ………………… 169
练习与思考 12-1A …………………………………… 173
12.1.3 随机事件的条件概率及其有关的三个概率公式 …… 173
12.1.4 事件的独立性 ………………………………… 177
练习与思考 12-1B …………………………………… 179

§12.2 随机变量及其概率分布 …………………………… 180

12.2.1 随机变量及其概率分布函数 …………………………………… 180
12.2.2 离散型随机变量及其概率分布律 …………………………… 181
练习与思考 12-2A …………………………………………………… 185
12.2.3 连续型随机变量及其概率分布密度 ………………………… 185
练习与思考 12-2B …………………………………………………… 191
§12.3 随机变量的数字特征 ……………………………………………… 192
12.3.1 离散型随机变量的数字特征 ………………………………… 192
12.3.2 连续型随机变量的数字特征 ………………………………… 194
12.3.3 几个常见分布的数字特征 …………………………………… 195
*12.3.4 大数定律与中心极限定理简介 ……………………………… 196
练习与思考 12-3 …………………………………………………… 198
§12.4 一元线性回归分析 ………………………………………………… 198
12.4.1 一元线性回归分析中的参数估计 …………………………… 199
12.4.2 一元线性回归分析中的假设检验与预测 …………………… 207
12.4.3 可线性化的一元非线性回归 ………………………………… 213
练习与思考 12-4 …………………………………………………… 215
§12.5 数学实验(九) ……………………………………………………… 216
练习与思考 12-5 …………………………………………………… 217
§12.6 数学建模(七)——概率模型 ……………………………………… 218
12.6.1 外贸销售组织问题 …………………………………………… 218
12.6.2 报童卖报问题 ………………………………………………… 219
练习与思考 12-6 …………………………………………………… 222
本章小结 ……………………………………………………………………… 222
本章复习题 …………………………………………………………………… 225

附录一 有关概率统计用表 ………………………………………………… 228
附录二 参考答案 …………………………………………………………… 230

第 7 章

二阶微分方程

常微分方程伴随着微积分一起发展起来. 从 17 世纪末开始,摆的运动、弹性理论以及天体力学等实际问题的研究引出了一系列常微分方程,这些问题在当时以挑战的形式被提出而在数学家之间引起激烈的争论. 牛顿、莱布尼兹和伯努利兄弟等都曾讨论过低阶常微分方程.

18 世纪,随着欧拉、拉格朗日、柯西等人对二阶常微分方程的解法和解的存在性问题的研究,使得常微分方程已成为有自己的目标和方向的新数学分支.

19 世纪后半叶,常微分方程的研究在两个大的方向上开拓了新局面. 第一个方向是由柯西开创的常微分方程解析理论;另一个崭新的方向是庞加莱的独创定性理论.

在 20 世纪之前,微分方程问题主要来源于几何学、力学和物理学,而现在则几乎在自然科学和工程技术的每一个领域都有或多或少的微分方程问题,微分方程甚至和生物、农业以及经济学也密切地挂上了钩.

§7.1 二阶可降阶微分方程

7.1.1 型如 $y'' = f(x)$、$y'' = f(x, y')$、$y'' = f(y, y')$ 的方程

1. $y'' = f(x)$ 型微分方程

该微分方程的特点是方程右端仅含有自变量 x,通过两次积分即可求出通解.

例 1 求微分方程 $y'' = xe^x$ 的通解.

解:$y' = \int xe^x dx = \int x de^x = xe^x - \int e^x dx = (x-1)e^x + C_1$,

$$y = \int [(x-1)e^x + C_1] dx = \int (x-1)e^x dx + C_1 x + C_2$$

$$= \int (x-1) de^x + C_1 x + C_2 = (x-1)e^x - \int e^x dx + C_1 x + C_2$$

$$= (x-1)e^x - e^x + C_1 x + C_2$$
$$= (x-2)e^x + C_1 x + C_2.$$

2. $y'' = f(x, y')$ **型微分方程**

该微分方程的特点是方程右端不显含未知函数 y. 求解方法如下：

(1) 设 $z = y'$, 原方程化为：$z' = f(x, z)$.

(2) 利用一阶微分方程求解方法求出通解
$$z = y' = \varphi(x, C_1).$$

(3) 对 y' 再积一次分，得到 y 的通解为
$$y = \int \varphi(x, C_1) dx + C_2.$$

例 2 求微分方程 $y'' - 3(y')^2 = 0$ 的通解.

解 $z = y'$, 原方程化为
$$z' - 3z^2 = 0.$$

这是一个可分离变量型的微分方程
$$\frac{dz}{z^2} = 3dx,$$

解得 $-\frac{1}{z} = 3x + C_1$, 即 $y' = -\frac{1}{3x + C_1}$. 故
$$y = \int \left(-\frac{1}{3x + C_1}\right) dx + C_2 = -\frac{1}{3}\ln|3x + C_1| + C_2.$$

例 3 求微分方程 $y'' - \frac{1}{x}y' - x\cos x = 0$ 满足初始条件 $y\left(\frac{\pi}{2}\right) = 0, y'\left(\frac{\pi}{2}\right) = \frac{\pi}{2}$ 的特解.

解 $z = y'$, 原方程化为
$$z' - \frac{1}{x}z = x\cos x.$$

这是关于 z 的一阶线性微分方程，由公式得：
$$z = e^{-\int -\frac{1}{x}dx} \left(\int x\cos x \, e^{\int -\frac{1}{x}dx} dx + C_1\right) = x\left(\int \cos x \, dx + C_1\right) = x(\sin x + C_1).$$

将初始条件 $z\left(\frac{\pi}{2}\right) = y'\left(\frac{\pi}{2}\right) = \frac{\pi}{2}$, 代入得：$C_1 = 0$.

所以
$$z = y' = x\sin x.$$

$$y = \int x\sin x \, dx = -\int x \, d\cos x = -x\cos x + \int \cos x \, dx = -x\cos x + \sin x + C_2.$$

由初始条件 $y\left(\frac{\pi}{2}\right) = 0$, 代入得：$C_2 = -1$,

从而满足初始条件的解为
$$y = -x\cos x + \sin x - 1.$$

3. $y'' = f(y, y')$ 型微分方程

该微分方程的特点是：方程右端不显含自变量 x. 求解方法如下：

(1) 设 $z = y', y'' = z' = \dfrac{\mathrm{d}z}{\mathrm{d}x} = \dfrac{\mathrm{d}z}{\mathrm{d}y}\dfrac{\mathrm{d}y}{\mathrm{d}x} = \dfrac{\mathrm{d}z}{\mathrm{d}y}z$，原方程化为
$$z\frac{\mathrm{d}z}{\mathrm{d}y} = f(y, z).$$

(2) 求出以 y 作为自变量的一阶微分方程的通解
$$z = y' = \varphi(y, C_1).$$

(3) 分离变量后求积分，得 y 的通解为：
$$\int \frac{1}{\varphi(y, C_1)} \mathrm{d}y = x + C_2.$$

例 4 求微分方程 $yy'' = 2(y'^2 - y')$ 满足 $y(0) = 1, y'(0) = 2$ 的解.

解 设 $z = y'$，则 $y'' = z\dfrac{\mathrm{d}z}{\mathrm{d}y}$，原方程化为
$$y\frac{\mathrm{d}z}{\mathrm{d}y} = 2(z - 1).$$

利用变量分离法 $\displaystyle\int \frac{1}{z-1}\mathrm{d}z = \int \frac{2}{y}\mathrm{d}y$，得
$$z - 1 = C_1 y^2.$$

由初始条件 $y(0) = 1, y'(0) = 2$，得
$$C_1 = 1,$$

即得
$$y' = 1 + y^2.$$

再次利用变量分离法得
$$\int \frac{1}{1+y^2}\mathrm{d}y = x + C_2,$$
$$\arctan y = x + C_2,$$

故
$$y = \tan(x + C_2).$$

由初始条件 $y(0) = 1$，代入得 $C_2 = \dfrac{\pi}{4}$.

从而满足初始条件的解为
$$y = \tan\left(x + \frac{\pi}{4}\right).$$

7.1.2 应用举例

例 5 设有一密度为 ρ 的绳，两端固定，绳索受重力作用而下垂，试问该绳索

在平衡状态时是怎样的曲线？

解 设绳索的最低点为 A，以连接地球中心与 A 点的连线为 y 轴，不过 A 点且与 y 轴垂直的直线为 x 轴，建立平面直角坐标系，如图 7-1-1 所示. 设绳索的曲线方程为 $y = f(x)$，$|OA|$ 为定长.

考察绳索上的点 A 到另一点 $M(x,y)$ 间的一段弧长为 s，则该段弧所受的重力为 $\rho g s$，设 M 点的切线倾角为 θ，且沿切线方向的张力为 T，点 A 处的水平张力为 H，由于外力的平衡，可得：

$$T\sin\theta = \rho g s,\ T\cos\theta = H.$$

两式相除得

$$\tan\theta = \frac{1}{a}s\ (其中\ a = \frac{H}{\rho g}).$$

由于 $y' = \tan\theta, s = \int_0^x \sqrt{1+y'^2}\,\mathrm{d}x$，代入即得：

$$y' = \frac{1}{a}\int_0^x \sqrt{1+y'^2}\,\mathrm{d}x.$$

两边求导，得 $y'' = \dfrac{1}{a}\sqrt{1+y'^2}$.

该题为求微分方程

$$y'' = \frac{1}{a}\sqrt{1+y'^2}$$

在初始条件下为 $y(0) = |OA|, y'(0) = 0$ 下的特解.

设 $z = y'$，则微分方程化为 $z' = \dfrac{1}{a}\sqrt{1+z^2}$，解得

$$\ln(z+\sqrt{1+z^2}) = \frac{x}{a} + C_1.$$

将初始条件 $z(0) = y'(0) = 0$，代入得 $C_1 = 0$.

于是 $$z + \sqrt{1+z^2} = \mathrm{e}^{\frac{x}{a}},$$

又 $$z - \sqrt{1+z^2} = \mathrm{e}^{-\frac{x}{a}},$$

两式相加得 $$z = y' = \frac{1}{2}\left(\mathrm{e}^{\frac{x}{a}} - \mathrm{e}^{-\frac{x}{a}}\right).$$

两边积分得 $$y = \frac{a}{2}\left(\mathrm{e}^{\frac{x}{a}} + \mathrm{e}^{-\frac{x}{a}}\right) + C_2.$$

不妨设 $|OA| = a$，将初始条件 $y(0) = a$ 代入，即得 $C_2 = 0$.

于是该绳索的形状为曲线

$$y = \frac{a}{2}\left(\mathrm{e}^{\frac{x}{a}} + \mathrm{e}^{-\frac{x}{a}}\right)（悬链线）.$$

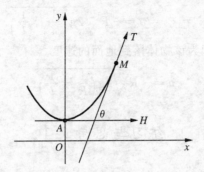

图 7-1-1

例 6 一个离地面很高的物体,受地球引力作用,由静止开始落向地面,求该物体落到地面时的速度(不计空气阻力).

解 取地球中心为原点 O,以连接该物体的直线为 y 轴,过原点且与 y 轴垂直的直线为 x 轴,建立平面直角坐标系.

设该物体开始下落时的位置与 O 的距离为 L,物体的质量为 m,地球的半径为 R,地球的质量为 M,引力常数为 k,运动方程为 $s = s(t)$. 根据万有引力定律得微分方程

$$ms'' = -\frac{kmM}{s^2},$$

即

$$s'' = -\frac{kM}{s^2}.$$

又因为当 $L = R$ 时,$g = \dfrac{kM}{R^2}$,于是微分方程成为

$$s'' = -\frac{gR^2}{s^2}.$$

由题意知,该题为求微分方程

$$s'' = -\frac{gR^2}{s^2}$$

在初始条件条件 $s(0) = l, s'(0) = 0$ 下的特解.

令 $s' = z$,则

$$z\frac{\mathrm{d}z}{\mathrm{d}s} = -\frac{gR^2}{s^2}.$$

由分离变量法,得

$$z^2 = \frac{2gR^2}{s} + C_1.$$

由初始条件得 $C_1 = -\dfrac{2gR^2}{l}$,则

$$z = s' = v = -R\sqrt{2g\left(\frac{1}{s} - \frac{1}{l}\right)}.$$

上式中令 $s = R$，即为该物体落到地面的速度

$$v = -R\sqrt{2g\left(\frac{1}{R} - \frac{1}{l}\right)}.$$

练习与思考 7-1

1. 求下列微分方程的通解.
   (1) $(1+x^2)y'' = 1$；
   (2) $y'' = xe^{-x}$；
   (3) $y'' + y' = x^2$；
   (4) $y'' = 1 + y'^2$；
   (5) $xy'' + y' = 2x$；
   (6) $y'' = y'^3 + y'$.

2. 求下列微分方程满足初始条件的特解.
   (1) $xy'' - y'\ln y' + y' = 0$，$y(1) = 2$，$y'(-1) = e^2$；
   (2) $yy'' = 2(y'^2 - y')$，$y(0) = 1$，$y'(0) = 2$.

3. 设子弹以 300m/s 的速度射入厚度为 0.2m 的木板，阻力的大小与子弹速度的平方成正比. 如果子弹穿出木板时的速度为 50m/s，求子弹穿过木板所需的时间.

§7.2　二阶常系数线性微分方程

在实际中应用得比较多的高阶微分方程是二阶常系数线性微分方程，它的一般形式是

$$y'' + py' + qy = f(x),$$

其中 p, q 为实常数，$f(x)$ 为已知函数，称为自由项. 当方程右端 $f(x) \equiv 0$ 时，方程叫做齐次的；当 $f(x)$ 不恒为零时，方程叫做非齐次的.

7.2.1　二阶线性微分方程解的结构

先讨论二阶常系数齐次线性微分方程

$$y'' + py' + qy = 0,$$

其中 p, q 为实常数.

如果函数 y_1 与 y_2 是上述方程的两个解，容易验证，对于任意常数 c_1, c_2，

$$y = C_1 y_1 + C_2 y_2$$

也是方程的解.

此解从其形式看含有两个任意常数，但它不一定是方程的通解. 因为若 y_1 是

方程的一个解,则 $y_2 = 2y_1$ 也是方程的解,此时
$$y = C_1y_1 + C_2y_2 = C_1y_1 + 2C_2y_1 = (C_1 + 2C_2)y_1,$$
可以把它写成
$$y = Cy_1, 其中 C = C_1 + 2C_2.$$
这显然不是二阶常系数齐次线性微分方程的通解.

那么,何时 $y = C_1y_1 + C_2y_2$ 才是二阶常系数齐次线性微分方程的通解呢?

显然,若 y_1, y_2 有一个是另一个的常数倍,比如 $y_2 = ky_1$,则 C_1, C_2 必可并为一个任意常数,$y = C_1y_1 + C_2y_2 = (C_1 + C_2k)y_1$ 就不是通解;否则,C_1, C_2 一定不能合并为一个任意常数,$y = C_1y_1 + C_2y_2$ 就是方程的通解.我们有如下定理.

定理 1 如果 y_1 与 y_2 是二阶常系数线性微分方程 $y'' + py' + qy = 0$ 的两个解,且 $\dfrac{y_1}{y_2}$ 不为常数,则 $y = C_1y_1 + C_2y_2$ 是该方程的通解,其中 C_1, C_2 为任意常数.

例 1 验证:函数 $y_1 = \sin 2x$ 与 $y_2 = \cos 2x$ 是二阶线性齐次方程
$$y'' + 4y = 0$$
的两个解,求该方程的通解.

解 $y''_1 + 4y_1 = -4\sin 2x + 4\sin 2x = 0,$
$y''_2 + 4y_2 = -4\cos 2x + 4\cos 2x = 0,$

故 $y_1 = \sin 2x$ 与 $y_2 = \cos 2x$ 均为方程的解.

又 $\dfrac{y_2}{y_1} = \dfrac{\cos 2x}{\sin 2x} = \cot x \neq 常数,$

故 $y = C_1 \sin 2x + C_2 \cos 2x$ 是方程的通解.

二阶非齐次线性方程 $y'' + py' + qy = f(x)$ 的通解也有与一阶齐次线性方程的通解类似的结构.

定理 2 设 Y 是二阶常系数线性齐次方程
$$y'' + py' + qy = 0$$
的通解,而 y^* 是二阶常系数线性非齐次线性方程
$$y'' + py' + qy = f(x)$$
的一个特解,那么
$$y = Y + y^*$$
是二阶线性非齐次微分方程的通解.

证明 将 $y = Y + y^*$ 代入非齐次方程,有
$y'' + py' + qy$
$= (Y'' + y^{*\prime\prime}) + p(Y' + y^{*\prime}) + q(Y + y^*)$
$= [Y'' + pY + qY] + [y^{*\prime\prime} + py^{*\prime} + qy^*]$

$$= 0 + f(x)$$
$$= f(x),$$

故 $y = Y + y^*$ 是方程的解,由于齐次的通解 Y 含有两个独立的任意常数,故它是非齐次方程的通解.

例 2 验证 $y^* = x^2$ 是二阶非齐次线性微分方程
$y'' + 4y = 4x^2 + 2$ 的一个解,并求方程的通解.

解 因为 $(x^2)'' + 4x^2 = 2 + 4x^2$,
所以 $y^* = x^2$ 是方程 $y'' + 4y = 4x^2 + 2$ 的一个解.

又由例 1 知,$Y = C_1 \sin 2x + C_2 \cos 2x$ 是对应齐次方程 $y'' + 4y = 0$ 的通解,由此 $y'' + 4y = 4x^2 + 2$ 的通解为
$$y = y^* + Y = x^2 + C_1 \sin 2x + C_2 \cos 2x.$$

7.2.2 二阶常系数齐次线性微分方程

二阶常系数齐次线性方程
$$y'' + py' + qy = 0$$
的左端是未知函数 y 以及它的一阶导数和二阶导数的某种组合,当它们分别乘以适当的常数后,和式为零,这说明适合于此方程的函数 y 与其一阶导数、二阶导数之间只差一个常数因子,而具有此特征的最简单的函数是指数函数 $y = \mathrm{e}^{rx}$(其中 r 为常数).将其代入方程得
$$y'' = py' + qy = (r^2 + pr + q)\mathrm{e}^{rx} = 0,$$
由于 $\mathrm{e}^{rx} \neq 0$,从而有
$$r^2 + pr + q = 0.$$
由此只要待定常数 r 满足一元二次代数方程 $r^2 + pr + q = 0$,函数 $y = \mathrm{e}^{rx}$ 即为二阶常系数齐次线性微分方程的解.

称一元二次代数方程 $r^2 + pr + q = 0$ 为二阶常系数齐次线性微分方程的特征方程,相应的根称为特征根.

根据特征方程根的三种不同情况,相应微分方程的通解也有 3 种情况.

(1) 特征方程有两个不同实根:$r_1 \neq r_2$.

由于 $\dfrac{\mathrm{e}^{r_1 x}}{\mathrm{e}^{r_2 x}} = \mathrm{e}^{(r_1 - r_2)x} \neq$ 常数,所以微分方程的通解为
$$y = C_1 \mathrm{e}^{r_1 x} + C_2 \mathrm{e}^{r_2 x}.$$

(2) 特征方程有两个相同实根:$r_1 = r_2$.

可以验证 $y_2 = x\mathrm{e}^{r_1 x}$ 也是微分方程的解.因为 $\dfrac{x\mathrm{e}^{r_1 x}}{\mathrm{e}^{r_1 x}} = x \neq$ 常数,所以微分方程

的通解为
$$y = C_1 e^{r_1 x} + C_2 x e^{r_1 x} = (C_1 + C_2 x) e^{r_1 x}.$$

(3) 特征方程有一对共轭复根：$r_{1,2} = \alpha \pm \beta i$.

可以验证 $y_1 = e^{\alpha x} \cos\beta x, y_2 = e^{\alpha x} \sin\beta x$ 是微分方程的两个解. 因为
$$\frac{e^{\alpha x} \sin\beta x}{e^{\alpha x} \cos\beta x} = \tan\beta x \neq 常数,$$

所以微分方程的通解为
$$y = C_1 e^{\alpha x} \cos\beta x + C_2 e^{\alpha x} \sin\beta x$$
$$= e^{\alpha x}(C_1 \cos\beta x + C_2 \sin\beta x).$$

综上所述，求二阶常系数齐次线性微分方程
$$y'' + py' + qy = 0$$
的通解的步骤如下：

第一步 写出微分方程的特征方程 $r^2 + pr + q = 0$；

第二步 求出特征方程的两个根 r_1, r_2；

第三步 据特征方程两个根的不同情形，依表 7-2-1 写出微分方程的通解.

表 7-2-1

特征方程 $r^2 + pr + q = 0$ 的两个根 r_1, r_2	微分方程 $y'' + py' + qy = 0$ 的通解
两个不相等的实根 r_1, r_2	$y = C_1 \cdot e^{r_1 x} + C_2 \cdot e^{r_2 x}$
两个相等的实根 $r_1 = r_2$	$y = e^{r_1 x}(C_1 + C_2 x)$
一对共轭复根 $r_{1,2} = \alpha \pm i\beta$	$y = e^{\alpha x}(C_1 \cos\beta x + C_2 \sin\beta x)$

例 3 求微分方程 $y'' - 2y' - 8y = 0$ 满足 $y(0) = 3, y'(0) = 0$ 的特解.

解 所给方程的特征方程为
$$r^2 - 2r - 8 = 0,$$
其根为 $r_1 = -2, r_2 = 4$.

微分方程的通解为
$$y = C_1 e^{-2x} + C_2 e^{4x}.$$

将 $y(0) = 3, y'(0) = 0$，代入得
$$C_1 + C_2 = 3,$$
$$-2C_1 + 4C_2 = 0.$$

解 得 $C_1 = 2, C_2 = 1$.

故满足初始条件的特解为 $y = 2e^{-2x} + e^{4x}$.

例 4 求微分方程 $y'' - 4y' + 4y = 0$ 的通解.

解 所给方程的特征方程为

$$r^2 - 4r + 4 = 0,$$

其根为 $r_{1,2} = 2$.

微分方程的通解为

$$y = (C_1 + C_2 x)e^{2x}.$$

例 5 求微分方程 $y'' + 9y = 0$ 的通解.

解 所给方程的特征方程为

$$r^2 + 9 = 0,$$

其根为 $r_{1,2} = \pm 3i$(一对共轭复根).

微分方程的通解为

$$y = C_1 \cos 3x + C_2 \sin 3x.$$

7.2.3 二阶常系数非齐次线性微分方程

由定理 2 知,对于非齐次线性方程

$$y'' + py' + qy = f(x),$$

若找到一个特解 y^*,加上其对应的齐次线性方程的通解,即是其通解. 由于齐次线性方程的通解已经解决,以下就 $f(x)$ 的两种情况介绍特解 y^* 的求法.

1. $f(x) = (a_0 x^m + a_1 x^{m-1} + \cdots + a_{m-1} x + a_m)e^{\lambda x}$

由于 $f(x)$ 是指数函数 $e^{\lambda x}$ 与 m 次多项式的乘积,而指数函数与多项式的乘积的导数仍是这类函数,因此,我们推测方程的特解应为 $y^* = e^{\lambda x} Q(x)$(其中 $Q(x)$ 是一个待定多项式).

将其代入方程,整理得

$$Q''(x) + (2\lambda + p)Q'(x) + (\lambda^2 + \lambda p + q)Q(x) = a_0 x^m + a_1 x^{m-1} + \cdots + a_{m-1} x + a_m.$$

若 λ 不是特征方程的根,则 $\lambda^2 + \lambda p + q \neq 0$,欲使上式两端恒等,$Q(x)$ 必为一个 m 次多项式,不妨记为 $Q(x) = b_0 x^m + b_1 x^{m-1} + \cdots + b_{m-1} x + b_m$.

若 λ 是特征方程的单根,即 $\lambda^2 + \lambda p + q = 0$,且 $2\lambda + p \neq 0$,则 $Q'(x)$ 必是一个 m 次多项式,不妨记为 $Q(x) = x(b_0 x^m + b_1 x^{m-1} + \cdots + b_m)$.

若 λ 是特征方程的重根,即 $\lambda^2 + \lambda p + q = 0$,且 $2\lambda + p = 0$,则 $Q''(x)$ 必是一个 m 次多项式,不妨记为 $Q(x) = x^2(b_0 x^m + b_1 x^{m-1} + \cdots + b_{m-1} x + b_m)$.

综上所述,有如下结论:

二阶常系数非齐次线性方程的特解为

$$y^* = x^k (b_0 x^m + b_1 x^{m-1} + \cdots + b_{m-1} x + b_m) e^{\lambda x},$$

其中 $b_0, b_1, \cdots, b_m$ 为待定常数,k 由以下情况确定:

(1) λ 不是特征方程的根,$k = 0$;

(2) λ 是特征方程的单根,$k=1$;

(3) λ 是特征方程的重根,$k=2$.

例 6 求 $y''-3y'+2y=(6x-4)\mathrm{e}^x$ 的一个特解.

解 由于 $\lambda=1$ 是特征方程 $r^2-3r+2=0$ 的单根,故设特解
$$y^*=x(b_0x+b_1)\mathrm{e}^x=(b_0x^2+b_1x)\mathrm{e}^x.$$

将 $(y^*)'=[(b_0x^2+b_1x)\mathrm{e}^x]'=[b_0x^2+(2b_0+b_1)x+b_1]\mathrm{e}^x,$

$(y^*)''=\{[b_0x^2+(2b_0+b_1)x+b_1]\mathrm{e}^x\}'=[b_0x^2+(4b_0+b_1)x+2(b_0+b_1)]\mathrm{e}^x,$

代入方程整理得
$$-2b_0x+2b_0-b_1\equiv 6x-4,$$

比较系数得
$$\begin{cases}-2b_0=6,\\ 2b_0-b_1=-4,\end{cases}$$

解得
$$\begin{cases}b_0=-3,\\ b_1=-2,\end{cases}$$

方程的特解为
$$y^*=(-3x^2-2x)\mathrm{e}^x.$$

例 7 求方程 $y''-2y'+y=(3x^2-2x+5)\mathrm{e}^x$ 的通解.

解 由于 $\lambda=1$ 是特征方程 $r^2-2r+1=0$ 的重根,故设特解
$$y^*=x^2(b_0x^2+b_1x+b_2)\mathrm{e}^x,$$

将其代入方程,化简后得
$$12b_0x^2+6b_1x+2b_2\equiv 3x^2-2x+5,$$

比较系数得
$$\begin{cases}12b_0=3,\\ 6b_1=-2,\\ 2b_2=5,\end{cases}$$

即
$$b_0=\frac{1}{4},b_1=-\frac{1}{3},b_2=\frac{5}{2},$$

因此,$y^*=x^2\left(\dfrac{1}{4}x^2-\dfrac{1}{3}x+\dfrac{5}{2}\right)\mathrm{e}^x$ 为方程的一个特解.

易知其对应的齐次方程 $y''-2y'+y=0$ 的通解为
$$Y=\mathrm{e}^x(C_1+C_2x),$$

方程的通解为
$$y=\mathrm{e}^x(C_1+C_2x)+x^2\left(\frac{1}{4}x^2-\frac{1}{3}x+\frac{5}{2}\right)\mathrm{e}^x.$$

2. $f(x) = (a_0 x^m + a_1 x^{m-1} + \cdots + a_{m-1} x + a_m) e^{\alpha x} \cos\beta x$ 或 $(a_0 x^m + a_1 x^{m-1} + \cdots + a_{m-1} x + a_m) e^{\alpha x} \sin\beta x$

可设非齐次方程的特解

$$y^* = x^k e^{\lambda x}[(b_0 x^m + b_1 x^{m-1} + \cdots + b_{m-1} x + b_m)\cos\beta x + (c_0 x^m + c_1 x^{m-1} + \cdots + c_{m-1} x + c_m)\sin\beta x],$$

其中 $b_0, b_1, \cdots, b_m; c_0, c_1, \cdots, c_m$ 为待定常数, k 由以下情况确定:

(1) $\alpha \pm \beta i$ 不是特征方程的根, $k = 0$;

(2) $\alpha \pm \beta i$ 是特征方程的根, $k = 1$.

例 8 求 $y'' + 4y = \cos 2x$ 的通解.

解 由于 $\alpha \pm \beta i = \pm 2i$ 是特征方程 $r^2 + 4 = 0$ 的根, 故设特解

$$y^* = x(b_0 \cos 2x + c_0 \sin 2x),$$

将其代入方程整理得

$$4c_0 \cos 2x - 4b_0 \sin 2x = \cos 2x,$$

解得

$$b_0 = 0, c_0 = \frac{1}{4},$$

方程的特解为

$$y^* = \frac{1}{4} x \sin 2x.$$

不难求得对应齐次微分方程 $y'' + 4y = 0$ 的通解为

$$Y = C_1 \cos 2x + C_2 \sin 2x.$$

由此所求微分方程的通解为

$$y = y^* + Y = \frac{1}{4} x \sin 2x + C_1 \cos 2x + C_2 \sin 2x.$$

7.2.4 二阶常系数线性微分方程应用举例

例 9 设有一弹簧的上端固定, 下端挂一质量 m 的物体, 在物体的初始位移与初始速度不同时为 0 的情况下, 物体会在平衡位置附近作上下振动. 在不考虑阻尼影响的条件下, 且初始位移为 x_0, 初始速度为 v_0 的情况下, 求物体的运动方程 $x = x(t)$.

解 由力学可知, 物体所受的弹力 f 与其离开平衡位置的位移 x 成正比, 即

$$f = -cx,$$

其中 c 为弹性系数. 由牛顿第二定律可得

$$m\frac{d^2 x}{dt^2} = -cx,$$

第7章 二阶微分方程

令
$$k^2 = \frac{c}{m},$$

得
$$x'' + k^2 x = 0,$$

这就是物体运动的微分方程. 初始条件为 $x(0) = x_0, x'(0) = v_0$,
方程的通解为
$$x = C_1 \cos kt + C_2 \sin kt.$$

由初始条件可求得
$$C_1 = x_0, C_2 = \frac{v_0}{k},$$

所求运动方程为
$$x = x_0 \cos kt + \frac{v_0}{k} \sin kt.$$

例 10 在例 9 中,若物体同时还受到一个垂直干扰力 $F = H \sin pt$ 的作用,求在相同的初始条件下物体的运动方程 $x = x(t)$.

解 此时函数 $x = x(t)$ 应满足微分方程
$$x'' + k^2 x = h \sin px \quad \left(h = \frac{H}{m}\right),$$

以下分 $p = k, p \neq k$ 两种情况讨论.

(1) $p \neq k$ 时,$p\mathrm{i}$ 不是特征方程 $r^2 + k^2 = 0$ 的根,故设特解
$$x^* = b_0 \cos pt + c_0 \sin pt,$$

将其代入方程,整理得 $b_0 = 0, c_0 = \dfrac{h}{k^2 - p^2}$,

故方程的特解为
$$x^* = \frac{h}{k^2 - p^2} \sin pt,$$

由此方程的通解为
$$x = x^* + X = \frac{h}{k^2 - p^2} \sin pt + C_1 \cos kt + C_2 \sin kt.$$

将初始条件 $x(0) = x_0, x'(0) = v_0$ 代入得
$$C_1 = x_0, C_2 = \frac{v_0}{k} - \frac{ph}{k(k^2 - p^2)},$$

运动方程为
$$x = \frac{h}{k^2 - p^2} \sin pt + x_0 \cos kt + \left(\frac{v_0}{k} - \frac{ph}{k(k^2 - p^2)}\right) \sin kt.$$

(2) 当 $p = k$ 时,$p\mathrm{i}$ 是特征方程的根,故设特解
$$x^* = t(b_0 \cos kt + c_0 \sin kt),$$

将其代入方程,整理得
$$b_0 = -\frac{h}{2k}, c_0 = 0,$$

由此方程的通解为

$$x = x^* + X = -\frac{h}{2k}t\sin kt + C_1\cos kt + C_2\sin kt.$$

将初始条件 $x(0) = x_0, x'(0) = v_0$ 代入得

$$C_1 = x_0, C_2 = \frac{v_0}{k},$$

运动方程为

$$x = \frac{h}{2k}t\sin kt + x_0\cos kt + \frac{v_0}{k}\sin kt.$$

练习与思考 7-2

1. 求下列微分方程的通解.
   (1) $y'' - y' - 2y = 0$;
   (2) $y'' + 4y' = 0$;
   (3) $y'' - 6y' + 9y = 0$;
   (4) $4y'' + 4y' + y = 0$;
   (5) $y'' - 2y' + 5y = 0$;
   (6) $y'' + 4y' + 13y = 0$.

2. 求下列微分方程满足初始条件的特解.
   (1) $y'' - 4y' + 3y = 0, y(0) = 6, y'(0) = 10$;
   (2) $y'' - y = 0, y(0) = 2, y'(0) = -1$;
   (3) $y'' + 25y = 0, y(0) = 2, y'(0) = 5$;
   (4) $y'' - 2y' + y = 0, y(0) = -2, y'(0) = 1$.

3. 求下列微分方程的通解.
   (1) $y'' + 3y' - 4y = xe^x$;
   (2) $y'' + 6y' + 9y = e^{-3x}$;
   (3) $y'' - 5y' + 4y = x^2 - x + 1$;
   (4) $y'' - 3y' = e^{2x}\sin x$;
   (5) $y'' + y = \cos x$.

4. 求下列微分方程满足初始条件的特解.
   (1) $y'' - y' = x - 1, y(0) = -2, y'(0) = 1$;
   (2) $y'' + 2y' + y = xe^x, y(0) = 0, y'(0) = 0$;
   (3) $y'' - y = 4xe^x, y(0) = 1, y'(0) = 1$;
   (4) $y'' + y = \sin 2x, y(\pi) = 1, y'(\pi) = 1$.

§7.3 数学建模(五)——微分方程模型

7.3.1 微分方程模型的基本概念

微分方程的产生和发展有着深刻而生动的实际背景,它从生产实践与科学技术中产生,反过来又成为生产实践和现代科学技术分析问题、解决问题的强有力工具.微分方程是与微积分一起成长起来的学科,目前在工程力学、流体力学、天

体力学、电路振荡分析、工业自动控制以及化学、生物、经济等领域有广泛的应用.

300多年前,牛顿与莱布尼兹在奠定微积分基本思想的同时,就正式提出了微分方程的概念. 在17世纪末到18世纪,常微分方程研究的中心问题是如何求出未知函数的通解表达式;在19世纪末到20世纪初,主要研究解的定性理论与稳定性问题;在进入20世纪以后,微分方程的理论得到进一步的发展,微分方程求解的方法逐步分化为解析法、几何法、数值法. 解析法是把微分方程的解看作依靠这个方程来定义的自变量的函数来求解的方法,几何法是把微分方程的解看作充满平面或空间或其局部的曲线族的求解方法,而数值方法是求微分方程满足一定初始条件(或边界条件)的解的近似值的各种方法.

在微分方程发展的历史长河中,世界各国的数学家都为微分方程理论的发展作出了不朽的贡献. 如苏格兰数学家耐普尔创立对数的时候,就讨论过微分方程的近似解,牛顿在建立微积分的同时,对简单的微分方程用级数来求解,瑞士数学家雅各布·伯努利、欧拉,以及法国数学家克雷洛、达朗贝尔、拉格朗日等人又不断地研究和丰富了微分方程的理论.

微分方程的形成与发展是和力学、天文学、物理学,以及其他科学技术的发展密切相关的. 牛顿研究天体力学和机械力学时,利用了微分方程这个工具,从理论上得到了行星运动规律;法国天文学家勒维烈和英国天文学家亚当斯使用微分方程各自计算出那时尚未发现的海王星的位置……特别是当前计算机的发展更是为常微分方程的应用及理论研究提供了非常有力的工具,使更多的科学家深刻认识到微分方程在认识自然、改造自然方面的巨大力量,从而使微分方程成为数学理论中最有生命力的数学分支.

一、微分方程的基本概念

1. 常微分方程和偏微分方程

含有未知函数及其导数或微分的方程,称为微分方程. 只含有一个自变量的微分方程称为常微分方程,含有两个或两个以上自变量的微分方程称为偏微分方程. 如方程

$$y'' + by' + cy = f(t) \quad (1), \quad y'^2 + ty' + y = 0 \quad (2)$$

等是常微分方程,其中 y 是未知函数,仅含一个自变量 t. 方程

$$\frac{\partial^2 T}{\partial x^2} + \frac{\partial^2 T}{\partial y^2} + \frac{\partial^2 T}{\partial z^2} = 0 \quad (3), \quad \frac{\partial^2 T}{\partial x^2} = 4\frac{\partial^2 T}{\partial t^2} \quad (4)$$

等是偏微分方程,其中 T 是未知函数,x,y,z,t 是自变量.

微分方程中出现的最高阶导数的阶数叫做微分方程的阶. 例如,方程(1)是二阶的常微分方程,而方程(3)、方程(4)是二阶的偏微分方程.

2. 线性和非线性

如果微分方程中未知函数及它的各阶导数的最高次方是一次的,称为线性微分方程,否则是非线性微分方程.如:方程(1)、方程(3)、方程(4)是线性方程,而方程(2)是非线性方程.

3. 解、通解和特解

满足微分方程的函数称为微分方程的解.即若函数 $y = \varphi(t)$ 代入方程(1)中,使其成为恒等式,则称 $y = \varphi(t)$ 为方程(1)的解.如果方程的解是一个隐函数,称为方程的隐式解.

含有与方程阶数相同个数的常数的解称为方程的通解.不含有任意常数或满足特定条件的解叫特解.求方程满足定解条件的解的问题称为定解问题.定解条件分为初始条件和边界条件,相应的定解问题分为初值问题和边值问题.

二、微分方程模型

微分方程模型是根据具体问题经过抽象和简化得到的微分方程的数学模型.它是数学联系实际问题的重要渠道之一,将实际问题建立成微分方程模型最初并不是数学家做的,而是由化学家、生物学家和社会学家完成的.将一个具体的实际问题转化为一个微分方程模型并求解的全过程如图 7-3-1 所示.

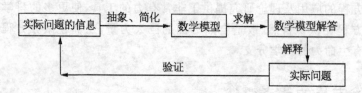

图 7-3-1

例 1 建立物体冷却过程的数学模型.

将某物放置于空气中,在时刻 $t = 0$ 时,测得它的温度为 $T_0 = 180℃$,10min 后测得温度为 $T_1 = 100℃$,试建立物体的温度与时间关系的数学模型.

解 设物体在时刻 t 的温度为 $T = T(t)$,空气温度为 T_a.由牛顿(Newton)冷却定律可得

$$\frac{\mathrm{d}T}{\mathrm{d}t} = -k(T - T_a) \quad (k > 0, T > T_a).$$

根据所给条件,当 $t = 0$ 时,$T = T_0$,得初始条件 $T|_{t=0} = 180$.

再根据条件 $t = 10\text{min}$ 时,$T = T_1$,得到第二个初始条件 $T|_{t=10} = 100$.

所以所求数学模型为

$$\frac{dT}{dt} = -k(T-T_a) \quad (k>0, T>T_a) \, T|_{t=0} = 180., \, T|_{t=10} = 100.$$

例2 建立动力学问题的数学模型.

物体在高空由静止开始下落,除受重力作用外,还受到空气阻力的作用,如果空气的阻力与速度的平方成正比,试建立物体下落过程中的下落速度与时间关系的数学模型.

解 设物体质量为 m,空气阻力系数为 k,又设在时刻 t 物体的下落速度为 v,于是在时刻 t 物体所受的合外力为 $F = mg - kv^2$,建立坐标系,取向下方向为正方向,根据牛顿第二定律得到关系式

$$m\frac{dv}{dt} = mg - kv^2.$$

而且满足初始条件 $t=0$ 时,$v=0$,得初始条件 $v|_{t=0} = 0$.

例3 建立电工学问题的数学模型.

如图 7-3-2 所示的 $R-L-C$ 电路中,它包括电感 L、电阻 R 和电容 C. 设 R、L、C 均为常数,电源 $e(t)$ 是时间 t 的已知函数,试建立当开关 K 合上后,电流 I 与时间的微分方程模型.

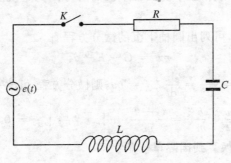

图 7-3-2

解 经过电感 L、电阻 R 和电容 C 的电压降分别为 $L\frac{dI}{dt}$、RI 和 $\frac{Q}{C}$,其中 Q 是电容 C 上的电量. 由基尔霍夫第二定律得到

$$e(t) = L\frac{dI}{dt} + RI + \frac{Q}{C}.$$

因为 $I = \frac{dQ}{dt}$,于是有

$$\frac{d^2I}{dt^2} + \frac{R\,dI}{L\,dt} + \frac{I}{LC} = \frac{de(t)}{L\,dt},$$

这就是电流 I 与时间的微分方程模型.

从以上的例题可以知道,建立微分方程模型就是应用已知的实际知识和有关

的数学知识将实际问题抽象、简化成为一个微分方程的过程.

7.3.2 放射性废料处理模型

一段时间里美国原子能委员会处理浓缩的放射性废料的方法,一直是把它们装入密封的圆桶里,然后扔到水深为 $300ft$ 的海底.生态学家和科学家们表示担心,怕圆桶下沉到海底时与海底碰撞而发生破裂,从而造成核污染.原子能委员会分辩说这是不可能的.为此工程师们进行了碰撞实验,发现当圆桶下沉速度超过 $40ft/s$ 与海底相撞时,圆桶就可能发生破裂.这样为避免圆桶破裂,需要计算一下圆桶沉到海底时的速度是多少?这时已知圆桶重量为 $527.436 lbf$,体积为 $55gal$,在海水中的浮力为 $470.327 lbf$. 如果圆桶速度小于 $40ft/s$,就说明这种方法是安全可靠的,否则就要禁止用这种方法来处理放射性废料.假设水的阻力与速度的大小成正比,比例常数 $b = 0.081 lbf/s$.

模型建立

设 G 为圆桶重量,m 为圆桶质量,F 为浮力,a 为圆桶下沉的加速度,v 为圆桶下沉的速度,s 为下沉的深度,f 为圆桶下沉的阻力,b 为下沉阻力 f 与速度 v 相关的比例系数.

由牛顿第二定律,可列出圆桶下沉的微分方程

$$ma = G - F - f.$$

因为 $v = \dfrac{ds}{dt}, a = \dfrac{d^2 s}{dt^2} = \dfrac{dv}{dt}, f = bv$,则微分方程可改写为

$$\dfrac{dv}{dt} + \dfrac{b}{m}v = \dfrac{G-F}{m}, \ v\mid_{t=0} = 0, \ s\mid_{t=0} = 0.$$

将所有已知数据换算到国际单位制:

$s(t) = 300 \times 0.304\,8 = 91.440$ 海深(m)

$v_{\max} = 40 \times 0.304\,8 = 12.192\,0$ 速度极限(超过就会使圆筒碰撞破裂)(m/s)

$G = 527.436 \times 0.453\,6 \times 9.8 = 2\,344.6$ 圆筒重量(N)

$F = 470.327 \times 0.453\,6 \times 9.8 = 2\,090.7$ 浮力(N)

$m = 527.436 \times 0.453 \times 6 = 239.24$ 圆筒质量(kg)

$b = 0.08 \times 0.453\,6 \times 9.8/0.304\,8 = 1.166\,7$ 比例系数(Ns/m)

模型求解

一、求解析解

由一阶线性方程的求解公式得通解 $v(t)$,

第 7 章　二阶微分方程

$$v = e^{-\int \frac{b}{m} dt} \left[\int \frac{G-F}{m} e^{-\int \frac{b}{m} dt} dt + C \right]$$

$$= e^{-\frac{b}{m}t} \left[\int \frac{G-F}{m} e^{\frac{b}{m}t} dt + C \right]$$

$$= e^{-\frac{b}{m}t} \left[\int \frac{G-F}{m} \frac{m}{b} e^{\frac{b}{m}t} + C \right]$$

$$= e^{-\frac{b}{m}t} \left[\int \frac{G-F}{b} e^{\frac{b}{m}t} + C \right]$$

$$= \frac{G-F}{b} + C e^{-\frac{b}{m}t}.$$

代入初始条件 $v|_{t=0}$，得特解 $v(t) = \dfrac{G-F}{m}\left(1 - e^{\frac{b}{m}t}\right)$.

对 $v(t)$ 积分，得到下沉深度

$$s(t) = \int \frac{G-F}{m}\left(1 - e^{\frac{b}{m}t}\right) dt = \frac{G-F}{m}\left(t + \frac{m}{b} e^{\frac{b}{m}t}\right) + C.$$

代入初始条件 $s|_{t=0}=0$，得 $C = -\dfrac{G-F}{b}$，所以

$$s(t) = \frac{G-F}{b} e^{-\frac{b}{m}t} + \frac{G-F}{m} t - \frac{G-F}{b}.$$

代入数据，得深度与时间的关系

$$s(t) = 44\,624.996 \times \exp(-0.004\,877 \times t) + 217.622\,4 \times t - 44\,624.996.$$

令深度 $s(t) = 91.440\,0$，得 $t = 13.281\,2$，代入 $v(t)$ 得

$$v(13.281\,2) = 13.650\,7 (\text{m/s}) > v_{\max} = 12.192\,0 (\text{m/s}),$$

所以下沉速度超过了它的极限速度，圆桶在海底将会碰撞破裂.

二、求数值解

```
Matlab 程序求解如下：
sd.m:
function dx =  sd(t,x,G,F,m,b)
dx = [(G- F- b* x)/m];%  微分方程


sddraw.m:
clear;
G= 527.436* 0.4536* 9.8;%  圆筒重量(N)
F= 470.327* 0.4536* 9.8;%  浮力(N)
m= 527.436* 0.4536;%  圆筒质量(kg)
```

```
b = 0.08* 0.4536* 9.8/0.3048% 比例系数(Ns/m)
h = 0.1;% 所取时间点间隔
ts = [0:h:2000];% 粗略估计到时间 2000
x0 = 0;% 初始条件
opt = odeset('reltol',1e-3,'abstol',1e-6);% 相对误差 1e-6,绝对误差 1e-9
[t,x] = ode45(@sd,ts,x0,opt,G,F,m,b);% 使用 5 级 4 阶龙格-库塔公式计算
% [t,x]% 输出 t,x(t),y(t)
plot(t,x,'-'),grid% 输出 v(t) 的图形
xlabel('t');
ylabel('v(t)');
```

可得如图 7-3-3 所示的速度-时间曲线.

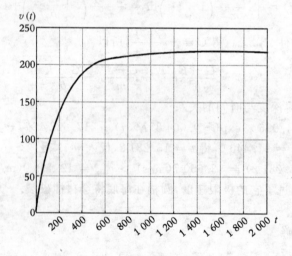

图 7-3-3

可以看到经过足够长的时间后,若桶没有落到海底,它的速度会趋于常值. 那时重力、浮力和阻力达到平衡.

```
% 用辛普森公式对速度积分求出下沉深度
T = 20;% 估计 20s 以内降到海底
for i = 0:2:10* T% 作图时间间隔为 0.2
    y = x(1:(i+1));
    k = length(y);
    a1 = [y(2:2:k-1)];s1 = sum(a1);
```

```
    a2 = [y(3:2:k-1)];s2= sum(a2);
    z4((i+2)/2) = (y(1)+ y(k)+ 4* s1+ 2* s2)* h/3;% 辛普森公式求深度
end
i = [0:2:10* T];
figure;
de = 300.* 0.3048.* ones(5* T+ 1,1);% 海深
ve = 40.* 0.3048* [1 1];% 速度极限值(超过就会使圆筒碰撞破裂)
plot(x(i+ 1),z4',x(i+ 1),de,ve,[0 z4(5* T+ 1)]);% 作出速度-深度图线,同时画出海
深和速度要求
grid;
gtext('dept'),gtext('Vmax');
xlabel('v');
ylabel('dept(v)');
figure;
plot(i/10,z4');% 作出时间下降深度曲线
grid;
xlabel('t');
ylabel('dept(t)');
```

求解结果分别如图 7-3-4、图 7-3-5 和图 7-3-6 所示.

对速度积分可得时间-深度曲线,(如图 7-3-4)所示.

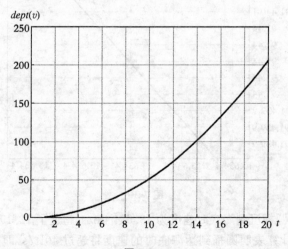

图 7-3-4

再画出速度-时间曲线,如图 7-3-5 所示,同时在图中标出海深 dept 和速度极限值 $v_{\max}$.

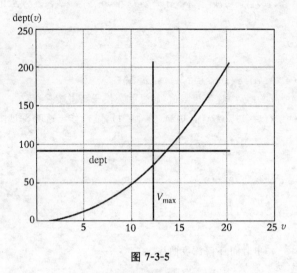

图 7-3-5

从图 7-3-5 中可以观察到圆桶落到海底时(即 dept(v) = dept 时),速度已经超过 $v_{\max}$,故圆桶会因为速度过快而与海底碰撞破裂. 为求此处速度,将图 7-3-5 局部放大见图 7-3-6.

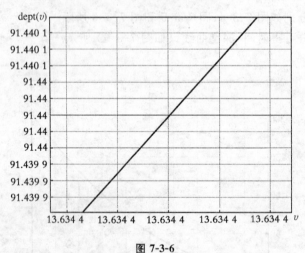

图 7-3-6

可以看到当圆桶沉到海底时速度为 13.634 4m/s,超过了 12.192 0 的极限速度. 结论:经过计算表明圆桶到达海底时的速度将超过 40ft/s,即圆桶会破裂.

7.3.3　船舶渡河路线模型

一艘摆渡船要渡过河宽为 d 的河流,两岸平行,船从本岸的码头 A 点出发,目标是对岸码头 B 点,当 AB 连线与两岸垂直时,已知河水流速 v_1 与船在静止的水中的速度 v_2 之比为 k. 试建立描述小船航线的微分方程模型,并求解析解. 若设 $d = 100\mathrm{m}, v_1 = 1\mathrm{m/s}, v_2 = 2\mathrm{m/s}$,用数值方法求渡河所需时间、任意时刻小船位置及航行曲线,作图并与解析解比较.

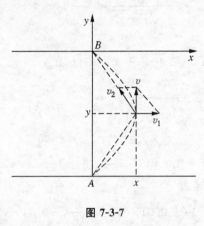

图 7-3-7

模型建立

如图 7-3-7 所示,以 B 点为原点建立直角坐标系. 假设驾驶船的人不知道水流速度(如果知道可以走直线从 A 点到 B 点),他驾船使船头的方向始终对着目标 B 点,如图 7-3-7,可得速度 v 的 x, y 方向的分量为

$$\frac{dx}{dt} = v_1 - \frac{v_2 x}{\sqrt{x^2 + y^2}},$$

$$\frac{dy}{dt} = v_1 - \frac{v_2 y}{\sqrt{x^2 + y^2}}.$$

这是一个微分方程模型,初始条件为 $(x, y) = (0, -100)$.

一、求解析解

由

$$\begin{cases} \dfrac{dx}{dt} = v_1 - \dfrac{v_2 x}{\sqrt{x^2 + y^2}}, & (1) \\ \dfrac{dy}{dt} = v_1 - \dfrac{v_2 y}{\sqrt{x^2 + y^2}}, & (2) \end{cases}$$

式(1)、式(2)两式相除,并令 $\dfrac{v_1}{v_2} = k$,得

$$\frac{\mathrm{d}x}{\mathrm{d}y} = -k\sqrt{1 + \left(\frac{x}{y}\right)^2} + \frac{x}{y}. \qquad (3)$$

令 $\dfrac{x}{y} = u(y)$,$x = yu(y)$,$x' = u + yu'$,代入原方程式(3)得

$$yu' = -k\sqrt{1 + u^2}.$$

分离变量,

$$\frac{\mathrm{d}u}{\sqrt{1 + u^2}} = \frac{-k}{y}\mathrm{d}y,$$

积分得

$$\ln|\sqrt{1 + u^2} + u| = -k(\ln y + \ln c),$$

化简得

$$\sqrt{1 + \left(\frac{x}{y}\right)^2} + \frac{x}{y} = (Cy)^{-k},$$

$$x + \sqrt{x^2 + y^2} = C^{-k}y^{1-k},$$

代入 $x = 0$ 时,$y = -100$,得 $C = -0.01$.

所以所求方程的特解为

$$x = \frac{1}{2}(-0.01)^{-k}y^{1-k} - \frac{1}{2}(-0.01)^k y^{k+1}.$$

用 Matlab 画出此函数的曲线,程序如下:

```
xy.m:
function x = f(y)
k = 0.5;
x = -0.5.*(-0.01).^k.*y.^(k+1) + 0.5.*(-0.01).^(-k).*y.^(-k+1);


xyplot.m:
clear;
y = [0:-0.1:-100];
for i = 0:1:1000;
x(:,i+1) = xy(-i/10);
end
plot(x,y);
grid;
gtext('x');
gtext('y');
```

结果如图 7-3-8 所示.

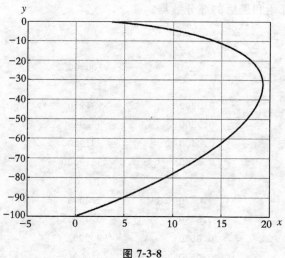

图 7-3-8

二、用 matlab 求数值解

用龙格-库塔方法求解此微分方程,程序如下:

```
gh.m:
function dx = gh(t,x,v1,v2)
s = (x(1)^2+ x(2)^2)^0.5;
dx = [v1- x(1)/s* v2;- x(2)/s* v2];% 以向量形式表示微分方程

ghdraw.m:
h = 0.01;% 所取时间点间隔
ts = [0:h:100];% 粗略估计到达目标点时间在 100 以内
x0 = [0,- 100];% 初始条件
opt = odeset('reltol',1e- 6,'abstol',1e- 9);% 相对误差 1e- 6,绝对误差 1e- 9
[t,x]= ode15s(@ gh,ts,x0,opt,1,2);% 使用解刚性方程得龙格- 库塔公式计算,1,2是
给 gh 函数的参数
[t,x]% 输出 t,x(t),y(t)
plot(t,x,'- '),grid% 输出 x(t),y(t) 的图形
gtext('x(t)'),gtext('y(t)'),pause
plot(x(:,1),x(:,2),'- '),grid,% 作 y(x) 的图形
gtext('x'),gtext('y');
```

[t,x]命令运行以后,输出的 t,x(t),y(t) 数据有 10 000 余组,在此不一一显示,仅在此列出开始和最后的部分数据:

ans =

0	0	-100.0000
0.0100	0.0100	-99.9800
0.0200	0.0200	-99.9600
0.0300	0.0300	-99.9400
0.0400	0.0400	-99.9200
0.0500	0.0500	-99.9000
……		
66.5800	0.0870	-0.0003
66.5900	0.0770	-0.0002
66.6000	0.0670	-0.0002
66.6100	0.0570	-0.0001
66.6200	0.0470	-0.0001
66.6300	0.0370	-0.0001
66.6400	0.0270	-0.0000
66.6500	0.0170	-0.0000
66.6600	0.0070	-0.0000

从数据中可以看出,在 $t=66.66(s)$ 时,$x(t)=0.0070(m)$,$y(t)=0(m)$,则可以认为渡船已经到达目的地码头 B 点.下面给出 $x(t),y(t)$ 和 $y(x)$ 的图形,分别如图 7-3-9 和图 7-3-10 所示.

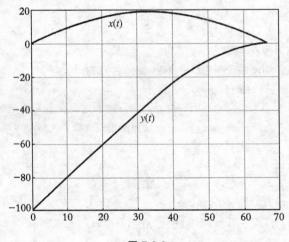

图 7-3-9

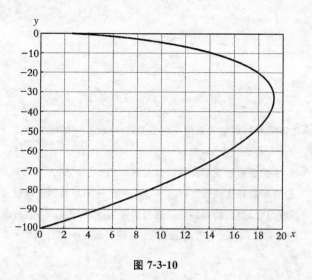

图 7-3-10

从图 7-3-10 可以看出船的轨迹与解析解求出的船舶运行轨迹相同.

 ## 练习与思考 7-3

1. 牛顿发现在温差不太大的情况下,物体冷却的速度与温差成正比. 现设正常体温为 36.5℃,法医在测量某受害者尸体时测得体温约为 32℃,一小时后再次测量,测得体温约为 30.5℃,试推测该受害者的受害时间.

2. 实验证明,当速度远低于音速时,空气阻力正比于速度,阻力系数大约为 0.0005. 现有一包裹从离地 150m 高的飞机上落下. (1) 求其落地时的速度;(2) 如果飞机高度更高些,结果会如何?包裹的速度会随高度而任意增大吗?

3. 对于纯粹的市场经济来说,商品市场价格取决于市场供需之间的关系,市场价格能促使商品的供给与需求相等(这样的价格称为(静态)均衡价格). 也就是说,如果不考虑商品价格形成的动态过程,那么商品的市场价格应能保证市场的供需平衡,但是实际的市场价格不会恰好等于均衡价格,而且价格也不会是静态的,应是随时间不断变化的动态过程. 试建立描述市场价格形成的动态过程的数学模型.

4. 设一容器内原有 100L 盐,内含有盐 10kg,现以 3L/min 的速度注入质量浓度为 0.01kg/L 的淡盐水,同时以 2L/min 的速度抽出混合均匀的盐水,求容器内盐量变化的数学模型.

5. 振动是生活与工程中的常见现象,研究振动规律有着极其重要的意义. 在自然界中,许多振动现象都可以抽象为这样的振动问题:设有一个弹簧,它的上端固定,下端挂一个质量为 m 的物体,试研究其振动规律.

本 章 小 结

一、基本思想

微分方程是描述客观事物数量关系的一种重要数学模型.一部分二阶微分方程可以采用降阶的方法化成一阶微分方程进行求解,如 $y'' = f(x)$, $y'' = f(x, y')$, $y'' = f(y, y')$ 等.而对二阶常系数线性微分方程,主要是通过观察方程所具有的结构特点找到方程的解的形式,再用代入法确定系数.如对二阶常系数齐次线性方程 $y'' + py' + qy = 0$,观察其左端是未知函数 y 的一阶导数和二阶导数的某种组合,当它们分别乘以适当的常数后,和式为零,因而适合于此方程的解 y 与其一阶导数、二阶导数之间只差一个常数因子,故设其解 $y = e^{rx}$ (其中 r 为常数),用代入法求得 r 即可.

二、主要内容

本章主要介绍二阶可降阶微分方程与二阶常系数线性微分方程.

对于二阶可降阶微分方程,采用降阶的方法将方程化成一阶微分方程进行求解,这其中包括三种不同的形式,分别是 $y'' = f(x)$, $y'' = f(x, y')$, $y'' = f(y, y')$.解题方法如下:

(1) $y'' = f(x)$,通过两次积分求出通解.

(2) $y'' = f(x, y')$,通过设 $z = y'$,则 $z' = y''$,代入后得到一个 z 关于 x 的一阶微分方程,求出关于 z 的解后,再进行积分求出关于 y 的通解.

(3) $y'' = f(y, y')$,通过设 $z = y'$,则 $y'' = z\dfrac{\mathrm{d}z}{\mathrm{d}y}$,代入后得到一个 z 关于 y 的一阶微分方程,求出关于 z 的解后,再通过变量分离法求出关于 y 的通解.

二阶常系数线性微分方程又分成齐次和非齐次两种,解题方法如下:

(1) 对于齐次方程 $y'' + py' + qy = 0$,可以根据相应特征方程 $r^2 + pr + q = 0$ 的根的 3 种不同情况,分别写出通解,具体如下表所示:

特征方程 $r^2 + pr + q = 0$ 的根为 r_1 与 r_2	微分方程 $y'' + py' + qy = 0$ 的通解
两个不同的实根 $r_1 \neq r_2$	$y = C_1 e^{r_1 x} + C_2 e^{r_2 x}$
两个相同的实根 $r_1 = r_2$	$y = (C_1 + C_2 x) e^{r_1 x}$
一对共轭复根 $r_1, r_2 = \alpha \pm \beta i$	$y = e^{\alpha x}(C_1 \cos\beta x + C_2 \sin\beta x)$

(2) 对于非齐次方程 $y'' + py' + qy = f(x)$,可以根据 $f(x)$ 的不同类型找到特解 y^*,进而根据线性方程解的结构求出通解 $y = y^* + Y$.其中特解 y^* 的具体求法如下表所示:

若 $f(x) = e^{\lambda x}(a_0 x^m + a_1 x^{m-1} + \cdots + a_m)$,
则设 $y^* = e^{\lambda x}(b_0 x^m + b_1 x^{m-1} + \cdots + b_m)x^k$
(其中根据 λ 不是特征方程根、单根、重根，k 分别取 $0,1,2$)

若 $f(x) = e^{\alpha x}[(a_0 x^m + a_1 x^{m-1} + \cdots + a_m)\cos\beta x + (b_0 x^m + b_1 x^{m-1} + \cdots + b_m)\sin\beta x]$,
则设 $y^* = e^{\alpha x}[(c_0 x^m + c_1 x^{m-1} + \cdots + c_m)\cos\beta x + (d_0 x^m + d_1 x^{m-1} + \cdots + d_m)\sin\beta x]x^k$
(其中根据 $\alpha + \beta i$ 不是特征方程的根、是特征方程的根，k 分别取 $0,1$)

本章复习题

一、判断题

1. 方程 $y^3 - y'' - x^2 y = 0$ 是三阶微分方程.
2. 因为 $y_1 = e^{2x}, y_2 = 3e^{2x}$ 是方程 $y'' - 4y = 0$ 的两个特解，所以方程 $y'' - 4y = 0$ 的通解为 $y = C_1 e^{2x} + 3C_2 e^{2x}$.
3. 如果知道 n 阶线性微分方程的 n 个线性无关的特解，就可以写出它的通解.
4. 方程 $y'' - y'^2 = 0$ 可视为 $y'' = f(x, y')$ 型，也可视为 $y'' = f(y, y')$ 型.

二、填空题

1. 微分方程 $y'' + (y')^4 - y^3 + 3x = 0$ 是_____阶_____次方程.
2. 与积分方程 $y = \int_0^x f(t, y) dt$ 等价的微分方程的初值问题是_____.
3. 以 $y = C_1 e^{2x} + C_2 e^{3x}$ (C_1, C_2 为任意常数) 为通解的微分方程为_____.
4. 求微分方程 $y'' + 2y' = 2x^2 - 1$ 的一个特解，应设特解的形式为 $y^* = $ _____.

三、解答题

1. 求下列微分方程的通解.
   (1) $y'' - \sin x - 6x = 0$;
   (2) $y'' = x + e^{-x}$;
   (3) $y'' - y' + x = 0$
   (4) $yy'' - (y')^2 = 0$;
   (5) $y'' - y' - 2y = 4e^{-x}$;
   (6) $y'' + 4y' = 3x^2 - 2x + 5$.
2. 求下列微分方程满足初始条件的解.
   (1) $x^2 y'' - 2xy' = 1, y(1) = 1, y'(1) = 0$;
   (2) $2y'' + \sin 2y = 0, y(0) = 0, y'(0) = 1$;
   (3) $y'' + 4y' + 29y = 0, y(0) = 0, y'(0) = 15$;

(4) $y'' + 4y = \sin x \cos x, y(0) = 0, y'(0) = 0$.

3. 设有一质量为 m 的物体以初速为 v_0 垂直向上抛,如果空气阻力为 $f = kv^2$ (k 为常数).试求物体的运动方程 $s = s(t)$ 及到达最高点所需的时间和最大高度.

4. 设一质点的运动方程为 $x = x(t)$,初始位置为 $x = 0$,初始速度为 6,若 t 时刻的加速度为 $6\cos t - 4x(t)$,求运动方程 $x = x(t)$.

5. 质量为 20kg,直径为 20cm 的圆柱形浮筒垂直浮于水中,顶面高出水面 10cm.现将浮筒顶面下压至与水面平齐,求放开后浮筒的振动规律.

第 8 章

拉普拉斯变换

数学中,常常采用变换的方法将复杂的计算转化为较简单的计算.通过积分运算把一个函数变成另一个函数的变换称为积分变换.拉普拉斯[①]变换(简称拉氏变换)是最常见的积分变换,广泛应用于自然科学和工程技术中,如用拉普拉斯变换分析和综合线性系统(如线性电路)的运动过程等.拉氏变换是分析和求解常系数线性微分方程的常用方法.

§8.1 拉普拉斯变换的概念

8.1.1 拉普拉斯变换的概念与性质

1. 拉普拉斯变换的概念

定义 1 设函数 $f(t)$ 的定义域为 $[0,+\infty)$,如果广义积分

$$\int_0^{+\infty} f(t)\mathrm{e}^{-st}\mathrm{d}t$$

在 s 的某一范围内取值收敛,则由此积分确定了一个关于 s 的函数,可写为

$$F(s) = \int_0^{+\infty} f(t)\mathrm{e}^{-st}\mathrm{d}t.$$

函数 $F(s)$ 叫做函数 $f(t)$ 的拉普拉斯变换,简称拉氏变换,上式称为函数 $f(t)$ 的拉氏变换式,用记号 $L[f(t)]$ 表示,即

$$L[f(t)] = F(s).$$

[①] 拉普拉斯(Pierre Simon de Laplace,1749—1827),法国数学家、天文学家,生前颇负盛名,被誉为法国的牛顿.综观其一生的学术成就,他最突出的贡献就是天体力学和概率论.在《天体力学》(共 5 卷,1799—1825)中汇聚了他在天文学中的几乎全部发现,他试图给出由太阳系引起的力学问题的完整分析解答.在《概率的分析理论》(1812)中总结了当时整个概率论的研究,今天每一位学人耳熟能详的那些数学名词,诸如随机变量、数字特征、特征函数、拉普拉斯变换和拉普拉斯中心极限定律等等,都可以说是由拉普拉斯引入或者经他改进的.尤其是拉普拉斯变换,导致后来海维塞德发现运算微积分在电工理论中的应用.后来的傅立叶变换、梅森变换、Z 变换和小波变换也受他的影响.

函数 $F(s)$ 也可叫做 $f(t)$ 的像函数.

若 $F(s)$ 是 $f(t)$ 的拉氏变换,则称 $f(t)$ 是 $F(s)$ 的拉氏逆变换(或叫做 $F(s)$ 的像原函数),记作

$$f(t) = L^{-1}[f(s)].$$

注意 在拉氏变换中,只要求 $f(t)$ 在 $[0,+\infty)$ 内有定义即可. 为了研究方便,以后总假定在 $(-\infty,0)$ 内, $f(t) \equiv 0$. 在以后的研究中,规定所研究的 t 均属于 $[0,+\infty)$.

例 1 求单位阶梯函数 $u(t) = \begin{cases} 0, t<0, \\ 1, t \geqslant 0 \end{cases}$ 的拉氏变换.

解 由拉氏变换的定义,知

$$L[u(t)] = \int_0^{+\infty} e^{-st} dt.$$

由于

$$\int_0^{+\infty} e^{-st} dt = -\frac{1}{s} e^{-st} \Big|_0^{+\infty} = \frac{1}{s} \quad (s>0),$$

所以

$$L[u(t)] = \frac{1}{s}.$$

例 2 求指数函数 $f(t) = e^{at}$ (a 是常数) 的拉氏变换.

解 $L[e^{at}] = \int_0^{+\infty} e^{at} e^{-st} dt = \int_0^{+\infty} e^{-(s-a)t} dt.$

由于

$$\int_0^{+\infty} e^{-(s-a)t} dt = -\frac{1}{s-a} e^{-(s-a)t} \Big|_0^{+\infty} = \frac{1}{s-a} \quad (s>a),$$

所以

$$L[e^{at}] = \frac{1}{s-a} \quad (s>a).$$

例 3 求 $f(t) = at$ (a 为常数) 的拉氏变换.

解 $L[at] = \int_0^{+\infty} at e^{-st} dt = -\frac{a}{s} \int_0^{+\infty} t \, de^{-st}$

$= -\frac{a}{s} [t e^{-st}]\Big|_0^{+\infty} + \frac{a}{s} \int_0^{+\infty} e^{-st} dt$

$= -\frac{a}{s^2} [e^{-st}]\Big|_0^{+\infty}$

$= \frac{a}{s^2}.$

例 4 求正弦函数 $f(t) = \sin\omega t$ 的拉氏变换.

解 $L[\sin\omega t] = \int_0^{+\infty} \sin\omega t \, e^{-st} dt$

$$= \frac{1}{s^2+\omega^2}[-e^{-st}(s\sin\omega t+\omega\cos\omega t)]\Big|_0^{+\infty}$$

$$= \frac{\omega}{s^2+\omega^2} \quad (s>0).$$

同样可算得余弦函数的拉氏变换

$$L[\cos\omega t]=\frac{s}{s^2+\omega^2} \quad (s>0).$$

下面介绍单位脉冲函数的拉氏变换.

在许多实际问题中,常常会遇到一种集中在极短时间内作用的量,这种瞬间作用的量不能用通常的函数表示. 称同时满足以下两个条件:

$$\delta(t)=\begin{cases}0, & t\neq 0,\\ \infty, & t=0,\end{cases}$$

$$\int_{-\infty}^{+\infty}\delta(t)\mathrm{d}t=1$$

的函数为**单位脉冲函数**,记为 $\delta(t)$.

单位脉冲函数的特点:当 $t\neq 0$ 时,$\delta(t)=0$,而当 $t=0$ 时,$\delta(t)$ 的值为无穷大. 它不是一般的函数,而是广义函数,它可以用普通函数序列的极限来定义:

$$\delta_\tau(t)=\begin{cases}0, & t<0,\\ \dfrac{1}{\tau}, & 0\leqslant t<\tau,\\ 0, & t>\tau,\end{cases}$$

其中 τ 是很小的正数. 当 $\tau\to 0$ 时,$\delta_\tau(t)$ 的极限为 $\delta(t)$,即

$$\delta(t)=\lim_{\tau\to 0}\delta_\tau(t).$$

例 5 求 $\delta(t)$ 函数的拉氏变换.

解 先对 $\delta_\tau(t)$ 作拉氏变换

$$L[\delta_\tau(t)]=\int_0^{+\infty}\delta_\tau(t)e^{-st}\mathrm{d}t=\int_0^\tau \frac{1}{\tau}e^{-st}\mathrm{d}t=\frac{1}{\tau s}(1-e^{-ts}).$$

$\delta(t)$ 的拉氏变换为

$$L[\delta(t)]=\lim_{\tau\to 0}L[\delta_\tau(t)]=\lim_{\tau\to 0}\frac{1-e^{-\tau s}}{\tau s}.$$

用罗必达法则计算此极限,得

$$\lim_{\tau\to 0}\frac{1-e^{-\tau s}}{\tau s}=\lim_{\tau\to 0}\frac{se^{-\tau s}}{s}=1,$$

所以

$$L[\delta(t)]=1.$$

2. 拉氏变换的运算性质

拉氏变换的性质在拉氏变换的运算中具有重要作用，掌握这些性质，就可以熟练而灵活地运用拉氏变换．

性质1(线性性质) 若 $L[f_1(t)] = F_1(s), L[f_2(t)] = F_2(s), a、b$ 是常数，则
$$L[af_1(t) + bf_2(t)] = aL[f_1(t)] + bL[f_2(t)] = aF_1(s) + bF_2(s).$$

性质1表明，函数的线性组合的拉氏变换等于各函数的拉氏变换的线性组合，它可以推广到有限个函数的线性组合的情形．

例6 求下列函数的拉氏变换．

(1) $f(t) = \sin t \cos t$；

(2) $f(t) = 1 + t - \delta(t)$；

(3) $f(t) = \dfrac{1}{a}(1 - e^{-at})$．

解 (1) $L[\sin t \cos t] = \dfrac{1}{2} L[\sin 2t] = \dfrac{1}{2} \cdot \dfrac{2}{s^2 + 4} = \dfrac{1}{s^2 + 4}.$

(2) $L[1 + t - \delta(t)] = L[1] + L[t] - L[\delta(t)] = \dfrac{1}{s} + \dfrac{1}{s^2} - 1.$

(3) 由性质1，有
$$L\left[\dfrac{1}{a}(1 - e^{-at})\right] = \dfrac{1}{a} L[1 - e^{-at}]$$
$$= \dfrac{1}{a}\{L[1] - L[e^{-at}]\}$$
$$= \dfrac{1}{a}\left(\dfrac{1}{s} - \dfrac{1}{s+a}\right) = \dfrac{1}{s(s+a)}.$$

性质2(平移性质) 若 $L[f(t)] = F(s)$，则
$$L[e^{at} f(t)] = F(s - a).$$

性质2表明，像原函数乘以 e^{at}，等于其像函数作位移 a，因此性质2又称为平移性质．

例7 求 $L[te^{at}]$ 及 $L[e^{-at} \sin \omega t]$．

解 由平移性质及
$$L[t] = \dfrac{1}{s^2}, \quad L[\sin \omega t] = \dfrac{\omega}{s^2 + \omega^2},$$

得
$$L[te^{at}] = \dfrac{1}{(s-a)^2},$$

$$L[e^{-at} \sin \omega t] = \dfrac{\omega}{(s+a)^2 + \omega^2}.$$

性质3(延滞性质) 若 $L[f(t)] = F(s)$，则 $L[f(t - a)] = e^{-as} F(s)$.

注意 函数 $f(t-a)$ 与 $f(t)$ 相比,滞后了 a 个单位,若 t 表示时间,性质3表明,时间延迟了 a 个单位,例如:正弦型函数曲线 $y = A\sin\left(x - \dfrac{\pi}{4}\right)$ 的起点是 $\left(\dfrac{\pi}{4}, 0\right)$,比曲线 $y = A\sin x$ 的起点滞后了 $\dfrac{\pi}{4}$ 个单位,相当于像函数乘以指数因子 e^{-as},因此这个性质又叫做延滞性质.

例 8 求下列数的拉氏变换.

(1) $u(t-a) = \begin{cases} 0, & t < a, \\ 1, & t \geqslant a; \end{cases}$ (2) $h(t) = \begin{cases} 0, & t \leqslant a, \\ 1, & a < t < b, \\ 0, & t \geqslant b. \end{cases}$

解 (1) 由 $L[u(t)] = \dfrac{1}{s}$ 及性质3,可得

$$L[u(t-a)] = \dfrac{1}{s}\mathrm{e}^{-as}.$$

(2) 由 $h(t) = u(t-a) - u(t-b)$,得

$$\begin{aligned} L[h(t)] &= L[u(t-a) - u(t-b)] \\ &= L[u(t-a)] - L[u(t-b)] \\ &= \dfrac{1}{s}\mathrm{e}^{-as} - \dfrac{1}{s}\mathrm{e}^{-bs} = \dfrac{1}{s}(\mathrm{e}^{-as} - \mathrm{e}^{-bs}). \end{aligned}$$

性质 4(微分性质) 若 $L[f(t)] = F(s)$,并设 $f(t)$ 在 $[0, +\infty)$ 上连续,$f'(t)$ 为分段连续函数,则

$$L[f'(t)] = sF(s) - f(0).$$

微分性质表明,一个函数求导后取拉氏变换,等于这个函数的拉氏变换乘以参数 s 再减去这个函数的初值.

推论 若 $L[f(t)] = F(s)$,则

$$L[f^{(n)}(t)] = s^n F(s) - [s^{n-1} f(0) + s^{n-2} f'(0) + \cdots + f^{(n-1)}(0)].$$

特别地,若 $f(0) = f'(0) = \cdots = f^{(n-1)}(0) = 0$,则

$$L[f^{(n)}(t)] = s^n F(s) \quad (n = 1, 2, \cdots).$$

可见,应用微分性质可以将 $f(t)$ 的求导运算转化为代数运算.因此,通过拉氏变换可以将 $f(t)$ 的常微分方程求解化为代数方程求解,从而大大简化求解过程.

例 9 利用微分性质求

(1) $L[\sin\omega t]$;   (2) $L[t^m]$,其中 m 是正整数.

解 (1) 令 $f(t) = \sin\omega t$,则

$f(0) = 0, f'(t) = \omega\cos\omega t, f'(0) = \omega, f''(t) = -\omega^2 \sin\omega t.$

由上式及推论得

$$L[-\omega^2 \sin\omega t] = L[f''(t)] = s^2 F(s) - sf(0) - f'(0),$$

即
$$-\omega^2 L[\sin\omega t] = s^2 L[\sin\omega t] - \omega,$$

移项并化简,即得

$$L[\sin\omega t] = \frac{\omega}{s^2 + \omega^2}.$$

(2) 由 $f(0) = f'(0) = \cdots = f^{(m-1)}(0) = 0$

且
$$f^{(m)}(t) = m!,$$

由推论,有
$$L[f^{(m)}(t)] = L[m!] = s^m F(s),$$

而
$$L[m!] = m! L[1] = \frac{m!}{s},$$

即得
$$F(s) = \frac{m!}{s^{m+1}},$$

所以
$$L[t^m] = \frac{m!}{s^{m+1}}.$$

性质 5(积分性质) 若 $L[f(t)] = F(s)$,且 $f(t)$ 在 $[0, +\infty)$ 上连续,则

$$L\left[\int_0^t f(x)\,\mathrm{d}x\right] = \frac{F(s)}{s}.$$

性质 5 表明,一个函数积分后取拉氏变换,等于这个函数的拉氏变换除以参数 s.

性质 5 也可以推广到有限次积分的情形,

$$L\left[\overbrace{\int_0^t \mathrm{d}t \int_0^t \mathrm{d}t \cdots \int_0^t f(x)\,\mathrm{d}t}^{n次}\right] = \frac{F(s)}{s^n} \quad (n = 1, 2, \cdots).$$

例 10 求 $L\left[\int_0^t \cos\omega x\,\mathrm{d}x\right]$.

解 $L\left[\int_0^t \cos\omega x\,\mathrm{d}x\right] = \frac{1}{s} L[\cos\omega t] = \frac{1}{s} \cdot \frac{s}{s^2 + \omega^2} = \frac{1}{s^2 + \omega^2}.$

8.1.2 常见函数的拉普拉斯变换

在工程中,并不总是用定义求函数的拉氏变换,还可以通过查表求拉氏变换. 现将常用函数的拉氏变换列于表 8-1-1 以供查用.

表 8-1-1

序号	$f(t)$	$F(s)$
1	$\delta(t)$	1
2	$u(t)$	$\dfrac{1}{s}$
3	t	$\dfrac{1}{s^2}$
4	$t^n\,(n=1,2\cdots)$	$\dfrac{n!}{s^{n+1}}$
5	e^{at}	$\dfrac{1}{s-a}$
6	$1-e^{-at}$	$\dfrac{a}{s(s-a)}$
7	te^{at}	$\dfrac{1}{s(s-a)^2}$
8	$t^n e^{at}\,(n=1,2,\cdots)$	$\dfrac{n!}{(s-a)^{n+1}}$
9	$\sin\omega t$	$\dfrac{\omega}{s^2+\omega^2}$
10	$\cos\omega t$	$\dfrac{s}{s^2+\omega^2}$
11	$\sin(\omega t+\varphi)$	$\dfrac{s\sin\varphi+\omega\cos\varphi}{s^2+\omega^2}$
12	$\cos(\omega t+\varphi)$	$\dfrac{s\cos\varphi-\omega\sin\varphi}{s^2+\omega^2}$
13	$t\sin\omega t$	$\dfrac{2\omega s}{(s^2+\omega^2)^2}$
14	$t\cos\omega t$	$\dfrac{s^2-\omega^2}{(s^2+\omega^2)^2}$
15	$t\sin\omega t-\omega t\cos\omega t$	$\dfrac{2\omega^3}{(s^2+\omega^2)^2}$
16	$e^{-at}\sin\omega t$	$\dfrac{\omega}{(s+a)^2+\omega^2}$
17	$e^{-at}\cos\omega t$	$\dfrac{s+a}{(s+a)^2+\omega^2}$
18	$\dfrac{1}{\omega^2}(1-\cos\omega t)$	$\dfrac{1}{s(s^2+\omega^2)}$
19	$e^{at}-e^{bt}$	$\dfrac{a-b}{(s-a)(s-b)}$
20	$2\sqrt{\dfrac{t}{\pi}}$	$\dfrac{1}{s\sqrt{s}}$
21	$\dfrac{1}{\sqrt{\pi t}}$	$\dfrac{1}{\sqrt{s}}$

例 11 查表求 $L\left[\dfrac{\sin t}{t}\right]$.

解 由表 8-1-1 中的序号 9 式可得

$$L[\sin t] = \dfrac{1}{s^2+1} = F(s).$$

再由性质 8,可得

$$L\left[\dfrac{\sin t}{t}\right] = \int_s^{+\infty} \dfrac{1}{s^2+1} ds = \arctan s \Big|_s^{+\infty} = \dfrac{\pi}{2} - \arctan s.$$

例 12 求 $L\left[e^{-4t}\cos\left(2t+\dfrac{\pi}{4}\right)\right]$.

解 由 $\cos\left(2t+\dfrac{\pi}{4}\right) = \dfrac{1}{\sqrt{2}}(\cos 2t - \sin 2t),$

得
$$L\left[e^{-4t}\cos\left(2t+\dfrac{\pi}{4}\right)\right]$$
$$= \dfrac{1}{\sqrt{2}} L[e^{-4t}\cos 2t - e^{-4t}\sin 2t]$$
$$= \dfrac{1}{\sqrt{2}} L[e^{-4t}\cos 2t] - \dfrac{1}{\sqrt{2}} L[e^{-4t}\sin 2t].$$

查表得,
$$L[e^{-4t}\cos 2t] = \dfrac{s+4}{(s+4)^2+4},$$
$$L[e^{-4t}\sin 2t] = \dfrac{2}{(s+4)^2+4},$$

所以
$$L\left[e^{-4t}\cos\left(2t+\dfrac{p}{4}\right)\right] = \dfrac{1}{\sqrt{2}}\left[\dfrac{s+4}{(s+4)^2+4} - \dfrac{2}{(s+4)^2+4}\right] = \dfrac{1}{\sqrt{2}} \dfrac{s+2}{(s+4)^2+4}.$$

练习与思考 8-1

1. 拉氏变换的条件是什么?
2. 基本初等函数 $f(t)$ 对应的拉氏变换是什么?
3. 求下列函数的拉氏变换.

   (1) $u(t) = \begin{cases} 0, & t<0, \\ 3, & t \geqslant 0; \end{cases}$

   (2) $3t$;   (3) e^{2t};   (4) $\cos 2t$.

4. 利用性质求下列函数的拉氏变换.

   (1) $2\sin 3t + 3\cos 2t$;   (2) $\cos\left(2t+\dfrac{\pi}{3}\right)$;

   (3) $t\sin 3t$;   (4) $e^{3t}\cos 2t$.

§8.2 拉普拉斯逆变换及其求法

前面介绍了由已知函数 $f(t)$ 求它的像函数 $F(s)$ 的问题. 本节我们讨论相反问题 —— 已知像函数 $F(s)$, 求它的像原函数 $f(t)$, 即拉氏变换的逆变换.

求像原函数, 常从拉氏变换表 8-1-1 中查找, 同时要结合拉氏变换的性质. 因此把常用的拉氏变换的性质用逆变换的形式列出如下.

设 $L[f_1(t)] = F_1(s)$, $L[f_2(t)] = F_2(s)$, $L[f(t)] = F(s)$.

性质 1（线性性质）
$$L^{-1}[aF_1(s) + bF_2(s)] = aL^{-1}[F_1(s)] + bL^{-1}[F_2(s)]$$
$$= af_1(t) + af_2(t) \quad (a, b \text{ 为常数}).$$

性质 2（平移性质）
$$L^{-1}[F(s-a)] = e^{at} L^{-1}[F(s)] = e^{at} f(t).$$

性质 3（延滞性质）
$$L^{-1}[e^{as} F(s)] = f(t-a) u(t-a).$$

例 1 求下列函数的拉氏逆变换.

(1) $F(s) = \dfrac{1}{s+3}$;   (2) $F(s) = \dfrac{1}{(s-2)^2}$;

(3) $F(s) = \dfrac{2s-5}{s^2}$;   (4) $F(s) = \dfrac{4s-3}{s^2+4}$.

解 (1) 由表 8-1-1 中的序号 5 式, 取 $a = -3$, 得
$$f(t) = L^{-1}\left[\frac{1}{s+3}\right] = e^{-3t}.$$

(2) 由表 8-1-1 中的序号 7 式, 取 $a = 2$, 得
$$f(t) = L^{-1}\left[\frac{1}{(s-2)^2}\right] = te^{2t}.$$

(3) 由性质 1 及表 8-1-1 中的序号 2 式和序号 3 式, 得
$$f(t) = L^{-1}\left[\frac{2s-5}{s^2}\right] = 2L^{-1}\left[\frac{1}{s}\right] - 5L^{-1}\left[\frac{1}{s^2}\right] = 2 - 5t.$$

(4) 由性质 1 及表 8-1-1 中的序号 9 式和序号 10 式, 得
$$f(t) = L^{-1}\left[\frac{4s-3}{s^2+4}\right]$$
$$= 4L^{-1}\left[\frac{s}{s^2+4}\right] - \frac{3}{2} L^{-1}\left[\frac{2}{s^2+4}\right]$$
$$= 4\cos 2t - \frac{3}{2}\sin 2t.$$

例 2 求 $F(s) = \dfrac{2s+3}{s^2-2s+5}$ 的拉氏逆变换.

解
$$f(t) = L^{-1}\left[\dfrac{2s+3}{s^2-2s+5}\right] = L^{-1}\left[\dfrac{2s+3}{(s-1)^2+4}\right]$$
$$= 2L^{-1}\left[\dfrac{s-1}{(s-1)^2+4}\right] + \dfrac{5}{2}L^{-1}\left[\dfrac{2}{(s-1)^2+4}\right]$$
$$= 2\mathrm{e}^t\cos 2t + \dfrac{5}{2}\mathrm{e}^t\sin 2t$$
$$= \mathrm{e}^t\left(2\cos 2t + \dfrac{5}{2}\sin 2t\right).$$

例 3 求 $F(s) = \dfrac{s^2-2}{(s^2+2)^2}$ 的拉氏逆变换.

解 因为
$$\dfrac{s^2-2}{(s^2+2)^2} = -\left(\dfrac{s}{s^2+2}\right)',$$

由微分性质得
$$f(t) = L^{-1}\left[\dfrac{s^2-2}{(s^2+2)^2}\right] = L^{-1}\left[-\left(\dfrac{s}{s^2+2}\right)'\right]$$
$$= -(-t)F^{-1}\left(\dfrac{s}{s^2+2}\right)' = t\cos\sqrt{2}\,t.$$

上面的例题告诉我们,求拉氏变换逆变换的要点是通过初等变换将目标函数 $F(s)$ 分解成几个简单函数的代数和的形式,再通过拉氏变换逆变换的性质及查拉氏变换表(即表 8-1-1)求出其像原函数.

有些目标函数 $F(s)$ 不易分解成几个简单函数的代数和的形式. 通常目标函数是两个多项式之比,称为有理分式,即 $F(s) = \dfrac{P(s)}{Q(s)}$,这里 $P(s)$ 与 $Q(s)$ 不可约. 当 $Q(s)$ 的次数高于 $P(s)$ 的次数时,$F(s)$ 是真分式,否则 $F(s)$ 为假分式. 利用多项式除法,总可把假分式化为一个多项式与真分式之和,因此只需讨论真分式的分解.

首先,将分母 $Q(s)$ 分解为一次因式(可能有重因式)和二次质因式的乘积. 其次,将该真分式按分母的因式分解成若干简单分式(称为部分分式)之和.

现将常见有理真分式的分解列表如表 8-2-1 所示.

表 8-2-1

序号	$F(s)$	分解式
1	$F(s) = \dfrac{P(s)}{(s-a)(s-b)}$	$F(s) = \dfrac{A}{s-a} + \dfrac{B}{s-b}$
2	$F(s) = \dfrac{P(s)}{(s-a)^n}$	$F(s) = \dfrac{A_n}{(s-a)^n} + \dfrac{A_{n-1}}{(s-a)^{n-1}}$ $+ \cdots + \dfrac{A_1}{s-a}$
3	$F(s) = \dfrac{P(s)}{(s-a)(s^2+ps+q)}$ 其中 s^2+ps+q 是二次质因式	$F(s) = \dfrac{A}{s-a} + \dfrac{Bs+C}{s^2+ps+q}$

例 4 求 $F(s) = \dfrac{s+9}{s^2+5s+6}$ 的拉氏逆变换.

解 先将 $F(s)$ 分解为部分分式之和,

$$\frac{s+9}{s^2+5s+6} = \frac{s+9}{(s+2)(s+3)} = \frac{A}{s+2} + \frac{B}{s+3}.$$

用待定系数法求得 $\qquad A = 7, B = -6,$

所以
$$\frac{s+9}{s^2+5s+6} = \frac{7}{s+2} - \frac{6}{s+3},$$

则有
$$\begin{aligned}
f(t) &= L^{-1}\left[\frac{s+9}{s^2+5s+6}\right] = L^{-1}\left[\frac{7}{s+2} - \frac{6}{s+3}\right] \\
&= 7L^{-1}\left[\frac{1}{s+2}\right] - 6L^{-1}\left[\frac{1}{s+3}\right] \\
&= 7\mathrm{e}^{-2t} - 6\mathrm{e}^{-3t}.
\end{aligned}$$

例 5 求 $F(s) = \dfrac{s+3}{s^3+4s^2+4s}$ 的拉氏逆变换.

解 设 $\dfrac{s+3}{s^3+4s^2+4s} = \dfrac{s+3}{s(s+2)^2} = \dfrac{A}{s} + \dfrac{B}{s+2} + \dfrac{C}{(s+2)^2},$

用待定系数法求得
$$A = \frac{3}{4}, B = -\frac{3}{4}, C = -\frac{1}{2},$$

所以
$$F(s) = \frac{s+3}{s^3+4s^2+4s} = \frac{3}{4} \cdot \frac{1}{s} - \frac{3}{4} \cdot \frac{1}{s+2} - \frac{1}{2} \cdot \frac{1}{(s+2)^2}.$$

则有
$$L^{-1}[F(s)] = L^{-1}\left[\frac{3}{4}\frac{1}{s} - \frac{3}{4}\frac{1}{s+2} - \frac{1}{2}\frac{1}{(s+2)^2}\right]$$
$$= \frac{3}{4}L^{-1}\left[\frac{1}{s}\right] - \frac{3}{4}L^{-1}\left[\frac{1}{s+2}\right] - \frac{1}{2}L^{-1}\left[\frac{1}{(s+2)^2}\right]$$
$$= \frac{3}{4} - \frac{3}{4}e^{-2t} - \frac{1}{2}te^{-2t}.$$

例 6 求 $F(s) = \dfrac{s^2}{(s+2)(s^2-2s+2)}$ 的拉氏逆变换.

解 先将 $F(s)$ 分解为部分分式之和. 设
$$F(s) = \frac{s^2}{(s+2)(s^2-2s+2)}$$
$$= \frac{A}{s+2} + \frac{Bs+C}{s^2-2s+2},$$

用待定系数法求得 $A = \dfrac{2}{5}, B = \dfrac{3}{5}, C = -\dfrac{2}{5}$,

所以
$$F(s) = \frac{1}{5}\left[\frac{2}{s+2} + \frac{3s-2}{s^2-2s+2}\right]$$
$$= \frac{1}{5}\left[\frac{2}{s+2} + \frac{3(s-1)}{(s-1)^2+1} + \frac{1}{(s-1)^2+1}\right],$$

于是
$$f(t) = L^{-1}[F(s)]$$
$$= \frac{1}{5}L^{-1}\left[\frac{2}{s+2} + \frac{3(s-1)}{(s-1)^2+1} + \frac{1}{(s-1)^2+1}\right]$$
$$= \frac{1}{5}L^{-1}\left[\frac{2}{s+2}\right] + \frac{3}{5}L^{-1}\left[\frac{s-1}{(s-1)^2+1}\right] + \frac{1}{5}L^{-1}\left[\frac{1}{(s-1)^2+1}\right]$$
$$= \frac{2}{5}e^{-2t} + \frac{3}{5}e^t L^{-1}\left[\frac{s}{s^2+1}\right] + \frac{1}{5}e^t L^{-1}\left[\frac{1}{s^2+1}\right]$$
$$= \frac{2}{5}e^{-2t} + \frac{1}{5}e^t(3\cos t + \sin t).$$

例 7 求 $F(s) = \dfrac{s^3+5s^2+9s+7}{s^2+3s+2}$ 的拉氏逆变换.

解 因 $F(s)$ 是假分式,故应先化为真分式,然后再展开成部分分式.
$$F(s) = s+2 + \frac{s+3}{s^2+3s+2} = s+2 + \frac{s+3}{(s+1)(s+2)}.$$

由代入法不难得知
$$\frac{s+3}{(s+1)(s+2)} = \frac{2}{s+1} - \frac{1}{s+2},$$

故有

$$F(s) = s + 2 + \frac{2}{s+1} - \frac{1}{s+2},$$
$$f(t) = \delta'(t) + 2\delta(t) + (2e^{-t} - e^{-2t})u(t).$$

通过计算我们不难体会到,利用拉氏变换及其逆变换进行运算确实很方便,但成功地利用拉氏变换及其逆变换的前提是必须牢记拉氏变换及其逆变换的性质,牢记常见函数的拉氏变换及其逆变换. 当然,在实际应用中遇到应用拉氏变换计算的问题时,我们经常需要查拉氏变换表 8-1-1.

练习与思考 8-2

1. 通过拉氏逆变换性质与拉氏变换性质的对应关系,总结出逆变换的其他性质.
2. 求下列各函数的拉氏逆变换.

(1) $F(s) = \dfrac{2}{s-3}$; (2) $F(s) = \dfrac{2}{2s+1}$; (3) $F(s) = \dfrac{3s}{s^2+9}$;

(4) $F(s) = \dfrac{2}{9s^2+1}$; (5) $F(s) = \dfrac{s-3}{s^2+9}$.

3. 求下列各函数的拉氏逆变换.

(1) $F(s) = \dfrac{3}{(s-1)(s-2)}$; (2) $F(s) = \dfrac{2s}{9s^2+1}$; (3) $F(s) = \dfrac{3}{s^2+4s+8}$;

(4) $F(s) = \dfrac{s^2}{(s+2)(s^2+2s+2)}$.

§8.3 拉普拉斯变换的应用

8.3.1 求解微分方程

拉氏变换及其逆变换可以比较方便地求解常系数线性微分方程的初值问题.

例1 求微分方程 $y' + 3y = 0$ 满足初始条件 $y|_{x=0} = 1$ 的特解.

解 先对方程两边求其拉氏变换,并设 $L[y] = F(s)$,则
$$L[y' + 3y] = L(0), L[y'] + 3L[y] = 0, sF(s) - y|_{x=0} + 3F(s) = 0,$$
所以,将 $y|_{x=0} = 1$ 代入上式可得
$$(s+3)F(s) = 1, F(s) = \frac{1}{s+3},$$
再利用拉氏变换的逆变换可求出方程的解为
$$y = L^{-1}[F(s)] = L^{-1}\left[\frac{1}{s+3}\right] = e^{-3t}.$$

通过例题,我们可以总结出求线性微分方程的解的一般步骤如下:

(1) 利用拉氏变换的微分性质和线性性质,对微分方程两端取拉氏变换,将常系数线性微分方程化成像函数的代数方程;

(2) 从像函数的代数方程求出像函数;

(3) 利用拉氏变换的逆变换求出像原函数,该像原函数就是方程的解.

例 2 求微分方程 $y'' + 4y' - 5y = e^{2t}$ 满足初始条件 $y|_{x=0} = 2, y'|_{x=0} = 1$ 的特解.

解 对方程两边求其拉氏变换,并设 $L[y] = F(s)$,则
$$L[y'' + 4y' - 5y] = L(e^{2t}), \quad L[y''] + 4L[y'] - 5L[y] = L(e^{2t}),$$
$$s^2 F(s) - sy|_{x=0} - y'|_{x=0} + 4sF(s) - 4y|_{x=0} - 5F(s) = \frac{1}{s-2}.$$

将 $y|_{x=0} = 2, \quad y'|_{x=0} = 1$ 代入上式,得

$$F(s) = \frac{2s^2 + 5s - 17}{(s-1)(s-2)(s+5)} = \frac{\frac{5}{3}}{s-1} + \frac{\frac{1}{7}}{s-2} + \frac{\frac{4}{21}}{s+5},$$

利用拉氏变换的逆变换可求出方程的解为

$$y = L^{-1}[F(s)] = L^{-1}\left[\frac{\frac{5}{3}}{s-1} + \frac{\frac{1}{7}}{s-2} + \frac{\frac{4}{21}}{s+5}\right]$$
$$= \frac{5}{3}e^t + \frac{1}{7}e^{2t} + \frac{4}{21}e^{-5t}.$$

例 3 一静止的弹簧在 $t = 0$ 时的一瞬间受到一个垂直方向的冲击力的振动,振动所满足的方程为 $y'' + 2y' + 2y = \delta(t)$, $y(0) = 0$, $y'(0) = 0$,求解此方程.

解 对方程两边求其拉氏变换,并设 $L[y] = F(s)$,则
$$L[y'' + 2y' + 2y] = L(\delta(t)), \quad L[y''] + 2L[y'] + 2L[y] = L(\delta(t)),$$
$$s^2 F(s) - sy(0) - y'(0) + 2sF(s) - 2y(0) + 2F(s) = 1.$$

将 $y(0) = 0, y'(0) = 0$ 代入上式,得

$$F(s) = \frac{1}{s^2 + 2s + 2} = \frac{1}{(s+1)^2 + 1},$$

再利用拉氏变换的逆变换可求出方程的解为

$$y = L^{-1}[F(s)] = L^{-1}\left[\frac{1}{(s+1)^2 + 1}\right] = e^{-t}\sin t.$$

例 4 求方程组 $\begin{cases} y'' + x' = e^t, \\ x'' + 2y' + x = t \end{cases}$ 满足初始条件 $\begin{cases} y(0) = y'(0) = 0, \\ x(0) = x'(0) = 0 \end{cases}$ 的解.

解 设 $L[y(t)] = Y(s), L[x(t)] = X(s)$,对方程组每一个方程两边同时取拉普氏变换,有

$$\begin{cases} s^2 Y(s) + sX(s) = \dfrac{1}{s-1}, \\ s^2 X(s) + 2sY(s) + X(s) = \dfrac{1}{s^2}. \end{cases}$$

解方程组,得

$$\begin{cases} X(s) = \dfrac{-1}{(-1+s)^2 s^2}, \\ Y(s) = \dfrac{1-s+s^2}{s^3(-1+s)^2}, \end{cases}$$

再利用拉氏变换的逆变换可求出方程组的解为

$$\begin{cases} x(t) = -2 - e^t(-2+t) - t, \\ y(t) = 2 + e^t(-2+t) + t + \dfrac{t^2}{2}. \end{cases}$$

8.3.2 线性系统问题

一个物理系统,如果可以用常系数线性微分方程来描述,称此系统为线性系统.线性系统的两个主要概念是激励和响应,通常称输入函数为系统的激励,输出函数为系统的响应.

在线性系统的分析中,为了研究激励和响应与系统本身特性之间的关系,就需要有描述系统本性特征的函数,这个函数称为传递函数.

设线性系统可由 $y'' + a_1 y' + a_0 y = f(t)$ 来描述. 其中 a_0, a_1 为常数,$f(t)$ 为激励,$y(t)$ 为响应,并且系统的初始条件为 $y(0) = y_0, y'(0) = y_1$.

对方程两边求其拉氏变换,并设 $L[y(t)] = Y(s), L[f(t)] = F(s)$,则有

$$s^2 Y(s) - sy|_{x=0} - y'|_{x=0} + a_1[sY(s) - y|_{x=0}] + a_0 Y(s) = F(s),$$

即

$$(s^2 + a_1 s + a_0) Y(s) = F(s) + (s + a_1) y_0 + y_1.$$

令

$$G(s) = \dfrac{1}{s^2 + a_1 s + a_0}, B(s) = (s + a_1) y_0 + y_1,$$

上式可化为

$$Y(s) = G(s)F(s) + G(s)B(s).$$

显然,$G(s)$ 描述了系统本性的特征,且与激励和系统的初始状态无关,称它为系统的传递函数.

如果初始条件全为零,则 $B(s) = 0$,于是 $G(s) = \dfrac{Y(s)}{F(s)}$. 说明在零初始条件下,

线性系统的传递函数等于其响应的拉氏变换与其激励的拉氏变换之比.

当激励是一个单位脉冲函数,即 $f(t) = \delta(t)$ 时,在零初始条件下,由于 $F(s) = L[\delta(t)] = 1$,得 $Y(s) = G(s)$,即 $y(t) = L^{-1}[G(s)]$,称 $y(t)$ 为系统的脉冲响应函数.

在零初始条件下,令 $s = i\omega$,代入系统的传递函数 $G(s)$ 中,则可得 $G(i\omega)$,称 $G(i\omega)$ 为系统的频率特征函数,简称频率响应.

线性系统的传递函数、脉冲响应函数、频率响应是表征线性系统特征的几个重要特征量.

例 5 求 RC 串联闭合电路 $RC\dfrac{du_c(t)}{dt} + u_c(t) = f(t)$ 的传递函数、脉冲响应函数、频率响应.

解 系统的传递函数为
$$G(s) = \frac{1}{RCs+1} = \frac{1}{RC\left(s+\dfrac{1}{RC}\right)},$$

脉冲响应函数为
$$u_c(t) = L^{-1}[G(s)] = L^{-1}\left[\frac{1}{RC\left(s+\dfrac{1}{RC}\right)}\right] = \frac{1}{RC}e^{-\frac{1}{RC}t}.$$

频率响应为
$$G(i\omega) = \frac{1}{RC\left(i\omega+\dfrac{1}{RC}\right)} = \frac{1}{RCi\omega+1}.$$

练习与思考 8-3

1. 拉氏变换及其逆变换在应用方面有哪些优势?也有哪些缺陷?
2. 利用拉氏变换及其逆变换解下列微分方程.
   (1) $y' - y = 0$,$y(0) = 1$;
   (2) $y' - 5y = 10e^{-3t}$,$y(0) = 0$;
   (3) $y'' + 4y = 0$,$y'(0) = 3$,$y(0) = 0$;
   (4) $y'' + 9y = 9t$,$y'(0) = 1$,$y(0) = 0$.

§8.4 数学实验(六)——二阶微分方程与拉普拉斯变换

【实验目的】

(1) 能利用数学软件求解二阶微分方程;

第8章 拉普拉斯变换

(2) 能利用数学软件求拉氏变换与逆变换.

【实验内容及要点】

实验内容 A

利用数学软件求二阶可降阶微分方程、二阶常系数线性微分方程的解.

实验要点 A

Matlab 软件:使用命令 dsolve('微分方程',′初始条件',′自变量′)求解微分方程. 其中,微分方程中 y 的 n 阶导数用 Dny 表示.

Mathcad 软件:没有求微分方程解析解的专用命令,只能借助按钮 $\int$.

(1) 对于二阶可降阶微分方程:设 $p = y'$,将原微分方程化为一阶微分方程,求解得 p;再求解一阶微分方程 $p = y'$,得通解.

(2) 对于二阶常系数线性微分方程:求相应特征方程的特征根,得齐次方程的通解. 若是非齐次方程,还需要根据自由项猜想特解形式,代入原微分方程,确定待定系数,得特解,非齐次方程的通解就是齐次方程的通解加上非齐次方程的特解.

实验练习 A

1. 求下列微分方程的通解.

(1) $y'' = x\sin x$;(2) $y'' - 3y' = 2x$;(3) $yy'' - y'^2 = 0$.

2. 求方程 $4y'' + 4y' + y = 0$ 满足初始条件 $y|_{x=0} = 0, y'|_{x=0} = 2$ 的特解.

3. 求方程 $y'' + 5y' - 6y = e^{4x}$ 满足初始条件 $y|_{x=0} = 4, y'|_{x=0} = 2$ 的特解.

实验内容 B

会利用数学软件求函数的拉氏变换与逆变换;

实验要点 B

Mathcad 软件:分别利用数学工具栏 9 号子菜单栏上的按钮 laplace,invlaplace 求函数的拉氏变换与逆变换.

Matlab 软件:分别使用命令 laplace(f,t,s),invlaplace(f,t,s) 对关于变量 t 的函数 f 进行拉氏变换与逆变换,返回关于变量 s 的函数.

实验练习 B

1. 求下列函数的拉氏变换.

(1) $f(t) = t^2 e^{-3t}$;(2) $f(t) = e^{3t}\cos 2t$;(3) $f(t) = \sin(3t)\cos(t) + t^2$.

2. 求下列函数的拉普拉斯逆变换.

(1) $F(s) = \dfrac{s-5}{s^2+5s+6}$;(2) $F(s) = \dfrac{1}{s(s^2-1)}$;(3) $F(s) = \dfrac{1}{s^4+3s^2+2}$.

练习与思考 8-4

1. 求解初值问题：
$$\begin{cases} y'' = xe^{2x}, \\ y(0) = 4, y'(0) = 0. \end{cases}$$
2. 求微分方程 $y'' - 6y' + 9y = e^{3x}$ 的解.
3. 求函数 $f(t) = \sin^2 t$ 的拉氏变换及后者的逆变换.

本 章 小 结

一、基本思想

拉氏变换是为简化计算而建立的利用积分运算将一个函数变成另一个函数的变换. 拉氏变换的这种运算步骤对于求解线性微分方程尤为有效,它可把微分方程化为容易求解的代数方程来处理,从而使计算简化. 在经典控制理论中,对控制系统的分析和综合,都是建立在拉氏变换基础上的. 引入拉氏变换的一个主要优点,是可采用传递函数代替微分方程来描述系统的特性. 这就为采用直观和简便的图解方法来确定控制系统的整个特性、分析控制系统的运动过程,以及综合控制系统的校正装置提供了可能性.

本章主要介绍拉氏变换及其逆变换的概念、常用函数的拉氏变换及其性质、拉氏变换的简单应用.

求一个函数的拉氏变换,可使用定义法、查常用函数的拉氏变换表、利用拉氏变换性质等方法. 求拉氏逆变换,可使用查表法和部分分式法等.

二、主要内容

1. 基本概念

设函数 $f(t)$ 的定义域为 $[0, +\infty)$,如果广义积分
$$\int_0^{+\infty} f(t) e^{-st} dt$$
在 s 的某一范围内取值收敛,则由此积分确定了一个关于 s 的函数,可写为
$$F(s) = \int_0^{+\infty} f(t) e^{-st} dt,$$
函数 $F(s)$ 叫做函数 $f(t)$ 的拉普拉斯(Laplace)变换,简称拉氏变换,上式称为函数 $f(t)$ 的拉氏变换式,用记号 $L[f(t)]$ 表示,即
$$L[f(t)] = F(s),$$

函数 $F(s)$ 也可叫做 $f(t)$ 的像函数.

若 $F(s)$ 是 $f(t)$ 的拉氏变换,则称 $f(t)$ 是 $F(s)$ 的拉氏逆变换(或叫做 $F(s)$ 的像原函数),记作

$$f(t) = L^{-1}[f(s)].$$

2. 基本性质

性质 1(线性性质) 若 $L[f_1(t)] = F_1(s)$, $L[f_2(t)] = F_2(s)$, a、b 是常数,则

$$L[af_1(t) + bf_2(t)] = aL[f_1(t)] + bL[f_2(t)] = aF_1(s) + bF_2(s),$$
$$L^{-1}[aF_1(s) + bF_2(s)] = aL^{-1}[F_1(s)] + bL^{-1}[F_2(s)] = af_1(t) + af_2(t) \quad (a, b \text{ 为常数}).$$

性质 2(平移性质) 若 $L[f(t)] = F(s)$,则

$$L[e^{at} f(t)] = F(s-a),$$
$$L^{-1}[F(s-a)] = e^{at} L^{-1}[F(s)] = e^{at} f(t).$$

性质 3(延滞性质) 若 $L[f(t)] = F(s)$,则

$$L[f(t-a)] = e^{-as} F(s), \quad L^{-1}[e^{-as} F(s)] = f(t-a) u(t-a).$$

性质 4(微分性质) 若 $L[f(t)] = F(s)$,并设 $f(t)$ 在 $[0, +\infty)$ 上连续, $f'(t)$ 为分段连续函数,则

$$L[f'(t)] = sF(s) - f(0).$$

推论 若 $L[f(t)] = F(s)$,则

$$L[f^{(n)}(t)] = s^n F(s) - [s^{n-1} f(0) + s^{n-2} f'(0) + \cdots + f^{(n-1)}(0)].$$

特别地,若 $f(0) = f'(0) = \cdots = f^{(n-1)}(0) = 0$,则

$$L[f^{(n)}(t)] = s^n F(s) \quad (n = 1, 2, \cdots).$$

性质 5(积分性质) 若 $L[f(t)] = F(s)$,且 $f(t)$ 在 $[0, +\infty)$ 上连续,则

$$L\left[\int_0^t f(x) dx\right] = \frac{F(s)}{s}.$$

推论

$$L\underbrace{\left[\int_0^t dt \int_0^t dt \cdots \int_0^t f(x) dt\right]}_{n \text{次}} = \frac{F(s)}{s^n} \quad (n = 1, 2, \cdots).$$

3. 常见函数的拉氏变换

序号	$f(t)$	$F(s)$
1	$\delta(t)$	1
2	$u(t)$	$\dfrac{1}{s}$
3	t	$\dfrac{1}{s^2}$
4	$t^n (n = 1, 2, \cdots)$	$\dfrac{n!}{s^{n+1}}$
5	e^{at}	$\dfrac{1}{s-a}$

续表

序号	$f(t)$	$F(s)$
6	$1-e^{-at}$	$\dfrac{a}{s(s-a)}$
7	te^{at}	$\dfrac{1}{s(s-a)^2}$
8	$t^n e^{at}\;(n=1,2,\cdots)$	$\dfrac{n!}{(s-a)^{n+1}}$
9	$\sin\omega t$	$\dfrac{\omega}{s^2+\omega^2}$
10	$\cos\omega t$	$\dfrac{s}{s^2+\omega^2}$
11	$\sin(\omega t+\varphi)$	$\dfrac{s\sin\varphi+\omega\cos\varphi}{s^2+\omega^2}$
12	$\cos(\omega t+\varphi)$	$\dfrac{s\cos\varphi-\omega\sin\varphi}{s^2+\omega^2}$
13	$t\sin\omega t$	$\dfrac{2\omega s}{(s^2+\omega^2)^2}$
14	$t\cos\omega t$	$\dfrac{s^2-\omega^2}{(s^2+\omega^2)^2}$
15	$t\sin\omega t-\omega t\cos\omega t$	$\dfrac{2\omega^3}{(s^2+\omega^2)^2}$
16	$e^{-at}\sin\omega t$	$\dfrac{\omega}{(s+a)^2+\omega^2}$
17	$e^{-at}\cos\omega t$	$\dfrac{s+a}{(s+a)^2+\omega^2}$
18	$\dfrac{1}{\omega^2}(1-\cos\omega t)$	$\dfrac{1}{s(s^2+\omega^2)}$
19	$e^{at}-e^{bt}$	$\dfrac{a-b}{(s-a)(s-b)}$
20	$2\sqrt{\dfrac{t}{\pi}}$	$\dfrac{1}{s\sqrt{s}}$
21	$\dfrac{1}{\sqrt{\pi t}}$	$\dfrac{1}{\sqrt{s}}$

4. 求解微分方程

求线性微分方程的解的一般步骤：

（1）利用拉氏变换将常系数线性微分方程化成像函数的代数方程；

(2) 从像函数的代数方程求出像函数;

(3) 利用拉氏变换的逆变换求出像原函数,该像原函数就是方程的解.

5. 线性系统问题

本章复习题

一、填空题

1. 函数 $e^{-\lambda t}\sin\omega t$ 的拉普拉斯变换函数为_____.

2. 函数 $e^{-\lambda t}\cos\omega t$ 的拉普拉斯变换函数为_____.

3. 拉氏变换函数 $F(s) = \dfrac{e^{-s}}{\sqrt{s}}$ 的像原函数为_____.

4. 拉氏变换函数 $F(s) = \dfrac{1}{2s}$ 的像原函数为_____.

5. 拉氏变换函数 $F(s) = \dfrac{1}{2s^2}$ 的像原函数为_____.

二、解答题

1. 求下列各函数的像函数.

(1) $f(t) = \sin(\omega t + \varphi)$;　　　　(2) $f(t) = e^{-\alpha t}(1 - \alpha t)$;

(3) $f(t) = t\cos(\alpha t)$;　　　　(4) $f(t) = t + 2 + 3\delta(t)$.

2. 求 $F(s) = \dfrac{\pi}{2a}\dfrac{1}{s+a}$ 及 $F(s) = \dfrac{\pi}{2}\dfrac{1}{s(s+1)}$ 的像原函数.

3. 求下列各像函数的像原函数.

(1) $F(s) = \dfrac{(s+1)(s+3)}{s(s+2)(s+4)}$;　　　　(2) $F(s) = \dfrac{s^2+6s+8}{s^2+4s+3}$;

(3) $F(s) = \dfrac{s^3}{s(s^2+3s+2)}$;　　　　(4) $F(s) = \dfrac{s+1}{s^3+2s^2+2s}$.

4. 利用拉普拉斯变换及其逆变换解下列微分方程.

(1) 求解 $y' + \omega^2 a^2 y = e^t$, $y(0) = 0$;

(2) $y'' + \omega^2 a^2 y = 1$, $y'(0) = 0$, $y(0) = 0$;

(3) $y'' - 2y' + 5y = 0$, $y'(0) = 1$, $y(0) = 0$;

(4) $y'' - 4y' + 4y = 0$, $y'(0) = 1$, $y(0) = 0$;

(5) $y'' - 9y' + 8y = 0$, $y'(0) = 9$, $y(0) = 0$;

(6) $y'' + 4y' + 5y = 0$, $y'(0) = 2$, $y(0) = 0$.

第9章

多元函数微积分初步

多元函数微积分是微积分学的一个重要组成部分.多元函数微积分是在一元函数微积分基本思想的发展和应用中自然而然地形成的,其基本概念都是在描述和分析物理现象和规律中,与一元函数微积分的基本概念合为一体而产生的,将微积分算法推广到多元函数而建立偏导数理论和多重积分理论的主要是18世纪的数学家.

偏导数的朴素思想,在微积分学创立之初就多次出现在力学研究的著作中,但这一时期普通的导数与偏导数并没有明显地被区分开,人们只是注意到其物理意义不同.偏导数是在多个自变量的函数中,考虑其中某一个自变量变化的导数.雅各布·伯努利(James Bernoulli, 1655—1705)在他关于等周问题的著作中使用了偏导数.1720年,尼古拉·伯努利(Nicholaus Bernoulli, 1687—1759)在一篇关于正交轨线的文章中也使用了偏导数,并证明了函数$f(x,y)$在一定条件下,对x,y求偏导数其结果与求导顺序无关,即相当于有

$$\frac{\partial^2 f(x,y)}{\partial x \partial y} = \frac{\partial^2 f(x,y)}{\partial y \partial x}.$$

偏导数的理论是由欧拉(Leonhard Euler, 1707—1783)、方丹(Alexis Fontaine des Bertins, 1705—1771)、克莱罗(A. C. Clairaut, 1713—1765)与达朗贝尔(Jean le Rond D'Alembert, 1717—1783)在早期偏微分方程的研究中建立起来的.欧拉在关于流体力学的一系列文章中给出了偏导数运算法则、复合函数偏导数、偏导数反演和函数行列式等有关运算.1739年,克莱罗在关于地球形状的研究论文中首次提出全微分的概念,建立了现在称为全微分方程的一个方程,讨论了该方程可积分的条件.达朗贝尔在1743年的著作《动力学》和1747年关于弦振动的研究中,推广了偏导数的演算.不过当时一般都用同一个记号"d"表示通常导数与偏导数,现在的偏导数记号"$\frac{\partial}{\partial x}$"、"$\frac{\partial}{\partial y}$"……直到19世纪40年代才由雅可比(C. G. J. Jacobi, 1804—1851)在其行列式理论中正式创用并逐渐普及.

重积分的概念,牛顿在他的《原理》中讨论球与球壳作用于质点上的万有引力时就已经涉及,但他是用几何形式论述的.在18世纪上半叶,牛顿的工作被以分析的形式加以推广.1748年,欧拉用累次积分算出了表示一厚度为c的椭圆薄片对其

中心正上方一质点的引力的重积分：
$$\delta c \iint \frac{c \mathrm{d}x \mathrm{d}y}{(c^2 + x^2 + y^2)^{3/2}},$$

积分区域由椭圆 $\frac{x^2}{a^2} + \frac{y^2}{b^2} = 1$ 所围成. 1769 年,欧拉建立了平面有界区域上的二重积分理论,他给出了用累次积分计算二重积分的方法. 而拉格朗日(J. L. Lagrange, 1736—1813)在关于旋转椭球的引力的著作中,用三重积分表示引力. 为了克服计算中的困难,他转用球坐标建立了有关的积分变换公式,开始了多重积分变换的研究. 与此同时,拉普拉斯(P. S. Laplace, 1749—1827)也使用了球坐标变换.

由于一元函数转到二元函数的研究时,常常会出现一些本质上的新问题,而三元及三元以上函数与二元函数相比在本质上没有多大差别. 因此,本章主要研究二元函数的微积分学问题,即主要介绍二元函数的极限、连续等基本概念以及二元函数的微积分及其应用. 学习时,必须注意它和一元函数的联系和区别.

§9.1 多元函数的基本概念

9.1.1 空间直角坐标系

1. 坐标系

与平面直角坐标系相类似,在空间任意取一定点 O,过 O 点作三条两两互相垂直的直线 Ox, Oy, Oz,并在各直线上规定出正方向,再取定单位长度(通常应具有相同的单位长度),这样就确定了一个直角坐标系 $Oxyz$. 点 O 称为坐标系的原点,三条直线 Ox, Oy, Oz 依次叫做 x 轴(横轴), y 轴(纵轴)与 z 轴(竖轴),统称坐标轴. 通常把 x 轴和 y 轴配置在水平面上,而 z 轴是铅垂线. 三个坐标轴的正向应符合右手系定则,即用右手握着 z 轴,当右手四指从 x 轴正向以 $\frac{\pi}{2}$ 的角度转向 y 轴正向时,大拇指的指向就是 z 轴的正向,如图 9-1-1 所示.

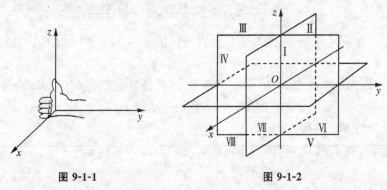

图 9-1-1　　　　　　　图 9-1-2

在空间直角坐标系中,通过每两条坐标轴的平面叫做坐标平面.分别叫做 xOy 平面,yOz 平面,zOx 平面.3 个坐标平面把空间分为 8 个部分,每一部分叫做一个卦限,其顺序规定如图 9-1-2 所示.

2. 点的坐标

设 P 为空间坐标系中的任意一点,过 P 点分别作三个坐标轴的垂直平面,分别与 Ox,Oy 和 Oz 轴相交于点 A,B 和 C.它们各自在轴上的坐标依次为 x,y 和 z.于是空间一点 P 就唯一确定了一组有序数 x,y,z,如图 9-1-3 所示.反之,对任意一组有序实数 x,y,z,可依次在 x 轴、y 轴和 z 轴上分别取坐标为 x,y 和 z 的点 A,B,C,过 A,B,C 分别作垂直于 x 轴、y 轴和 z 轴的平面,这 3 个平面相交于唯一的一点 P.可见任何一组有序实数 x,y 和 z 唯一确定空间一点 P,所以通过空间直角坐标系,我们建立了空间的点 P 与一组有序实数 x,y 和 z 之间的一一对应关系.称 x,y 和 z 为点 P 的坐标,通常记为 $P(x,y,z)$.x,y 和 z 依次称为点 P 的横坐标、纵坐标和竖坐标.

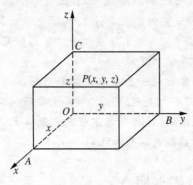

图 9-1-3

坐标轴上和坐标面上的点,其坐标各有一定的特征.显然,原点的坐标为 $(0,0,0)$;在 x 轴、y 轴、z 轴上的点坐标分别是 $(x,0,0)$,$(0,y,0)$,$(0,0,z)$;在坐标面 xOy,yOz,zOx 上的坐标分别是 $(x,y,0)$,$(0,y,z)$,$(x,0,z)$.

类似于平面上两点间距离公式,空间两点 $M_1(x_1,y_1,z_1)$、$M_2(x_2,y_2,z_2)$ 间的距离公式

$$|M_1M_2| = \sqrt{(x_2-x_1)^2 + (y_2-y_1)^2 + (z_2-z_1)^2}, \tag{9-1}$$

中点坐标计算公式为

$$x = \frac{x_1+x_2}{2}, y = \frac{y_1+y_2}{2}, z = \frac{z_1+z_2}{2}. \tag{9-2}$$

例 1 在 yOz 平面上,求与点 $A(3,1,2),B(4,-2,-2)$ 与 $C(0,5,1)$ 等距离的点.

解 因为所求的点 M 在 yOz 平面上,故可设其坐标为 $M(0,y,z)$.由题意有
$$|MA| = |MB| = |MC|,$$
由 $|MA| = |MB|$,得
$$\sqrt{(0-3)^2 + (y-1)^2 + (z-2)^2} = \sqrt{(0-4)^2 + (y+2)^2 + (z+2)^2},$$
即

第 9 章　多元函数微积分初步

$$3y+4z=-5. \tag{1}$$

由 $|MA|=|MC|$ 得

$$\sqrt{(0-3)^2+(y-1)^2+(z-2)^2}=\sqrt{(0-0)^2+(y-5)^2+(z-1)^2},$$

即

$$4y-z=6, \tag{2}$$

联立(1)、(2)两式得

$$y=1, z=-2.$$

于是所求点为 $(0,1,-2)$.

例2　M 为两点 $A(1,2,3)$ 和 $B(-1,2,3)$ 所连线段的中点,求点 M 的坐标.

解　设 $M(x,y,z)$, $x_1=1, y_1=2, z_1=3, x_2=-1, y_2=2, z_2=3$,

因此

$$x=\frac{1-1}{2}=0, y=\frac{2+2}{2}=2, z=\frac{3+3}{2}=3.$$

所以点 M 的坐标为 $(0,2,3)$.

9.1.2　二元函数及其极限与连续性

1. 多元函数的定义

例3　圆锥体的体积 V 和它的底半径 r、高 h 之间具有关系为

$$V=\frac{1}{3}\pi r^2 h.$$

这里,当 r,h 在集合 $\{(r,h) \mid r>0, h>0\}$ 内取定一对值 (r,h) 时,体积 V 的值就随之确定.

例4　设 R 是电阻 R_1, R_2 并联后的总电阻,由电学知道,它们之间具有关系

$$R=\frac{R_1 R_2}{R_1+R_2}.$$

这里,当 R_1, R_2 在集合 $\{(R_1,R_2) \mid R_1>0, R_2>0\}$ 内取定一对值 (R_1,R_2) 时,总电阻 R 的对应值就随之确定.

以上两个例子的实际意义虽各不相同,但却有共同点,抽取其共性,我们给出二元函数的定义如下:

定义1　设有三个变量 x,y 和 z,如果当变量 x,y 在它们的变化范围 D 中任意取一对值 x,y 时,按照给定的对应关系 f,变量 z 都有唯一确定的数值与它对应,则称 f 是 D 上的二元函数,记为 $z=f(x,y)$,其中 x,y 称为自变量,z 称为因变量(即关于 x,y 的函数),D 称为函数 $z=f(x,y)$ 的定义域.

类似地,我们可以定义三元及三元以上的函数,统称为多元函数.

二元函数的定义域通常为 xOy 面上的一个区域,如果可以被包含在以原点为

圆心的某一圆内,则称这个区域是有界区域;否则称为无界区域.包括全部边界的区域称为闭区域;不包括边界上任何点的区域称为开区域.

平面区域通常用 D 表示. 例如

$D = \{(x,y) \mid -\infty < x < +\infty, -\infty < y < +\infty\}$ 是无界区域,它表示整个 xOy 平面;

$D = \{(x,y) \mid 1 < x^2 + y^2 < 4\}$ 是有界开区域,如图 9-1-4 所示,不包括边界;

$D = \{(x,y) \mid 1 \leqslant x^2 + y^2 \leqslant 4\}$ 是有界闭区域,如图 9-1-5 所示,包括边界.

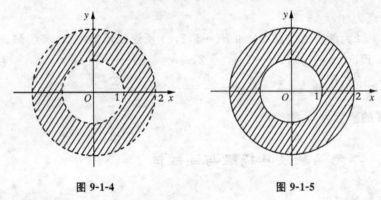

图 9-1-4　　　　　　　　图 9-1-5

把满足不等式

$$(x - x_0)^2 + (y - y_0)^2 < \delta^2 \quad (\delta > 0)$$

的点 $P(x,y)$ 的全体称为点 $P_0(x_0, y_0)$ 的 δ 邻域. 它是以点 P_0 为中心、δ 为半径的圆形开区域,称不包含点 P_0 的邻域为无心邻域.

例 5 求函数 $f(x,y) = \sqrt{4 - x^2 - y^2}$ 的定义域,并计算 $f(0,1)$ 和 $f(-1,1)$.

解 显然当根式内的表达式非负时才有确定的 z 值,所以定义域为

$$D = \{(x,y) \mid x^2 + y^2 \leqslant 4\},$$

在 xOy 平面上,D 表示由圆周 $x^2 + y^2 = 4$ 以及圆周内全部点所构成的区域,它是一个有界闭区域.

$$f(0,1) = \sqrt{4 - 0^2 - 1^2} = \sqrt{3}.$$

$$f(-1,1) = \sqrt{4 - (-1)^2 - 1^2} = \sqrt{2}.$$

例 6 求函数 $z = \ln(2x - y + 1)$ 的定义域.

解 当且仅当 $2x - y + 1 > 0$,即 $y < 2x + 1$ 时函数才有意义,因此定义域为

$$D = \{(x,y) \mid y < 2x + 1\}.$$

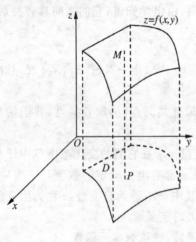

图 9-1-6

D 在 xOy 平面上表示为在 $y=2x+1$ 下方,但不包含此直线的半平面,它是一个无界开区域.

2. 二元函数的几何表示

一元函数通常表示平面上的一条曲线. 如图 9-1-6 所示,二元函数 $z=f(x,y)$, $(x,y)\in D$ 其定义域 D 是平面上的一个区域,对于任取点 $P(x,y)\in D$,其对应的函数值为 $z=f(x,y)$,于是得到了空间内的一点 $M(x,y,z)$. 所有这样确定的点的集合就是二元函数 $z=f(x,y)$ 的图形.

例 7 画出二元函数 $z=\sqrt{1-x^2-y^2}$ 的图形.

解 函数 $z=\sqrt{1-x^2-y^2}$ 的定义域为 $x^2+y^2\leqslant 1$,即为单位圆的内部及其边界.

对表达式 $z=\sqrt{1-x^2-y^2}$ 两边平方,得 $z^2=1-x^2-y^2$,即
$$x^2+y^2+z^2=1.$$
它表示以 $(0,0,0)$ 为球心,1 为半径的球面. 又 $z\geqslant 0$,因此函数 $z=\sqrt{1-x^2-y^2}$ 的图形是位于 xOy 平面上方的半球面,如图 9-1-7 所示.

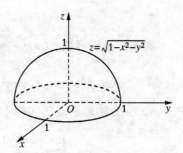

图 9-1-7

3. 二元函数的极限与连续

(1) 二元函数的极限.

定义 2 设二元函数 $z=f(x,y)$ 在平面上点 $P_0(x_0,y_0)$ 的某邻域内有定义(但在点 $P_0(x_0,y_0)$ 可以没有定义),如果当点 $P(x,y)$(属于这个邻域)以任意方式趋向于点 $P_0(x_0,y_0)$ 时,对应的函数值 $f(x,y)$ 趋向于一个确定的常数 A,则称 A 是函数 $z=f(x,y)$ 当 $P(x,y)\to P_0(x_0,y_0)$ 时的极限,记为
$$\lim_{\substack{x\to x_0\\y\to y_0}}f(x,y)=A.$$

必须注意,定义中的当点 (x,y) 以任何方式趋近于点 (x_0,y_0) 是指点 (x,y) 趋近于点 (x_0,y_0) 是沿"四面八方"各种各样路径来逼近的,如图 9-1-8 所示. 当 $P(x,y)$ 以某几条特殊路径趋近于 $P_0(x_0,y_0)$ 时,即使函数 $f(x,y)$ 无限地趋近于某一确定常数 A,并不能断定函数的极限 $\lim_{\substack{x\to x_0\\y\to y_0}}f(x,y)=A$ 存在. 反过来,如果当 $P(x,y)$ 沿两条不同路径趋近于点 $P_0(x_0,y_0)$ 时,函数 $f(x,y)$ 趋近于不同的值,则可以断定函数的二重极限不存在.

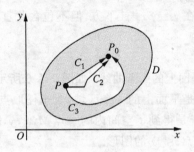

图 9-1-8

例 8 说明函数 $f(x,y) = \dfrac{xy}{x^2+y^2}$ 当 $(x,y) \to (0,0)$ 时极限不存在.

解 函数 $f(x,y) = \dfrac{xy}{x^2+y^2}$ 在 $(0,0)$ 的邻域内有定义,点 $(0,0)$ 除外;当点 $P(x,y)$ 沿 x 轴趋于点 $(0,0)$ 时,有

$$\lim_{\substack{x \to x_0 \\ y=0}} f(x,y) = \lim_{\substack{x \to x_0 \\ y=0}} \frac{xy}{x^2+y^2} = \lim_{x \to 0} 0 = 0,$$

当点 $P(x,y)$ 沿 y 轴趋于点 $(0,0)$ 时,有

$$\lim_{\substack{x=0 \\ y \to y_0}} f(x,y) = \lim_{\substack{x=0 \\ y \to y_0}} \frac{xy}{x^2+y^2} = \lim_{y \to 0} 0 = 0.$$

虽然上面以两个特殊方式点 $P(x,y)$ 趋于 $(0,0)$ 时极限存在且都等于零,但不能说极限 $\lim\limits_{\substack{x \to x_0 \\ y=0}} f(x,y)$ 就存在,且极限为零. 因为当点 $P(x,y)$ 沿直线 $y = kx$ 趋于点 $(0,0)$ 时,有

$$\lim_{\substack{x \to 0 \\ y=kx}} f(x,y) = \lim_{\substack{x \to 0 \\ y=kx}} \frac{xy}{x^2+y^2} = \lim_{y \to 0} \frac{kx^2}{x^2+k^2x^2} = \frac{k}{1+k^2}.$$

当 k 取不同数值时,上式的值就不相等,因此 $\lim\limits_{\substack{x \to 0 \\ y \to 0}} f(x,y)$ 不存在.

(2) 函数的连续性.

定义 3 设函数 $z = f(x,y)$ 在点 $P_0(x_0,y_0)$ 及其附近(某个邻域)有定义,如果

$$\lim_{\substack{x \to x_0 \\ y \to y_0}} f(x,y) = f(x_0,y_0), \tag{9-3}$$

则称函数 $z = f(x,y)$ 在点 $P_0(x_0,y_0)$ 处连续. 如果函数 $z = f(x,y)$ 在区域 D 内每一点处都连续,则称函数 $z = f(x,y)$ 在 D 内连续.

如果函数 $z = f(x,y)$ 在点 $P_0(x_0,y_0)$ 处不连续,则称点 $P_0(x_0,y_0)$ 为函数 $z = f(x,y)$ 的间断点或不连续点.

与一元函数相类似,二元连续函数的和、差、积、商(分母不等于零)仍为连续

函数;二元连续函数的复合函数也是连续函数.因此二元初等函数在定义域内是连续的.

与闭区间上的一元连续函数的性质类似,在有界闭区域上的二元连续函数必定有最大值和最小值.

练习与思考 9-1

1. 设 $A(4,-7,1)$, $B(6,2,x)$, $AB=11$,求点 B 的未知坐标.
2. 设线段 AC 的中点坐标 $B(1,-2,4)$,其中 $C(3,0,5)$,求 A 的坐标.
3. 将二元函数与一元函数的极限、连续概念相比较,说明两者之间的区别.
4. 若二元函数 $z=f(x,y)$ 在区域 D 内分别对 x,y 都连续,试问 $z=f(x,y)$ 在区域 D 上是否必定连续?
5. 比照二元函数的定义,写出三元函数的定义,试述二元初等函数的定义.
6. 设 $f(x,y)=\dfrac{xy}{x^2+y^2}$,求 $f(\sqrt{2},\sqrt{2})$.
7. 已知函数 $f(x,y)=x-y$,求 $f(2x^2,xy)$.
8. 求函数 $z=\ln(y-x)+\dfrac{\sqrt{x}}{\sqrt{1-x^2-y^2}}$ 的定义域.
9. 求极限 $\lim\limits_{\substack{x\to+\infty\\y\to+\infty}}\left(1+\dfrac{1}{xy}\right)^{xy}$.

§9.2 偏导数与全微分

9.2.1 二元函数的偏导数

1. 二元函数偏导数的概念

多元函数的自变量不只一个,因变量与自变量的关系要比一元函数复杂.在这一节里,我们先考虑多元函数关于其中一个自变量的变化率.先看下面的例子.

例 1 在物理学中,一定质量的理想气体,其压强 P、体积 V 和绝对温度 T 之间的关系为

$$P=\frac{RT}{V},$$

其中 R 为常量.当温度 T 和体积 V 变化时,压强 P 变化的情况也较复杂,我们分两种特殊情况来考虑:

① 等温过程:如果固定温度这个变量(即 $T=$ 常数),压强关于体积的变化率为

$$\left(\frac{\mathrm{d}P}{\mathrm{d}V}\right)_{T=\text{常数}} = -R\frac{T}{V^2};$$

② 等容过程:如果固定体积这个变量(即常数),压强关于温度的变化率为

$$\left(\frac{\mathrm{d}P}{\mathrm{d}T}\right)_{V=\text{常数}} = \frac{R}{V}.$$

一般地,对于二元函数 $z = f(x,y)$,若只有自变量 x 变化,而自变量 y 固定(即看作常量),这时,就可视 $z = f(x,y)$ 为一元函数,此时函数对于 x 的导数,就称为二元函数 $z = f(x,y)$ 对于 x 的偏导数.类似地可以定义二元函数 $z = f(x,y)$ 对于 y 的偏导数.

(1) 偏导数的定义.

定义 1 设函数 $z = f(x,y)$ 在点 (x_0, y_0) 的某一邻域内有定义,当 y 的取值固定为 y_0,而 x 在 x_0 处有增量 Δx 时,相应地函数有增量 $f(x_0 + \Delta x, y_0) - f(x_0, y_0)$,此时如果极限

$$\lim_{\Delta x \to 0} \frac{f(x_0 + \Delta x, y_0) - f(x_0, y_0)}{\Delta x}$$

存在,则称此极限为函数 $z = f(x,y)$ 在点 (x_0, y_0) 处对 x 的偏导数,记作

$$\left.\frac{\partial z}{\partial x}\right|_{\substack{x=x_0 \\ y=y_0}}, \left.\frac{\partial f}{\partial x}\right|_{\substack{x=x_0 \\ y=y_0}}, f_x(x_0, y_0), z_x(x_0, y_0),$$

即

$$f_x(x_0, y_0) = \lim_{\Delta x \to 0} \frac{f(x_0 + \Delta x, y_0) - f(x_0, y_0)}{\Delta x}. \tag{9-4}$$

类似地,函数在点 x_0 处对 y 的偏导数定义为

$$f_y(x_0, y_0) = \lim_{\Delta y \to 0} \frac{f(x_0, y_0 + \Delta y) - f(x_0, y_0)}{\Delta y}, \tag{9-5}$$

记为

$$\left.\frac{\partial z}{\partial y}\right|_{\substack{x=x_0 \\ y=y_0}}, \left.\frac{\partial f}{\partial y}\right|_{\substack{x=x_0 \\ y=y_0}}, f_y(x_0, y_0), z_y(x_0, y_0),$$

定义 2 如果函数 $z = f(x,y)$ 在区域 D 内每一点 (x,y) 处对 x 的偏导数都存在,这个偏导数就是 x,y 的函数,则称它为函数 $z = f(x,y)$ 对自变量 x 的偏导函数,记作

$$\frac{\partial z}{\partial x}, \frac{\partial f}{\partial x}, z_x, f_x(x,y).$$

类似地,可以定义函数 $z = f(x,y)$ 对自变量 y 的偏导函数,并记作

$$\frac{\partial z}{\partial y}, \frac{\partial f}{\partial y}, z_y, f_y(x,y).$$

由偏导函数概念可知，$f(x,y)$ 在点 (x_0,y_0) 处对 x 的偏导数 $f_x(x_0,y_0)$，其实就是偏导函数 $f_x(x,y)$ 在点 (x_0,y_0) 处的函数值，$f_y(x_0,y_0)$ 就是偏导函数 $f_y(x,y)$ 在点 (x_0,y_0) 处的函数值.

以后如不混淆，偏导函数可简称为偏导数.

上面例 1 中的两个导数，实质上是函数 $P=\dfrac{RT}{V}$ 的两个偏导数 $\dfrac{\partial P}{\partial V}$ 及 $\dfrac{\partial P}{\partial T}$.

(2) 偏导数的计算.

求 $z=f(x,y)$ 的偏导数，并不需要新的方法，因为这里只有一个自变量在变化，另一个自变量被看成是固定的，所以仍然是一元函数的导数.

求 $\dfrac{\partial z}{\partial x}$ 时，把 y 看作常量，而对 x 求导数；求 $\dfrac{\partial z}{\partial y}$ 时，把 x 看作常量，而对 y 求导数.

例 2 求 $z=x^2+3xy+y^2$ 在点 $(1,2)$ 处的偏导数.

解 **解法一** 因为 $\dfrac{\partial z}{\partial x}=2x+3y$，$\dfrac{\partial z}{\partial y}=3x+2y$，所以
$$\left.\dfrac{\partial z}{\partial x}\right|_{\substack{x=1\\y=2}}=8,\quad \left.\dfrac{\partial z}{\partial y}\right|_{\substack{x=1\\y=2}}=7.$$

解法二 因为 $f(x,2)=x^2+6x+4$，$f(1,y)=1+3y+y^2$，所以
$$f_x(1,2)=2x+6|_{x=1}=8,\quad f_y(1,2)=3+2y|_{y=2}=7.$$

例 3 设 $f(x,y)=\mathrm{e}^x\cdot\cos y^2+\arctan x$，求 f_x' 及 f_y'.

解 $f_x'(x,y)=\mathrm{e}^x\cdot\cos y^2+\dfrac{1}{1+x^2}$，

$f_y'(x,y)=-2y\mathrm{e}^x\cdot\sin y^2$.

例 4 由关系式 $PV=RT$（R 是常量），求证：
$$\dfrac{\partial P}{\partial V}\cdot\dfrac{\partial V}{\partial T}\cdot\dfrac{\partial T}{\partial P}=-1.$$

证明 这里 P,V,T 是三个变量，已知其中两个可以决定第三个：

对关系式 $P=\dfrac{RT}{V}$，有 $\dfrac{\partial P}{\partial V}=-\dfrac{RT}{V^2}$，

对关系式 $V=\dfrac{RT}{P}$，有 $\dfrac{\partial V}{\partial T}=\dfrac{R}{P}$，

对关系式 $T=\dfrac{PV}{R}$，有 $\dfrac{\partial T}{\partial P}=\dfrac{V}{R}$.

于是有
$$\dfrac{\partial P}{\partial V}\cdot\dfrac{\partial V}{\partial T}\cdot\dfrac{\partial T}{\partial P}=-\dfrac{RT}{V^2}\cdot\dfrac{R}{P}\cdot\dfrac{V}{R}=-\dfrac{RT}{PV}=-1.$$

这是热力学中的一个重要关系式. 从这个关系式可以看出，偏导数的记号是

一个整体记号,$\frac{\partial P}{\partial V}$ 不能视作 ∂P 与 ∂V 的商.$\frac{\partial V}{\partial T},\frac{\partial T}{\partial P}$ 亦然,否则这个重要关系式的右端是 1 而不是 -1.

2. 函数的偏导数与函数的连续性的关系

一元函数在某点可导,则函数在该点一定连续;若函数在某点不连续,则函数在该点一定不可导. 对于二元函数来说,情况就不同了.

二元函数 $z=f(x,y)$ 在点 $M_0(x_0,y_0)$ 处的偏导数 $f_x(x_0,y_0),f_y(x_0,y_0)$,仅仅是函数沿两个特殊方向(平行于 x 轴、y 轴)的变化率;而函数在点 M_0 连续,则要求点 $M(x,y)$ 沿任何方式趋近于点 $M_0(x_0,y_0)$ 时,函数值 $f(x,y)$ 趋近于 $f(x_0,y_0)$,它反映的是函数 $z=f(x,y)$ 在 M_0 点处的一种"全面"的性态.

因此,二元函数在某点的偏导数与函数在该点的连续性之间没有联系.

例 5 讨论函数
$$z=f(x,y)=\begin{cases} \dfrac{xy}{x^2+y^2}, & x^2+y^2 \neq 0, \\ 0, & x^2+y^2 = 0 \end{cases}$$
在点 $(0,0)$ 处的偏导数与连续性.

解 由 §9.1 的例 8 可知,当 $(x,y) \to (0,0)$ 时,函数的极限不存在,函数在原点自然是不连续的.
$$f_x(0,0)=\lim_{x \to 0}\frac{f(0+x,0)-f(0,0)}{x}=\lim_{x \to 0}\frac{0-0}{x}=0,$$
同理可得
$$f_y(0,0)=0.$$
此例表明,二元函数在一点不连续,但其偏导数却存在.

例 6 讨论函数 $z=f(x,y)=\sqrt{x^2+y^2}$ 在点 $(0,0)$ 处的偏导数与连续性.

解 因为
$$\lim_{\substack{x \to 0 \\ y \to 0}} f(x,y)=\lim_{\substack{x \to 0 \\ y \to 0}} \sqrt{x^2+y^2}=0=f(0,0),$$
所以函数 $f(x,y)$ 在原点处连续.
$$f_x(0,0)=\lim_{x \to 0}\frac{f(0+x,0)-f(0,0)}{x}=\lim_{x \to 0}\frac{\sqrt{x^2}-0}{x}=\lim_{x \to 0}\frac{|x|}{x}$$
不存在,显然 $f_y(0,0)$ 也不存在.

此例表明,二元函数在一点连续,但在该点的偏导数不存在.

3. 偏导数的几何意义

在直角坐标系中二元函数 $z=f(x,y)$ 的图形是空间曲面 $\sum$,设 $M_0=f(x_0,y_0)$,$f(x_0,y_0)$ 为曲面上的一点,过 M_0 作平面 $y=y_0$,截此曲面得一曲线,其方程为

$$\begin{cases} z = f(x, y_0), \\ y = y_0. \end{cases}$$

根据一元函数导数的几何意义可知,一元函数 $z = f(x, y_0)$ 在 $x = x_0$ 处的导数 $\dfrac{\mathrm{d}}{\mathrm{d}x} f(x, y_0) \Big|_{x=x_0}$,即 $z = f(x, y)$ 在 (x_0, y_0) 处对 x 的偏导数 $f_x(x_0, y_0)$,就是曲线在点 M_0 处的切线 $M_0 T_x$ 对 x 轴的斜率,即 $f_x(x_0, y_0) = \tan\alpha (\alpha \neq \dfrac{\pi}{2})$(切线 $M_0 T_x$ 与 x 轴所成倾斜角 α 的正切),如图 9-2-1 所示.

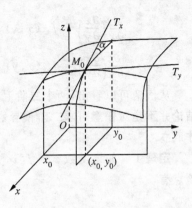

图 9-2-1

偏导数 $f_y(x_0, y_0)$ 也可以得到完全类似的几何解释.

9.2.2 高阶偏导数

一般来说,二元函数 $z = f(x, y)$ 在区域 D 上的偏导数 $\dfrac{\partial z}{\partial x}, \dfrac{\partial z}{\partial y}$ 仍然是自变量 x, y 的函数,如果它们还有偏导数,则 $\dfrac{\partial z}{\partial x}, \dfrac{\partial z}{\partial y}$ 关于 x 或 y 的偏导数,我们称为函数 $z = f(x, y)$ 的二阶偏导数. 函数 $z = f(x, y)$ 一共有四个二阶偏导数,记为

$$\frac{\partial}{\partial x}\left(\frac{\partial z}{\partial x}\right) = f_{xx}(x, y), \quad \frac{\partial}{\partial y}\left(\frac{\partial z}{\partial x}\right) = \frac{\partial^2 z}{\partial x \partial y} = f_{xy}(x, y),$$

$$\frac{\partial}{\partial x}\left(\frac{\partial z}{\partial y}\right) = \frac{\partial^2 z}{\partial y \partial x} = f_{yx}(x, y), \quad \frac{\partial}{\partial y}\left(\frac{\partial z}{\partial y}\right) = \frac{\partial^2 z}{\partial y^2} = f_{yy}(x, y),$$

其中 $\dfrac{\partial^2 z}{\partial x \partial y} = f_{xy}(x, y)$ 和 $\dfrac{\partial^2 z}{\partial y \partial x} = f_{yx}(x, y)$ 称为混合偏导数,$\dfrac{\partial^2 z}{\partial x \partial y}$ 是先对 x 后对 y 求偏导数,$\dfrac{\partial^2 z}{\partial y \partial x}$ 是先对 y 后对 x 求偏导数.同样地可以定义三阶、四阶……以及 n 阶偏导数.二阶及二阶以上的偏导数都称为高阶偏导数.

例 7 求函数 $z = x^3 y^2 - 3xy^3 - x$ 的四个二阶偏导数.

解 因 $\dfrac{\partial z}{\partial x} = 3x^2 y^2 - 3y^3 - 1, \dfrac{\partial z}{\partial y} = 2x^3 y - 9xy^2$,于是有

$$\frac{\partial}{\partial x}\left(\frac{\partial z}{\partial x}\right) = f_{xx}(x, y) = 6xy^2,$$

$$\frac{\partial}{\partial y}\left(\frac{\partial z}{\partial x}\right) = f_{xy}(x, y) = 6x^2 y - 9y^2,$$

$$\frac{\partial}{\partial x}\left(\frac{\partial z}{\partial y}\right) = f_{yx}(x,y) = 6x^2y - 9y^2,$$

$$\frac{\partial}{\partial y}\left(\frac{\partial z}{\partial y}\right) = f_{yy}(x,y) = 2x^3 - 18xy.$$

从例 7 可以看出,两个二阶混合偏导数是相等的,即与求导次序无关,但这个结论并不是对任意可求二阶偏导数的二元函数都成立,仅在一定条件下这个结论才成立.

定理 1 如果函数 $z = f(x,y)$ 的两个二阶混合偏导数在点 (x,y) 连续,则在该点有

$$\frac{\partial^2 z}{\partial x \partial y} = \frac{\partial^2 z}{\partial y \partial x}.$$

对于二元以上的函数也可类似地定义高阶偏导数,而且在混合偏导数连续的条件下,混合偏导数也与求偏导数的次序无关.

9.2.3 全微分的概念

1. 全增量与全微分

给定二元函数 $z = f(x,y)$,且 $f_x(x,y)$ 和 $f_y(x,y)$ 均存在,由一元微分学中函数增量与微分的关系,有

$$f(x+\Delta x, y) - f(x,y) \approx f_x(x,y) \cdot \Delta x,$$

$$f(x, y+\Delta y) - f(x,y) \approx f_y(x,y) \cdot \Delta y.$$

上述两式的左端分别称之为二元函数 $z = f(x,y)$ 对 x 或 y 的偏增量,而右端称之为二元函数 $z = f(x,y)$ 对 x 或 y 的偏微分.

为了研究多元函数中各个自变量都取得增量时因变量所获得的增量,即全增量的问题,我们先给出函数的全增量的概念.

定义 3 设函数 $z = f(x,y)$ 在点 (x,y) 的某邻域内有定义,当自变量由 x 和 y 改变为 $x + \Delta x$ 和 $y + \Delta y$,且点 $(x+\Delta x, y+\Delta y)$ 在邻域内,此时函数的相应改变量

$$\Delta z = f(x, \Delta x, y+\Delta y) - f(x,y), \tag{9-6}$$

称为二元函数 $z = f(x,y)$ 在点 (x,y) 处的全增量.

参照一元函数微分的定义,我们对多元函数定义全微分如下.

定义 4 函数 $z = f(x,y)$ 在点 (x,y) 的某领域内有定义,如果函数 $z = f(x,y)$ 在点 (x,y) 的全增量

$$\Delta z = f(x, +\Delta x, y+\Delta y) - f(x,y),$$

可以表示为

$$\Delta z = A\Delta x + B\Delta y + o(\rho) \quad (\rho = \sqrt{\Delta x^2 + \Delta y^2} \to 0), \tag{9-7}$$

其中 A, B 与 $\Delta x, \Delta y$ 无关,仅与 x 和 y 有关,则称函数 $z = f(x, y)$ 在点 (x, y) 处可微,并称 $A\Delta x + B\Delta y$ 是函数 $z = f(x, y)$ 在点 (x, y) 处的全微分,记作 $\mathrm{d}z$,即

$$\mathrm{d}z = A\Delta x + B\Delta y.$$

如果函数 $z = f(x, y)$ 在区域 D 内各点都可微,则称函数 $z = f(x, y)$ 在区域 D 内可微.

2. 可微与可导的关系

在一元函数中,可微与可导是等价的,且 $\mathrm{d}y = f'(x)\mathrm{d}x$,那么二元函数 $z = f(x, y)$ 在点 (x, y) 处的可微与偏导数存在之间有什么关系呢?全微分定义中的 A, B 又如何确定?它是否与函数 $f(x, y)$ 有关系呢?

定理 2(全微分存在的必要条件) 若函数 $z = f(x, y)$ 在点 (x_0, y_0) 处可微,即 $\Delta z = A\Delta x + B\Delta y + o(\rho)$,则在该点 $f(x, y)$ 的两个偏导数存在,并且

$$A = f_x(x_0, y_0), B = f_y(x_0, y_0).$$

上面定理指出,二元函数在一点可微,则在该点偏导数一定存在. 反过来,若在一点偏导数存在,那么在该点是否一定可微呢?下面先来讨论可微与连续的关系.

定理 3(全微分存在的必要条件) 若二元函数 $z = f(x, y)$ 在点 (x, y) 处可微,则在该点一定连续.

定理 4(全微分存在的充分条件) 若二元函数 $z = f(x, y)$ 在点 (x, y) 处的两个偏导数 $f_x(x, y), f_y(x, y)$ 存在且在点 (x, y) 处连续,则函数 $z = f(x, y)$ 在该点一定可微.

上面 3 个定理说明,函数可微,偏导数一定存在;函数可微,函数一定连续;偏导数连续,函数一定可微.

上面讨论的 3 个定理可以推广到三元和三元以上的多元函数. 如三元函数 $u = f(x, y, z)$ 的全微分存在,则有

$$\mathrm{d}u = \frac{\partial u}{\partial x}\mathrm{d}x + \frac{\partial u}{\partial y}\mathrm{d}y + \frac{\partial u}{\partial z}\mathrm{d}z.$$

例 8 计算函数 $z = \mathrm{e}^{xy}$ 在点 $(2, 1)$ 处的全微分.

解 因为 $\dfrac{\partial z}{\partial x} = y\mathrm{e}^{xy}, \dfrac{\partial z}{\partial y} = x\mathrm{e}^{xy}$,所以

$$\left.\frac{\partial z}{\partial x}\right|_{\substack{x=2\\y=1}} = \mathrm{e}^2, \left.\frac{\partial z}{\partial y}\right|_{\substack{x=2\\y=1}} = 2\mathrm{e}^2,$$

故

$$\mathrm{d}z = \mathrm{e}^2\mathrm{d}x + 2\mathrm{e}^2\mathrm{d}y.$$

仿照二元函数的全微分,我们同样可以定义二元以上的多元函数的全微分.

例 9 求函数 $u = \ln(3x - 2y + z)$ 的全微分.

解 因为

$$\frac{\partial u}{\partial x} = \frac{3}{3x - 2y + z}, \frac{\partial u}{\partial y} = \frac{-2}{3x - 2y + z}, \frac{\partial u}{\partial z} = \frac{1}{3x - 2y + z},$$

所以

$$du = \frac{1}{3x - 2y + z}(3dx - 2dy + dz).$$

3. 全微分在近似计算中的应用

设函数 $z = f(x, y)$ 在点 (x_0, y_0) 处可微,则函数在该点的全增量可以表示为

$$\Delta z = f(x_0 + \Delta x, y_0 + \Delta y) - f(x_0, y_0)$$
$$= f_x(x_0, y_0)\Delta x + f_y(x_0, y_0)\Delta y + o(\rho) \quad (\rho = \sqrt{\Delta x^2 + \Delta y^2} \to 0).$$

当 $|\Delta x|$ 和 $|\Delta y|$ 很小时,就可以用函数的全微分 dz 近似代替函数的全增量 Δz,

$$\Delta z \approx dz = f_x(x_0, y_0)\Delta x + f_y(x_0, y_0)\Delta y, \tag{9-8}$$

或写成

$$f(x_0 + \Delta x, y_0 + \Delta y) \approx f(x_0, y_0) + f_x(x_0, y_0)\Delta x + f_y(x_0, y_0)\Delta y. \tag{9-9}$$

利用公式(9-8)和公式(9-9)可以计算函数增量的近似值、计算函数的近似值及估计误差.

例 10 有一圆柱体,受压后发生形变,它的半径由 20cm 增大到 20.05cm,高度由 100cm 减少到 99cm. 求此圆柱体体积变化的近似值.

解 设圆柱体的半径、高和体积依次为 r, h 和 V,则有

$$V = \pi r^2 h.$$

已知 $r = 20\text{cm}, h = 100\text{cm}, \Delta h = -1\text{cm}, \Delta r = 0.05$. 根据近似公式,有

$$\Delta V \approx dV = V'_r \Delta r + V'_h \Delta h = 2\pi r h \Delta r + \pi r^2 \Delta h$$
$$= 2\pi \times 20 \times 100 \times 0.05 + \pi \times 20^2 \times (-1) = -200\pi (\text{cm}^3).$$

即此圆柱体在受压后体积约减少了 $200\pi \text{cm}^3$.

例 11 计算 $(1.04)^{2.02}$ 的近似值.

解 设函数 $f(x, y) = x^y$. 显然,要计算的值就是函数在 $x = 1.04, y = 2.02$ 时的函数值 $f(1.04, 2.02)$.

取 $x = 1, y = 2, \Delta x = 0.04, \Delta y = 0.02$,由于

$$f(x + \Delta x, y + \Delta y) \approx f(x, y) + f_x(x, y)\Delta x + f_y(x, y)\Delta y$$
$$= x^y + yx^{y-1}\Delta x + x^y \ln x \Delta y,$$

所以

$$(1.04)^{2.02} \approx 1^2 + 2 \times 1^{2-1} \times 0.04 + 1^2 \times \ln 1 \times 0.02 = 1.08.$$

练习与思考 9-2

1. 比较一元函数微分学与二元函数微分学基本概念的异同,说明二元函数在一点处极限存在、连续、可导、可微之间的关系.

2. 若 $z = x^2 + y^2$,试求 $\dfrac{\partial z}{\partial x}\bigg|_{\substack{x=1\\y=1}}$,并说明其几何意义.

3. 已知 $z = 2x^2 + 3y^3$,求 $\dfrac{\partial z}{\partial x}, \dfrac{\partial z}{\partial y}$.

4. 设 $f(x,y) = x + (y-1)\arcsin\sqrt{\dfrac{x}{y}}$,求 $f_x(x,1)$.

5. 已知 $f(x,y,z) = xy\arctan z$,求 $\dfrac{\partial f}{\partial x}, \dfrac{\partial f}{\partial y}, \dfrac{\partial f}{\partial z}$.

6. 设 $u = x^y + y\sin z$,求 du.

7. 求函数 $z = \dfrac{y}{x}$ 当 $x = 2, y = 1, \Delta x = 0.1, \Delta y = -0.2$ 时的全增量和全微分.

§9.3 复合函数、隐函数的偏导数

9.3.1 二元复合函数

设函数 $z = f(u,v)$ 是变量 u,v 的函数,而 u,v 又是变量 x,y 的函数,即有
$$u = \varphi(x,y), v = \psi(x,y),$$
这样,函数 $z = f(u,v)$ 通过中间变量 $u = \varphi(x,y), v = \psi(x,y)$ 而成为 x,y 的复合函数. 各变量之间的关系可用图 9-3-1 来表示.

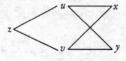

图 9-3-1

9.3.2 二元复合函数求导

现在我们的问题是如何通过已知的 $\dfrac{\partial z}{\partial u}, \dfrac{\partial z}{\partial v}, \dfrac{\partial u}{\partial x}, \dfrac{\partial u}{\partial y}, \dfrac{\partial v}{\partial x}, \dfrac{\partial v}{\partial y}$ 去求出 $\dfrac{\partial z}{\partial x}, \dfrac{\partial z}{\partial y}$. 对此,有如下的定理.

定理 5 设函数 $u = \varphi(x,y), v = \psi(x,y)$ 在点 (x,y) 处有连续偏导数，函数 $z = f(u,v)$ 在 (x,y) 的对应 (u,v) 点处有连续偏导数，那么复合函数 $z = f[u = \varphi(x,y), v = \psi(x,y)]$ 在点 (x,y) 处有偏导数 $\dfrac{\partial z}{\partial x}, \dfrac{\partial z}{\partial y}$ 存在，并且

$$\frac{\partial z}{\partial x} = \frac{\partial z}{\partial u} \cdot \frac{\partial u}{\partial x} + \frac{\partial z}{\partial v} \cdot \frac{\partial v}{\partial x}, \frac{\partial z}{\partial y} = \frac{\partial z}{\partial u} \cdot \frac{\partial u}{\partial y} + \frac{\partial z}{\partial v} \cdot \frac{\partial v}{\partial y}. \tag{9-10}$$

(1) 在定理中，若 $u = \varphi(x), v = \psi(x)$，则复合函数 $z = f[u = \varphi(x), v = \psi(x)]$ 是 x 的函数，简单表示为图 9-3-2．

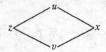

图 9-3-2

此时函数 z 对 x 的导数称为全导数，且有公式

$$\frac{\partial z}{\partial x} = \frac{\partial z}{\partial u} \cdot \frac{\mathrm{d}u}{\mathrm{d}x} + \frac{\partial z}{\partial v} \cdot \frac{\mathrm{d}v}{\mathrm{d}x}. \tag{9-11}$$

(2) 在定理 5 中，若 $u = \varphi(x,y), v = x$，则复合函数 $z = f[u = \varphi(x,y), x]$ 是 x, y 的函数，简单表示为图 9-3-3．

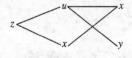

图 9-3-3

此时有公式

$$\frac{\partial z}{\partial x} = \frac{\partial f}{\partial u} \cdot \frac{\partial u}{\partial x} + \frac{\partial f}{\partial x}, \frac{\partial z}{\partial y} = \frac{\partial f}{\partial u} \cdot \frac{\partial u}{\partial y}, \tag{9-12}$$

其中 $\dfrac{\partial z}{\partial x}$ 表示复合函数 $z = f[u = \varphi(x,y), x]$ 中把 y 看作常量，对变量 x 求偏导数，而 $\dfrac{\partial f}{\partial x}$ 是表示 $z = f(u,x)$ 中把 u 当作常量，对变量 x 求偏导数，因此 $\dfrac{\partial z}{\partial x}, \dfrac{\partial f}{\partial x}$ 含义不同，不可混淆．

(3) 定理 5 可推广到中间变量和自变量多于两个的情形．例如，设 $z = f(u,v,w)$ 具有连续偏导数，而 $u = \varphi(x,y), v = \psi(x,y), w = \omega(x,y)$ 都具有偏导数，则复合函数 $z = f[u = \varphi(x,y), v = \psi(x,y), w = \omega(x,y)]$ 简单表示为图 9-3-4 z 对自变量 x, y 的偏导数公式

$$\frac{\partial z}{\partial x} = \frac{\partial z}{\partial u} \cdot \frac{\partial u}{\partial x} + \frac{\partial z}{\partial v} \cdot \frac{\partial v}{\partial x} + \frac{\partial z}{\partial w} \cdot \frac{\partial w}{\partial x}, \frac{\partial z}{\partial y} = \frac{\partial z}{\partial u} \cdot \frac{\partial u}{\partial y} + \frac{\partial z}{\partial v} \cdot \frac{\partial v}{\partial y} + \frac{\partial z}{\partial w} \cdot \frac{\partial w}{\partial y}. \tag{9-13}$$

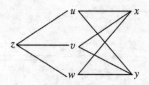

图 9-3-4

特别地,当 $\omega(x,y) = x$ 时,有

$$\frac{\partial z}{\partial x} = \frac{\partial f}{\partial u} \cdot \frac{\partial u}{\partial x} + \frac{\partial f}{\partial v} \cdot \frac{\partial v}{\partial x} + \frac{\partial f}{\partial x}, \frac{\partial z}{\partial y} = \frac{\partial f}{\partial u} \cdot \frac{\partial u}{\partial y} + \frac{\partial f}{\partial v} \cdot \frac{\partial v}{\partial y}. \qquad (9\text{-}14)$$

例 1 设 $z = u^2 \ln v, u = \dfrac{x}{y}, v = 3x - 2y$,求 $\dfrac{\partial z}{\partial x}, \dfrac{\partial z}{\partial y}$.

解 因为 $\dfrac{\partial z}{\partial u} = 2u\ln v, \dfrac{\partial z}{\partial v} = u^2 \dfrac{1}{v}, \dfrac{\partial u}{\partial x} = \dfrac{1}{y}, \dfrac{\partial v}{\partial x} = 3, \dfrac{\partial u}{\partial y} = -\dfrac{x}{y^2}, \dfrac{\partial v}{\partial y} = -2$,由图 9-3-5 及公式(9-10),得

$$\frac{\partial z}{\partial x} = 2u\ln v \cdot \frac{1}{y} + \frac{u^2}{v} \cdot 3 = \frac{2x}{y^2}\ln(3x - 2y) + \frac{3x^2}{y^2(3x - 2y)},$$

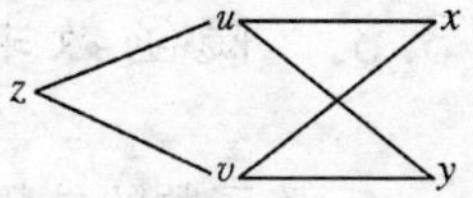

$$\frac{\partial z}{\partial y} = 2u\ln v \cdot \left(-\frac{x}{y^2}\right) + \frac{u^2}{v} \cdot (-2) = -\frac{2x^2}{y^3}\ln(3x - 2y) - \frac{2x^2}{y^2(3x - 2y)}.$$

图 9-3-5

例 2 设 $z = e^{u-2v}, u = \sin t, v = t^3$,求全导数 $\dfrac{\mathrm{d}z}{\mathrm{d}t}$.

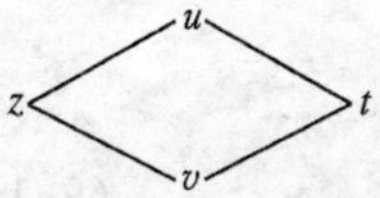

解 因为 $\dfrac{\partial z}{\partial u} = e^u, \dfrac{\partial z}{\partial v} = -2e^u, \dfrac{\mathrm{d}u}{\mathrm{d}t} = \cos t, \dfrac{\mathrm{d}v}{\mathrm{d}t} = 3t^2$,由图 9-3-6 及公式(9-11),得

图 9-3-6

$$\frac{\mathrm{d}u}{\mathrm{d}t} = e^{u-2v}\cos t + (-2e^{u-2v})3t^2 = e^{\sin t - 2t^3}(\cos t - 6t^2).$$

显然,本题的结果与一元函数 $z = e^{\sin t - 2t^3}$ 的导数是一致的.

例 3 设 $z = u + \sin 2x, u = 3x^2 + y^2$,求 $\dfrac{\partial z}{\partial x}, \dfrac{\partial z}{\partial y}$.

解 因为 $\dfrac{\partial z}{\partial u} = 1, \dfrac{\partial u}{\partial x} = 6x, \dfrac{\partial u}{\partial y} = 2y, \dfrac{\partial f}{\partial x} = 2\cos 2x$,由图 9-3-7 及公式(9-12),得

$$\frac{\partial z}{\partial x} = 6x + 2\cos 2x, \frac{\partial z}{\partial y} = 2y.$$

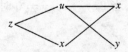

图 9-3-7

例 4 设 $u = \sqrt{x^2 + y^2 + z^2}, x = s^2 + t^2, y = s^2 - t^2, z = 2st$, 求 $\dfrac{\partial u}{\partial s}, \dfrac{\partial u}{\partial t}$.

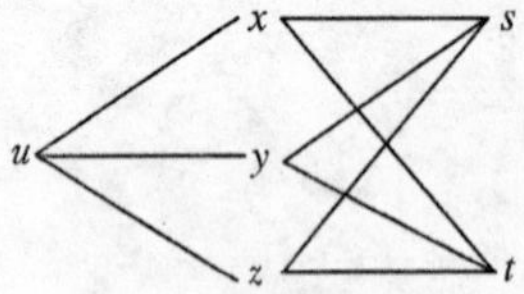

图 9-3-8

解 $\dfrac{\partial u}{\partial x} = \dfrac{x}{\sqrt{x^2 + y^2 + z^2}}, \dfrac{\partial u}{\partial y} = \dfrac{y}{\sqrt{x^2 + y^2 + z^2}},$

$\dfrac{\partial u}{\partial z} = \dfrac{z}{\sqrt{x^2 + y^2 + z^2}}$

$\dfrac{\partial x}{\partial s} = 2s, \dfrac{\partial y}{\partial s} = 2s, \dfrac{\partial z}{\partial s} = 2t, \dfrac{\partial x}{\partial t} = 2t, \dfrac{\partial y}{\partial t} = -2t,$

$\dfrac{\partial z}{\partial t} = 2s,$

由图 9-3-8 及公式(9-13),得

$$\dfrac{\partial u}{\partial s} = \dfrac{2(xs + ys + zt)}{\sqrt{x^2 + y^2 + z^2}}, \dfrac{\partial u}{\partial t} = \dfrac{2(xt + yt + zs)}{\sqrt{x^2 + y^2 + z^2}}.$$

9.3.3 隐函数求导法

一元隐函数的导数我们已经会求,现在再从另一个角度来解决这个问题.

若函数 y 和自变量 x 之间的函数关系由方程 $F(x,y) = 0$ 确定,则称函数 $y = y(x)$ 是由方程 $F(x,y) = 0$ 确定的隐函数. 显然,隐函数 $y(x)$ 满足恒等式 $F(x,y(x)) \equiv 0$,对上式两边求导数,得

$$\dfrac{\partial F}{\partial x} + \dfrac{\partial F}{\partial y} \dfrac{dy}{dx} = 0,$$

当 $\dfrac{\partial F}{\partial y} \neq 0$ 时,有

$$\dfrac{dy}{dx} = -\dfrac{\dfrac{\partial F}{\partial x}}{\dfrac{\partial F}{\partial y}} = -\dfrac{F_x(x,y)}{F_y(x,y)}. \tag{9-15}$$

例 5 求由方程 $\sin y + e^x - xy^2 = 0$ 所确定的隐函数 $y = f(x)$ 的导数.

解 记 $F(x,y) = \sin y + e^x - xy^2$,因为

$$F_x(x,y) = e^x - y^2, F_y(x,y) = \cos y - 2xy,$$

则当 $2xy - \cos y \neq 0$ 时,有

$$\dfrac{dy}{dx} = -\dfrac{F_x(x,y)}{F_y(x,y)} = \dfrac{e^x - y^2}{2xy - \cos y}.$$

类似地,若函数 z 和自变量 x,y 之间的函数关系由方程 $F(x,y,z) = 0$ 确定,则称函数 $z = z(x,y)$ 为由方程 $F(x,y,z) = 0$ 确定的隐函数. 显然,隐函数 $z(x,y)$ 满足恒等式 $F(x,y,z(x,y)) \equiv 0$,上式两边对 x,y 求偏导数,得

第9章 多元函数微积分初步

$$\frac{\partial F}{\partial x}+\frac{\partial F}{\partial z}\frac{\partial z}{\partial x}=0, \frac{\partial F}{\partial y}+\frac{\partial F}{\partial z}\frac{\partial z}{\partial y}=0,$$

当 $\frac{\partial F}{\partial z} \neq 0$ 时,有

$$\frac{\partial z}{\partial x}=-\frac{\frac{\partial F}{\partial x}}{\frac{\partial F}{\partial z}}=-\frac{F_x(x,y,z)}{F_z(x,y,z)}, \frac{\partial z}{\partial y}=-\frac{\frac{\partial F}{\partial y}}{\frac{\partial F}{\partial z}}=-\frac{F_y(x,y,z)}{F_z(x,y,z)}. \tag{9-16}$$

例6 求由方程 $\frac{x^2}{a^2}+\frac{y^2}{b^2}+\frac{z^2}{c^2}=1$ 确定函数的偏导数.

解 **解法一** 两边先对 x 求偏导数,得

$$\frac{2x}{a^2}+\frac{2z}{c^2}\cdot\frac{\partial z}{\partial x}=0,$$

解得

$$\frac{\partial z}{\partial x}=-\frac{c^2 x}{a^2 z}.$$

同理,两边对 y 求偏导数,有

$$\frac{2y}{b^2}+\frac{2z}{c^2}\cdot\frac{\partial z}{\partial y}=0,$$

解得

$$\frac{\partial z}{\partial y}=-\frac{c^2 y}{b^2 z}.$$

解法二 设 $F(x,y,z)=\frac{x^2}{a^2}+\frac{y^2}{b^2}+\frac{z^2}{c^2}-1$,则,

$$\frac{\partial F}{\partial x}=\frac{2x}{a^2}, \frac{\partial F}{\partial y}=\frac{2y}{b^2}, \frac{\partial F}{\partial z}=\frac{2z}{c^2}.$$

由公式(9-16),有

$$\frac{\partial z}{\partial x}=-\frac{c^2 x}{a^2 z}, \frac{\partial z}{\partial y}=-\frac{c^2 y}{b^2 z}.$$

例7 求由方程 $\mathrm{e}^{-xy}-2z+\mathrm{e}^z=0$ 所确定的函数 $z=f(x,y)$ 关于 x,y 的偏导数.

解 记 $F(x,y,z)=\mathrm{e}^{-xy}-2z+\mathrm{e}^z$,因为

$$F_x(x,y,z)=-y\mathrm{e}^{-xy}, F_y(x,y,z)=-x\mathrm{e}^{-xy}, F_z(x,y,z)=-2+\mathrm{e}^z,$$

则当 $\mathrm{e}^z-2\neq 0$ 时,有

$$\frac{\partial z}{\partial x}=-\frac{F_x}{F_z}=-\frac{y\mathrm{e}^{-xy}}{\mathrm{e}^z-2}, \frac{\partial z}{\partial y}=-\frac{F_y}{F_z}=-\frac{x\mathrm{e}^{-xy}}{\mathrm{e}^z-2}.$$

练习与思考 9-3

1. 在求复合函数的偏导数时,需要注意什么?求由可微函数 $z = f(x,u), u = \varphi(x,y)$ 得到的复合函数 $z = f[x,\varphi(x,y)]$ 的偏导数,并说明其符合的含义.

2. 求隐函数偏导数的常用方法有几种?举例说明.

3. 在什么情况下,必须用二元复合函数求导法则?

4. 已知 $z = u^2 \ln v$,而 $u = \dfrac{x}{y}, v = 3x - 2y$,求 $\dfrac{\partial z}{\partial x}, \dfrac{\partial z}{\partial y}$.

5. 已知 $z = \dfrac{1}{3}\ln(x+y), x = \sec t, y = 3\sin t$,求 $\dfrac{\mathrm{d}z}{\mathrm{d}t}\bigg|_{t=\pi}$.

6. 求 $z = f(x + y - z)$ 的一阶偏导数.

7. 求方程 $\dfrac{x}{y} = \ln zy$ 所确定的隐函数 $z = f(x,y)$ 的偏导数.

§9.4 多元函数的极值

在许多应用问题中,常常需要求出某个多元函数的最大值或最小值(统称最值),以及求函数的极大值或极小值(统称极值).和一元函数类似,多元函数的最值与极值有密切的关系.下面我们以二元函数为例讨论多元函数的极值问题.

9.4.1 二元函数的极值

定义 1 设函数 $z = f(x,y)$ 在点 (x_0, y_0) 的某邻域内有定义,如果对于该邻域内的任一点 (x,y) 都有 $f(x,y) \leqslant f(x_0, y_0)$(或 $f(x,y) \geqslant f(x_0, y_0)$),则称函数 $f(x,y)$ 在点 (x_0, y_0) 有极大(或极小)值 $f(x_0, y_0)$,点 (x_0, y_0) 称为函数的极大值点(或极小值点).函数的极大值与极小值统称为极值,极大值点与极小值点统称为极值点.

例如,函数 $f(x,y) = x^2 + y^2 + 1$ 在点 $(0,0)$ 处有极小值.因为点 $(0,0)$ 处的任一邻域内异于 $(0,0)$ 的点 (x,y),有 $f(x,y) > f(0,0) = 1$.

设函数 $z = f(x,y)$ 在点 (x_0, y_0) 处取得极值.如果将函数 $f(x,y)$ 中的变量 y 固定,令 $y = y_0$,则函数 $z = f(x,y_0)$ 是一元函数,它在 $x = x_0$ 处取得极值,根据一元函数极值存在的必要条件,可得 $F_x(x_0, y_0) = 0$,同样有 $F_y(x_0, y_0) = 0$.由此得到下面的定理:

定理 1(极值的必要条件) 设函数 $z = f(x,y)$ 在点 (x_0, y_0) 处取得极值,且

函数在该点的偏导数存在,则
$$F_x(x_0,y_0)=0, F_y(x_0,y_0)=0. \tag{9-17}$$
使 $F_x(x_0,y_0)=0, F_y(x_0,y_0)=0$ 同时成立的点 (x_0,y_0) 称为函数 $f(x,y)$ 的驻点.

由定理 1 可知,具有偏导数的函数,其极值点必定是驻点. 但是函数的驻点不一定是极值点. 例如,函数 $z=xy$ 在驻点 $(0,0)$ 的任何邻域内函数值可取正值,也可取负值,而 $z(0,0)=0$. 因此定理 1 只给出了二元函数有极值的必要条件. 那么,我们如何判定二元函数的驻点为极值点呢?对极值点又如何区分是极大值点还是极小值点呢?下面的定理给出答案

定理 2(极值的充分条件) 设函数 $z=f(x,y)$ 在点 (x_0,y_0) 的某邻域内有连续二阶偏导数,且点 (x_0,y_0) 是函数 $f(x,y)$ 的驻点,记
$$A=F_{xx}(x_0,y_0), B=F_{xy}(x_0,y_0), C=F_{yy}(x_0,y_0),$$
则

(1) 当 $B^2-AC<0$ 时,点 (x_0,y_0) 是极值点,且当 $A<0$ 时,点 (x_0,y_0) 为极大值点;当 $A>0$ 时,点 (x_0,y_0) 为极小值点;

(2) 当 $B^2-AC>0$ 时,则 (x_0,y_0) 点不是极值点;

(3) 当 $B^2-AC=0$ 时,则 (x_0,y_0) 点可能是极值点,也可能不是极值点.

由定理 1 与定理 2,求具有二阶连续偏导数的函数 $z=f(x,y)$ 的极值的步骤如下:

(1) 求方程组 $\begin{cases} f_x(x,y)=0 \\ f_y(x,y)=0 \end{cases}$ 的一切实数解,即可得一切驻点.

(2) 对于每一个驻点 (x_0,y_0),求出二阶偏导数的值 A,B 和 C.

(3) 定出 B^2-AC 的符号,按定理 2 的结论判定 $f(x_0,y_0)$ 是否是极值,是极大值还是极小值.

例 1 求函数 $z=x^2-xy+y^2+9x-6y$ 的极值.

解 $f_x(x,y)=2x-y+9, f_y(x,y)=-x+2y-6,$
$f_{xx}(x,y)=2, f_{xy}(x,y)=-1, f_{yy}(x,y)=2.$

首先解方程组 $\begin{cases} f_x(x,y)=0 \\ f_y(x,y)=0 \end{cases}$,即 $\begin{cases} 2x-y+9=0 \\ -x+2y-6=0, \end{cases}$ 得驻点 $(-4,1)$.

又求得 $A=f_{xx}(-4,1)=2, B=f_{xy}(-4,1)=-1, f_{yy}(-4,1)=2,$

可知 $B^2-AC=-3<0$,且 $A=2>0$,于是 $(-4,1)$ 是极小值点,且极小值为 $f(-4,1)=-21$.

例 2 求函数 $f(x,y)=x^3+y^3-3xy$ 的极值.

解 因为 $f_x(x,y)=3x^2-3y, f_y(x,y)=3y^2-3x, f_{xx}(x,y)=6x, f_{xy}(x,y)$

$=-3, f_{yy}(x,y) = 6y$,只要解方程组

$$\begin{cases} f_x(x,y) = 3x^2 - 3y = 0, \\ f_y(x,y) = 3y^2 - 3x = 0, \end{cases}$$

得驻点$(1,1), (0,0)$.

(1) 对于驻点$(1,1)$,有$A = f_{xx}(1,1) = 6, B = f_{xy}(1,1) = -3, C = f_{yy}(1,1) = 6$,于是$B^2 - AC = 9 - 36 = -27 < 0$,且$A = 6 > 0$,所以该函数在$(1,1)$点取得极小值$f(1,1) = -1$.

(2) 对于驻点$(0,0)$,有$A = f_{xx}(0,0) = 0, B = f_{xy}(0,0) = -3, C = f_{yy}(0,0) = 0$,于是$B^2 - AC = 9 > 0$,所以$(0,0)$点不是极值点.

9.4.2 最大值和最小值

与一元函数类似,对于有界闭区域上连续的二元函数,一定能在该区域上取得最大值和最小值. 对于二元可微函数,如果该函数的最大值(最小值)在区域内部取得,这个最大值(最小值)点一定在函数的驻点之中;若函数的最大值(最小值)在区域的边界上取得,那么它也一定是函数在边界上的最大值(最小值). 因此,求函数的最大值和最小值的方法如下:将函数在所讨论区域内的所有驻点处的函数值与函数在区域的边界上的最大值和最小值相比较,其中最大值就是函数在闭区域上的最大值,最小值就是函数在闭区域上的最小值.

在实际问题中往往从问题本身能判断它的最大值或最小值一定存在,且在定义域的内部取得. 这时,如果函数在定义域内有唯一的驻点,则该驻点的函数值就是函数的最大值或最小值.

例3 要做一个容积为32cm^3的无盖长方体箱子,问长、宽、高各为多少时,才能使所用材料最省?

解 设长方体箱子的长、宽分别为x和y(单位:cm),则根据已知条件,高为$\frac{32}{xy}$. 箱子所用材料的面积(长方体的表面积)为

$$S = xy + 2y \cdot \frac{32}{xy} + 2x \cdot \frac{32}{xy}$$

$$= xy + \frac{64}{x} + \frac{64}{y} \quad (x > 0, y > 0).$$

当面积S最小时,所用的材料也就最省. 于是,令

$$\begin{cases} A_x = y - \frac{64}{x^2} = 0, \\ A_y = x - \frac{64}{y^2} = 0, \end{cases}$$

解方程组,求得驻点为(4,4).

因为已知面积 A 的最小值是存在的,且在区域 $D=\{(x,y) \mid x>0, y>0\}$ 内取得,而现在 D 内只有一个驻点(4,4),所以它就是函数 A 取得极小值的点,又是函数 A 取得最小值的点,即当 $x=4\mathrm{cm}, y=4\mathrm{cm}$ 时,面积 A 最小. 此时,高为 $\dfrac{32}{4\times 4}=2(\mathrm{cm})$.

因此,箱子的长、宽、高分别为 $4\mathrm{cm}, 4\mathrm{cm}$ 和 $2\mathrm{cm}$ 时,所用的材料最省.

例4 设某工厂生产甲、乙两种产品,其销售价格分别为 $p_1=12$ 万元,$p_2=18$ 万元,总成本 C 是两种产品的产量 x 和 y(单位:百台)的函数,即
$$C(x,y)=2x^2+xy+2y^2,$$
问当这两产品的产量为多少时,可获最大利润?最大利润是多少?

解 由于总收入函数为 $R(x,y)=p_1 x+p_2 y=12x+18y$,故总利润函数为
$$\begin{aligned}L(x,y)&=R(x,y)-C(x,y)\\&=12x+18y-(2x^2+xy+2y^2)\\&=12x+18y-2x^2-xy-2y^2 \quad (x>0, y>0).\end{aligned}$$

由方程组
$$\begin{cases}L_x=12-4x-y=0,\\ L_y=18-4y-x=0,\end{cases}$$
求得驻点(2,4). 因为它是区域 $D=\{(x,y) \mid x>0, y>0\}$ 内唯一的驻点,故也是取最大值的点. 所以,当两种产品的产量分别为 $x=2$ 百台和 $y=4$ 百台时,可获最大利润,最大利润为 $L(2,4)=48$ 万元.

9.4.3 条件极值与拉格朗日乘数法

在以前研究的极值问题当中,所考虑的二元函数的自变量都是相互独立的,这些自变量除了受到函数定义域的限制外,别无其他附加条件,这类极值问题称为无条件极值. 然而,在许多实际问题中的函数自变量除了受到定义域的限制外,常常还要受到其他附加条件的限制. 例如例3中,若设箱子的长、宽、高分别为 x, y, z,则箱子的表面积 $S=2(xy+yz+zx)$,此时还有一个约束条件 $xyz=V$,这类极值问题称为条件极值. 例3的解法,是将它转化为无条件极值问题来求解,但这种转化常常无法顺利做到,因此还需要有其他方法. 下面介绍一种求条件极值的方法 —— 拉格朗日乘数法.

求函数 $z=f(x,y)$ 在附加条件 $g(x,y)=0$ 的情况下的极值问题,可采用以下步骤:

(1) 以常数 λ(λ 即拉格朗日乘数)乘 $g(x,y)$ 后与 $f(x,y)$ 相加,得拉格朗日函数

$$F(x,y) = f(x,y) + \lambda g(x,y). \qquad (9\text{-}18)$$

(2) 求出 $F(x,y)$ 对 x,y 的一阶偏导数

$$F_x(x,y) = f_x(x,y) + \lambda g_x(x,y), F_y(x,y) = f_y(x,y) + \lambda g_y(x,y).$$

(3) 从方程组 $\begin{cases} F_x(x,y) = 0, \\ F_y(x,y) = 0, \\ g(x,y) = 0 \end{cases} \qquad (9\text{-}19)$

中消去 λ,解出 x,y,所得的点 (x,y) 即是 $z = f(x,y)$ 在条件 $g(x,y) = 0$ 下的可能极值点.

至于所求的点是否为极值点,一般可由问题的实际意义判断.

这种方法可以推广到自变量多于两个而条件多于一个的情形.

例 5 求 $z = x^2 + y^2$ 在 $\dfrac{x}{a} + \dfrac{y}{b} = 1$ 时的条件极值.

解 记 $f(x,y) = x^2 + y^2, g(x,y) = \dfrac{x}{a} + \dfrac{y}{b} - 1$,作拉格朗日函数

$$F(x,y) = x^2 + y^2 + \lambda\left(\dfrac{x}{a} + \dfrac{y}{b} - 1\right),$$

求得偏导数,得

$$F_x(x,y) = 2x + \dfrac{\lambda}{a}, F_y(x,y) = 2y + \dfrac{\lambda}{b}.$$

解方程组

$$\begin{cases} 2x + \dfrac{\lambda}{a} = 0, \\ 2y + \dfrac{\lambda}{b} = 0, \\ \dfrac{x}{a} + \dfrac{y}{b} - 1 = 0, \end{cases}$$

得

$$x = \dfrac{ab^2}{a^2 + b^2}, y = \dfrac{a^2 b}{a^2 + b^2}.$$

与上述 x,y 相对应的函数值

$$z = \dfrac{a^2 b^2}{a^2 + b^2}.$$

由几何直观知,所求的极值就是 z 的极小值.

例 6 将例 3 中的箱子容积改为 V,试用拉格朗日法求解.

解 设箱子长、宽、高分别为 x,y,z,则表面积为 $S = 2(xy + yx + zx)$,约束条件为 $g(x,y,z) = xyz - V = 0$,作拉格朗日函数 $F(x,y,z) = 2(xy + yx + zx) + \lambda(xyz - V)$. 解方程组

$$\begin{cases} F_x(x,y,z) = 2(y+z) + \lambda yz = 0, \\ F_y(x,y,z) = 2(x+z) + \lambda xz = 0, \\ F_z(x,y,z) = 2(y+x) + \lambda xy = 0, \\ g(x,y,z) = xyz - V = 0 \end{cases}$$

将上述方程中的第一个方程乘 x,第二个方程乘 y,第三个方程乘 z,再两两相减得

$$\begin{cases} 2xz - 2yz = 0, \\ 2yz - 2xz = 0. \end{cases}$$

因为 $x > 0, y > 0$,所以有 $x = y = z$. 代入第四个方程得唯一驻点

$$x = y = z = \sqrt[3]{V}.$$

由问题本身可知最小值一定存在,因此当 $x = y = z = \sqrt[3]{V}$ 时,能使箱子所用材料最省.

练习与思考 9-4

1. 二元函数的极值是否一定在驻点取得?

2. 说明函数 $f(x,y) = 1 - \sqrt{x^2 + y^2}$ 在原点的偏导数不存在,但在原点取得极大值.

3. 在解决实际问题时,最值与极值的关系如何?无条件极值问题与有条件极值问题有何区别?如何用拉格朗日乘数法求极值?

4. 求下列函数的极值.

(1) $z = 1 - x^2 - y^2$;

(2) $z = 2xy - 3x^2 - 2y^2$;

(3) $z = e^{2x}(x + y^2 + 2y)$.

5. 求函数 $z = xy$ 在条件 $x + y = 1$ 下的极大值.

6. 某工厂要建造一座长方体形状的厂房,其体积为 20 000m³,已知前墙和屋顶每单位面积的造价分别是其他墙身造价的3倍和1.5倍,问厂房前墙的长度和厂房的高度为多少时,厂房的造价最小?

§9.5 二重积分

9.5.1 二重积分的概念和性质

1. 两个引例

(1) 曲顶柱体的体积.

设有一立体,它的底是 xOy 平面上的有界闭区域 D,它的侧面是以 D 的边界曲线为准线而母线平行于 z 轴的柱面,它的顶是曲面 $z=f(x,y)$,这里 $f(x,y) \geqslant 0$ 且在 D 上连续如图 9-5-1 所示),这种立体称为曲顶柱体.试计算此曲顶柱体的体积 V.

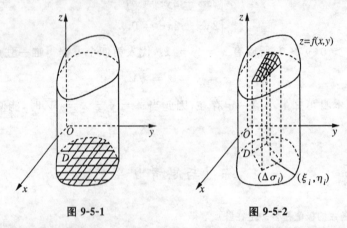

图 9-5-1　　　　图 9-5-2

如果曲顶柱体的顶是与 xOy 平面平行的平面,也就是该柱顶的高度是不变的,那么它的体积可以用公式

$$\text{体积} = \text{底面积} \times \text{高}$$

来计算,而曲顶柱体的高度 $f(x,y)$ 是个变量,它的体积不能直接用上式来计算.仿照求曲边梯形面积的方法,通过分割 → 近似替代 → 求和 → 取极限,来解决求曲顶柱体的体积问题.

第一步　分割　将区域 D 任意分成 n 个小区域 $\Delta\sigma_1, \Delta\sigma_2, \cdots, \Delta\sigma_n$,且以 $\Delta\sigma_i$ 表示第 i 个小区域的面积,分别以这些小区域的边界曲线为准线,作母线平行于 z 轴的柱面,这些柱面把原来的曲顶柱体分为 n 个小曲顶柱体.

第二步　近似替代　对于第 i 个小曲顶柱体,当小区域 $\Delta\sigma_i$ 的直径足够小时,由于 $f(x,y)$ 连续,在区域 $\Delta\sigma_i$ 上,其高度 $f(x,y)$ 变化很小,因此可将这个小曲顶柱体近似看作以 $\Delta\sigma_i$ 为底,$f(\xi_i,\eta_i)$ 为高的平顶柱体如图 9-5-2 所示,其中 (ξ_i,η_i) 为 $\Delta\sigma_i$ 上任意一点,从而得到第 i 个小曲顶柱体体积 ΔV_i 的近似值

$$\Delta V_i \approx f(\xi_i,\eta_i)\Delta\sigma_i \quad (i=1,2,\cdots,n).$$

第三步　求和　把求得的 n 个小曲顶柱体的体积的近似值相加,便得到所求

曲顶柱体体积的近似值

$$V = \sum_{i=1}^{n} \Delta V_i \approx \sum_{i=1}^{n} f(\xi_i, \eta_i) \Delta \sigma_i.$$

第四步 取极限 当区域 D 分割得越细密,上式右端的和式越接近于体积 V.令 n 个小区域的最大直径 $\lambda \to 0$,则上述和式的极限就是曲顶柱体的体积 V,即

$$V = \lim_{\lambda \to 0} \sum_{i=1}^{n} f(\xi_i, \eta_i) \Delta \sigma_i.$$

(2) 平面薄片的质量.

设有一质量非均匀分布的平面薄片,占有 xOy 平面上的区域 D,它在点 (x, y) 处的面密度 $\rho(x, y)$ 在 D 上连续,且 $\rho(x, y) > 0$.试计算该薄片的质量 M.

我们用求曲顶柱体体积的方法来解决这个问题.

第一步 分割 将区域 D 任意分成 n 个小区域 $\Delta \sigma_1, \Delta \sigma_2, \cdots, \Delta \sigma_n$,并且以 $\Delta \sigma_i$ 表示第 i 个小区域的面积如图 9-5-3 所示.

第二步 近似替代 由于 $\rho(x, y)$ 连续,只要每个小区域 $\Delta \sigma_i$ 的直径很小,相应于第 i 个小区域的小薄片的质量 ΔM_i 的近似值为

$$\Delta M_i \approx \rho(\xi_i, \eta_i) \Delta \sigma_i, i = 1, 2, \cdots, n,$$

其中 (ξ_i, η_i) 是 $\Delta \sigma_i$ 上任意一点.

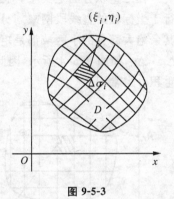

图 9-5-3

第三步 求和 将求得的 n 个小薄片的质量的近似值相加,得到整个薄片的质量的近似值

$$M = \sum_{i=1}^{n} \Delta M_i \approx \sum_{i=1}^{n} \rho(\xi_i, \eta_i) \Delta \sigma_i.$$

第四步 取极限 将 D 无限细分,即 n 个小区域中的最大直径 $\lambda \to 0$ 时,和式的极限就是薄片的质量,即

$$M = \lim_{\lambda \to 0} \sum_{i=1}^{n} \rho(\xi_i, \eta_i) \Delta \sigma_i.$$

上面两个问题的实际意义虽然不同,但都是把所求的量归结为求二元函数的同一类型和式的极限,这种数学模型在研究其他实际问题时也会经常遇到,为此引进二重积分的概念.

2. 二重积分的定义

设 $z = f(x, y)$ 是定义在有界闭区域 D 上的有界函数,将区域 D 任意分割成 n 个小区域 $\Delta \sigma_1, \Delta \sigma_2, \cdots, \Delta \sigma_n$,并以 $\Delta \sigma_i$ 表示第 i 个小区域的面积.在每个小区域上任取一点 (ξ_i, η_i),作乘积 $f(\xi_i, \eta_i) \Delta \sigma_i (i = 1, 2, \cdots, n)$,并作和式 $\sum_{i=1}^{n} \rho(\xi_i, \eta_i) \Delta \sigma_i$.如果

当各小区域的直径中的最大值 λ 趋于零时,此和式的极限存在,则称此极限值为函数 $f(x,y)$ 在区域 D 上的二重积分,记作 $\iint\limits_{D} f(x,y)\mathrm{d}\sigma$,即

$$\iint\limits_{D} f(x,y)\mathrm{d}\sigma = \lim_{\lambda \to 0} \sum_{i=1}^{n} \rho(\xi_i, \eta_i)\Delta\sigma_i,$$

其中 $f(x,y)$ 称为被积函数,D 称为积分区域,$f(x,y)\mathrm{d}\sigma$ 称为被积式,$\mathrm{d}\sigma$ 称为面积微元,x 与 y 称为积分变量.

二重积分存在定理　若 $f(x,y)$ 在闭区域 D 上连续,则它在 D 上的二重积分存在.

在二重积分的定义中,对区域 D 的划分是任意的. 如果在直角坐标系中用平行于坐标轴的直线段网来划分区域 D,那么除了靠近边界曲线的一些小区域外,其余绝大部分的小区域都是矩形. 小矩形 $\mathrm{d}\sigma$ 的边长为 Δx 和 Δy,则 $\Delta\sigma$ 的面积 $\Delta\sigma = \Delta x \cdot \Delta y$,如图 9-5-4 所示,因此在直角坐标系中面积微元 $\mathrm{d}\sigma$ 可记作 $\mathrm{d}x\mathrm{d}y$,从而二重积分也常记作

$$\iint\limits_{D} f(x,y)\mathrm{d}x\mathrm{d}y.$$

由二重积分定义,立即可以知道:

曲顶柱体的体积 $V = \iint\limits_{D} f(x,y)\mathrm{d}\sigma$;

平面薄片的质量 $M = \iint\limits_{D} \rho(x,y)\mathrm{d}\sigma$.

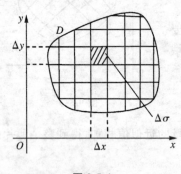

图 9-5-4

3. 二重积分的几何意义

一般地,如果 $f(x,y) \geqslant 0$ 时,$\iint\limits_{D} f(x,y)\mathrm{d}\sigma$ 表示以 D 为底,以 $z = f(x,y)$ 为顶的曲顶柱体的体积;当 $f(x,y) \leqslant 0$ 时,柱体就在 xOy 面的下方,二重积分 $\iint\limits_{D} f(x,y)\mathrm{d}\sigma$ 的绝对值仍等于柱体的体积,但二重积分的值是负的;如果 $f(x,y)$ 在 D 的若干部分区域上为正,而在其他部分区域上为负,$\iint\limits_{D} f(x,y)\mathrm{d}\sigma$ 就等于这些部分区域上的柱体体积的代数和.

4. 二重积分的性质

二重积分具有与定积分类似的性质,现叙述如下.

性质 1(线性性质)　设 k_1, k_2 为常数,则

$$\iint\limits_{D}[k_1 f(x,y) + k_2 g(x,y)]\mathrm{d}\sigma = k_1 \iint\limits_{D} f(x,y)\mathrm{d}\sigma + k_2 \iint\limits_{D} g(x,y)\mathrm{d}\sigma.$$

性质 2(对积分区域的可加性)　如果区域 D 被连续曲线分成 D_1 和 D_2,则有

$$\iint\limits_D f(x,y)\mathrm{d}\sigma = \iint\limits_{D_1} f(x,y)\mathrm{d}\sigma + \iint\limits_{D_2} f(x,y)\mathrm{d}\sigma.$$

性质 3 若在 D 上,$f(x,y) \equiv 1$,σ 为区域 D 的面积,则

$$\iint\limits_D 1 \cdot \mathrm{d}\sigma = \iint\limits_D \mathrm{d}\sigma = \sigma.$$

性质 3 说明了高为 1 的平顶柱体的体积在数值上等于柱体的底面积值.

性质 4 若在区域 D 上,$f(x,y) \leqslant g(x,y)$,则

$$\iint\limits_D f(x,y)\mathrm{d}\sigma \leqslant \iint\limits_D g(x,y)\mathrm{d}\sigma.$$

特殊地,有

$$\left| \iint\limits_D f(x,y)\mathrm{d}\sigma \right| \leqslant \iint\limits_D |f(x,y)|\mathrm{d}\sigma.$$

性质 5(估值不等式) 设 M 和 m 分别为函数 $f(x,y)$ 在有界闭区域 D 上的最大值和最小值,则

$$m\sigma \leqslant \iint\limits_D f(x,y)\mathrm{d}\sigma \leqslant M\sigma,$$

其中,σ 为积分区域 D 的面积.

性质 6(中值定理) 设函数 $f(x,y)$ 在有界闭区域 D 上连续,σ 是区域 D 的面积,则在 D 上至少存在一点 (ξ,η),使得

$$\iint\limits_D f(x,y)\mathrm{d}\sigma = f(\xi,\eta) \cdot \sigma$$

成立.

当 $f(x,y) \geqslant 0$ 时,上式的几何意义是:二重积分所确定的曲顶柱体的体积,等于以积分区域 D 为底,以 $f(\xi,\eta)$ 为高的平顶柱体的体积.

9.5.2 二重积分的计算

用和式的极限来计算二重积分是十分困难的,所以要寻求其实际可行的计算方法.下面我们研究如何从二重积分的几何意义得到将二重积分化为连续计算两次定积分的计算方法.

1. 在直角坐标系中计算二重积分

若积分区域 D 可以用不等式

$$\varphi_1(x) \leqslant y \leqslant \varphi_2(x), \ a \leqslant x \leqslant b$$

来表示,其中函数 $\varphi_1(x), \varphi_2(x)$ 在区间 $[a,b]$ 上连续,如图 9-5-6 所示,则称它为 x-型区域.

若积分区域 D 可以用以下等式

$$\psi_1(y) \leqslant x \leqslant \psi_2(y), \ c \leqslant y \leqslant d$$

来表示,其中函数 $\psi_1(y), \psi_2(y)$ 在区间上 $[c,d]$ 连续,如图 9-5-7 所示,则称它为 y-型区域.

这些区域的特点是:当 D 为 x-型区域时,则垂直于 x 轴的直线 $x = x_0 (a < x_0 < b)$ 至多与区域 D 的边界交于两点;当 D 为 y-型区域时,直线 $y = y_0 (c < y_0 < d)$ 至多与区域 D 的边界交于两点.

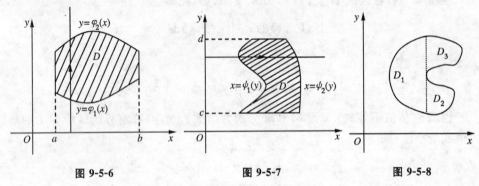

图 9-5-6　　　　　　图 9-5-7　　　　　　图 9-5-8

许多常见的区域都可以用平行于坐标轴的直线把 D 分解为有限个除边界外无公共点的 x-型区域或 y-型区域,如图 9-5-8 表示将区域 D 分为三个这样的区域),因而一般区域上的二重积分计算问题就化成 x-型及 y-型区域上二重积分的计算问题.

先讨论积分区域 D 为 x-型时,如何计算二重积分 $\iint\limits_{D} f(x,y) \mathrm{d}x \mathrm{d}y$.

根据二重积分的几何意义,当 $f(x,y) \geqslant 0$ 时,二重积分 $\iint\limits_{D} f(x,y) \mathrm{d}x \mathrm{d}y$ 表示以 D 为底,以 $z = f(x,y)$ 为顶的曲顶柱体的体积 V. 下面应用定积分的应用中平行截面面积为已知的立体的体积公式来求这个曲顶柱体的体积.

在 $[a,b]$ 上任意取定一点 x,过 x 作平行于 yOz 面的平面,此平面截曲顶柱体,得到一个以区间 $[\varphi_1(x), \varphi_2(x)]$ 为底,曲线 $z = f(x,y)$(当 x 固定时, z 是 y 的一元函数)为曲边的曲边梯形,如图 9-5-9 中阴影部分所示,其面积为

$$A(x) = \int_{\varphi_1(x)}^{\varphi_2(x)} f(x,y) \mathrm{d}y,$$

应用平行截面面积为已知的立体的体积公式,得到曲顶柱体的体积为

$$V = \int_a^b A(x) \mathrm{d}x = \int_a^b \left[\int_{\varphi_1(x)}^{\varphi_2(x)} f(x,y) \mathrm{d}y \right] \mathrm{d}x,$$

从而有

$$\iint\limits_{D} f(x,y) \mathrm{d}x \mathrm{d}y = \int_a^b \left[\int_{\varphi_1(x)}^{\varphi_2(x)} f(x,y) \mathrm{d}y \right] \mathrm{d}x.$$

这个公式通常也写成

$$\iint_D f(x,y)\mathrm{d}x\mathrm{d}y = \int_a^b \mathrm{d}x \int_{\varphi_1(x)}^{\varphi_2(x)} f(x,y)\mathrm{d}y.$$

(9-20)

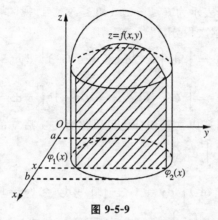

图 9-5-9

这就是把二重积分化为先对 y 积分,后对 x 积分的二次积分公式. 实际上,公式(9-20)的成立并不受条件 $f(x,y) \geqslant 0$ 的限制,用公式(9-20)计算二重积分时,积分限的确定应从小到大,且先把 x 看作常数,$f(x,y)$ 看作 y 的函数,对 y 计算从 $\varphi_1(x)$ 到 $\varphi_2(x)$ 的定积分,然后把算得的结果(一般是 x 的函数)再对 x 计算在区间 $[a,b]$ 上的定积分,这种计算方法称为先对 y 后对 x 的累次积分.

如果区域 D 是 y-型的,类似地,有

$$\iint_D f(x,y)\mathrm{d}x\mathrm{d}y = \int_c^d \left[\int_{\psi_1(x)}^{\psi_2(x)} f(x,y)\mathrm{d}y \right] \mathrm{d}x.$$

常记为

$$\iint_D f(x,y)\mathrm{d}x\mathrm{d}y = \int_c^d \mathrm{d}y \int_{\psi_1(x)}^{\psi_2(x)} f(x,y)\mathrm{d}x.$$

(9-21)

称公式(9-21)为先对 x 后对 y 的累次积分.

注意:

(1) 在计算二重积分时,首先要根据已知条件确定积分区域 D 是 x-型还是 y-型,由此确定二重积分化为先 y 后 x 的累次积分还是先 x 后 y 的累次积分;特别地当积分区域 D 既是 x-型,又是 y-型时,此时两种积分顺序均可:

$$\iint_D f(x,y)\mathrm{d}x\mathrm{d}y = \int_a^b \mathrm{d}x \int_{\varphi_1(x)}^{\varphi_2(x)} f(x,y)\mathrm{d}y = \int_c^d \mathrm{d}y \int_{\psi_1(x)}^{\psi_2(x)} f(x,y)\mathrm{d}x.$$

(2) 如果平行于坐标轴的直线与积分区域 D 是交点多于两个,此时可以用平行坐标轴的直线把 D 分成若干个 x-型或 y-型的区域,由二重积分对积分区域的可

加性，D 上的积分就化成各部分区域上的积分和，如图 9-5-8 所示.

例 1 计算二重积分 $\iint\limits_{D} e^{x+y} dx dy$，其中，区域 D 是由 $x=0, x=1, y=0, y=1$ 所围成的矩形.

解 区域 D 可以表示为 $0 \leqslant x \leqslant 1, 0 \leqslant y \leqslant 1$. 视区域 D 为 x-型，可将二重积分化为先 y 后 x 的累次积分，得

$$\iint\limits_{D} e^{x+y} dx dy = \int_0^1 dx \int_0^1 e^{x+y} dy = \int_0^1 e^x (e^y) \Big|_0^1 dy$$

$$= \int_0^1 (e-1) e^x dx = (e-1) \int_0^1 e^x dx = (e-1)^2.$$

也可视区域 D 为 y-型，所以二重积分也可以化为先 x 后 y 的累次积分，

$$\iint\limits_{D} e^{x+y} dx dy = \int_0^1 dy \int_0^1 e^{x+y} dx$$

$$= \int_0^1 e^y (e^x) \Big|_0^1 dy = (e-1) \int_0^1 e^y dy = (e-1)^2.$$

例 2 计算二重积分 $\iint\limits_{D} (x+y) dx dy$，其中，区域 D 是由直线 $x=1, x=2, y=x$，$y=3x$ 所围成.

解 画出积分区域 D 的图形，如图 9-5-10 所示.

区域 D 为 x-型，显然化为先 y 后 x 的累次积分方便，故

$$\iint\limits_{D} (x+y) dx dy = \int_1^2 dx \int_x^{3x} (x+y) dy$$

$$= \int_1^2 \left[xy + \frac{1}{2} y^2 \right]_x^{3x} dx = \int_1^2 6x^2 dx = 14.$$

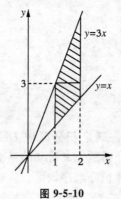

图 9-5-10

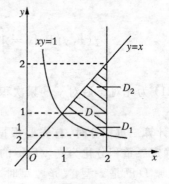

图 9-5-11

例 3 计算二重积分 $\iint\limits_{D} \frac{x^2}{y^2} dx dy$，其中区域 D 是由直线 $x=2, y=x$ 及双曲线 $xy=1$ 所围成.

解 画出积分区域 D 的图形,如图 9-5-11 所示,区域 D 为 x-型,故

$$\iint\limits_{D} \frac{x^2}{y^2} \mathrm{d}x\mathrm{d}y = \int_1^2 \mathrm{d}x \int_{\frac{1}{x}}^{x} \frac{x^2}{y^2} \mathrm{d}y = \int_1^2 \left[x^2 \left(-\frac{1}{y}\right)\right]_{\frac{1}{x}}^{X} \mathrm{d}x$$
$$= \int_1^2 (x^3 - x) \mathrm{d}x = \frac{9}{4}.$$

如果化为先对 x 后对 y 的累次积分,计算就比较麻烦. 因为区域 D 的左侧边界曲线是由 $y = x$ 及 $xy = 1$ 给出,所以要用经过交点 $(1,1)$ 且平行于 x 轴的直线 $y = 1$ 把区域分 D 为两个 y-型区域 D_1 和 D_2,即

$$D_1 : \frac{1}{y} \leqslant x \leqslant 2, \frac{1}{2} \leqslant y \leqslant 1,$$
$$D_2 : y \leqslant x \leqslant 2, 1 \leqslant y \leqslant 2.$$

根据二重积分的可加性,得

$$\iint\limits_{D} \frac{x^2}{y^2} \mathrm{d}x\mathrm{d}y = \iint\limits_{D_1} \frac{x^2}{y^2} \mathrm{d}x\mathrm{d}y + \iint\limits_{D_2} \frac{x^2}{y^2} \mathrm{d}x\mathrm{d}y$$
$$= \int_{\frac{1}{2}}^{1} \mathrm{d}y \int_{\frac{1}{y}}^{2} \frac{x^2}{y^2} \mathrm{d}x + \int_1^2 \mathrm{d}y \int_1^2 \frac{x^2}{y^2} \mathrm{d}x = \frac{9}{4}.$$

例 4 计算 $\iint\limits_{D} xy \mathrm{d}\sigma$,其中 D 是由抛物线 $y^2 = x$ 及 $y = x - 2$ 所围成的区域.

解 画出积分区域 D,如图 9-5-12 所示,直线和抛物线的交点分别为 $(1,-1)$ 和 $(4,2)$. 区域 D 是 y-型,所以

$$\iint\limits_{D} xy \mathrm{d}\sigma = \int_{-1}^{2} \mathrm{d}y \int_{y^2}^{y+2} xy \mathrm{d}x = \int_{-1}^{2} \left[\frac{1}{2} x^2 y\right]_{y^2}^{y+2} \mathrm{d}y = \frac{1}{2} \int_{-1}^{2} [y(y+2)^2 - y^5] \mathrm{d}y = \frac{45}{8}.$$

若先对 y 积分,后对 x 积分,则要用经过交点 $(1,-1)$ 且平行于 y 轴的直线 $x = 1$ 把区域 D 分成两个 x-型区域 D_1 和 D_2,如图 9-5-15 所示,即

$$D_1 : -\sqrt{x} \leqslant y \leqslant \sqrt{x}, 0 \leqslant x \leqslant 1;$$
$$D_2 : x - 2 \leqslant y \leqslant \sqrt{x}, 1 \leqslant x \leqslant 4.$$

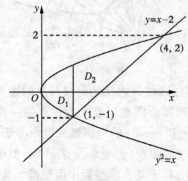

图 9-5-12

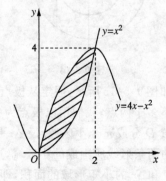

图 9-5-13

根据二重积分的性质 3, 就有
$$\iint_D xy\,d\sigma = \iint_{D_1} xy\,d\sigma + \iint_{D_2} xy\,d\sigma = \int_0^1 dx \int_{-\sqrt{x}}^{\sqrt{x}} xy\,dy + \int_1^4 dx \int_{x-2}^{\sqrt{x}} xy\,dy.$$

例 5 应用二重积分求 xOy 平面上由 $y = x^2$ 与 $y = 4x - x^2$ 所围成的区域的面积.

解 先画出区域 D 的图形如图 9-5-13 所示. 区域 D 可表为
$$0 \leqslant x \leqslant 2,\ x^2 \leqslant y \leqslant 4x - x^2.$$

因为以区域 D 为底, 顶为 $z = 1$ 的平顶柱体体积在数值上等于区域 D 的面积. 二重积分 $\iint_D dx\,dy$ 的值就是积分区域 D 的面积 A 的数值. 因为
$$\iint_D dx\,dy = \int_0^2 dx \int_{x^2}^{4x-x^2} dy = \int_0^2 (4x - 2x^2)\,dx = \left(2x^2 - \frac{2}{3}x^3\right)\Big|_0^2 = \frac{8}{3},$$

所以区域 D 的面积等于 $\frac{8}{3}$ 平方单位.

2. 利用极坐标计算二重积分

上面所介绍的在直角坐标系中化二重积分为累次积分的方法, 在某些情况下会遇到一些困难. 例如, 积分区域 D 是由两个圆 $x^2 + y^2 = a^2$ 和 $x^2 + y^2 = b^2 (0 < a < b)$ 所围成的环形区域, 如图 9-5-14 所示, 这时, 须将 D 分成四个小区域, 计算相当繁琐, 但若应用极坐标计算就简便很多, 下面我们介绍在极坐标中计算二重积分的方法.

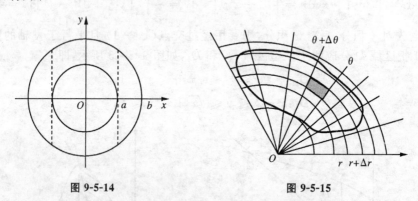

图 9-5-14 　　　　　图 9-5-15

如图 9-5-15 所示, 假定从极点 O 出发穿过区域 D 内部的射线与 D 的边界曲线相交不多于两点, 我们用以极点为中心的一族同心圆和以极点为顶点的一族射线把区域 D 分成 n 个小区域. 设 $\Delta\sigma$ 是半径为 r 和 $r + dr$ 的两圆弧和极角等于 θ 和 $\theta + d\theta$ 的两条射线所围成的小区域, 这个小区域的面积(也用来 $\Delta\sigma$ 表示)近似于边长为 $r\Delta\theta$ 和 Δr 的小矩形域的面积, 即 $\Delta\sigma \approx r\Delta r\Delta\theta$, 于是在极坐标中面积微元为 $d\sigma = r\,dr\,d\theta$. 再分别用 $x = r\cos\theta, y = r\sin\theta$ 代替被积函数 $f(x, y)$ 中的 x 和 y, 便得到二

重积分在极坐标中的表达式

$$\iint_D f(x,y)\mathrm{d}\sigma = \iint_D f(r\cos\theta, r\sin\theta) r \mathrm{d}r \mathrm{d}\theta.$$

极坐标系下二重积分同样可化为先对 r 后对 θ 的累次积分来计算,根据积分区域 D 的具体特点分以下几种情况:

(1) 极点 O 在区域 D 的外部,如图 9-5-16 所示.

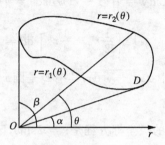

图 9-5-16

设区域 D 为 $r_1(\theta) \leqslant r \leqslant r_2(\theta), \alpha \leqslant \theta \leqslant \beta$,其中 $r_1(\theta), r_2(\theta)$ 在 $[\alpha, \beta]$ 上连续,则有

$$\iint_D f(r\cos\theta, r\sin\theta) r \mathrm{d}r \mathrm{d}\theta = \int_\alpha^\beta \mathrm{d}\theta \int_{r_1(\theta)}^{r_2(\theta)} f(r\cos\theta, r\sin\theta) r \mathrm{d}r.$$

(2) 极点 O 在区域 D 的边界上,如图 9-5-17 所示.

此时区域 D 可用不等式 $0 \leqslant r \leqslant r(\theta), \alpha \leqslant \theta \leqslant \beta$ 来表示,则有

$$\iint_D f(r\cos\theta, r\sin\theta) r \mathrm{d}r \mathrm{d}\theta = \int_\alpha^\beta \mathrm{d}\theta \int_0^{r(\theta)} f(r\cos\theta, r\sin\theta) r \mathrm{d}r.$$

(3) 极点 O 在区域 D 的内部,如图 9-5-18 所示.

此时 D 是由 $0 \leqslant r \leqslant r(\theta), 0 \leqslant \theta \leqslant 2\pi$ 所确定,从而得

$$\iint_D f(r\cos\theta, r\sin\theta) r \mathrm{d}r \mathrm{d}\theta = \int_0^{2\pi} \mathrm{d}\theta \int_0^{r(\theta)} f(r\cos\theta, r\sin\theta) r \mathrm{d}r.$$

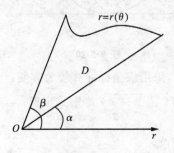

图 9-5-17

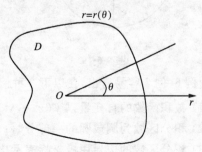

图 9-5-18

例6 利用极坐标计算二重积分 $\iint\limits_{D}(1-x^2-y^2)\mathrm{d}x\mathrm{d}y$,其中积分区域 D 为 $x^2+y^2 \leqslant 1$.

解 积分区域 D 可用不等式表示为 $0 \leqslant r \leqslant 1, 0 \leqslant \theta \leqslant 2\pi$,如图 9-5-19 所示,故有

$$\iint\limits_{D}(1-x^2-y^2)\mathrm{d}x\mathrm{d}y = \iint\limits_{D}(1-r^2)r\mathrm{d}r\mathrm{d}\theta = \int_{0}^{2\pi}\mathrm{d}\theta\int_{0}^{1}(1-r^2)r\mathrm{d}r$$

$$\int_{0}^{2\pi}\left[\frac{1}{2}r^2 - \frac{1}{4}r^4\right]_{0}^{1}\mathrm{d}\theta = \int_{0}^{2\pi}\frac{1}{4}\mathrm{d}\theta = \frac{\pi}{2}.$$

例7 计算二重积分 $\iint\limits_{D}\sqrt{x^2+y^2}\mathrm{d}\sigma$,其中 D 是圆 $x^2+y^2=2y$ 围成的区域,如图 9-5-20 所示.

解 圆 $x^2+y^2=2y$ 的极坐标方程是 $r=2\sin\theta$,区域 D 可表示为 $0 \leqslant \theta \leqslant \pi$, $0 \leqslant r \leqslant 2\sin\theta$,所以

$$\iint\limits_{D}\sqrt{x^2+y^2}\mathrm{d}\sigma = \iint\limits_{D}r \cdot r\mathrm{d}r\mathrm{d}\theta = \int_{0}^{\pi}\mathrm{d}\theta\int_{0}^{2\sin\theta}r^2\mathrm{d}r$$

$$= \int_{0}^{\pi}\left(\frac{r^3}{3}\right)\bigg|_{0}^{2\sin\theta}\mathrm{d}\theta = \frac{8}{3}\int_{0}^{\pi}\sin^3\theta\mathrm{d}\theta$$

$$= \frac{8}{3}\int_{0}^{\pi}(\cos^2\theta-1)\mathrm{d}\cos\theta = \frac{8}{3}\left(\frac{1}{3}\cos^3\theta-\cos\theta\right)\bigg|_{0}^{\pi} = \frac{32}{9}.$$

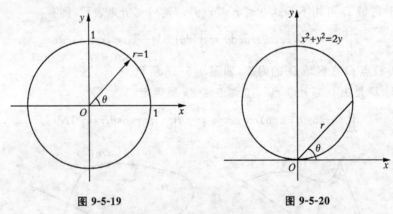

图 9-5-19   图 9-5-20

由例6、例7容易看出,在以下 3 种情况下,采用极坐标计算较为方便:

(1) 被积函数的自变量以 $f(x^2+y^2)$ 或 $f(\sqrt{x^2+y^2})$ 等形式出现;

(2) 积分区域为圆或圆的一部分时;

(3) 积分区域的边界用极坐标表示比较简单.

9.5.3 二重积分的应用

我们已经知道,利用二重积分可以求一个立体的体积.实际上二重积分在物理、力学等方面还有更多的用途.下面仅举几个例子.

1. 平面薄片的质量

设有变密度的平面薄片 D,在点 $(x,y) \in D$ 处的密度为 $\rho(x,y)$,试求薄片的质量 M.

任取一直径很小的区域 $d\sigma$,在 $d\sigma$ 内任取一点 (x,y),则小片 $d\sigma$ 的质量 ΔM 近似为 $\rho(x,y)d\sigma$. 即质量微元 $dM = \rho(x,y)d\sigma$,以 $\rho(x,y)d\sigma$ 为被积表达式,在区域 D 上做二重积分,便知薄片的质量为

$$M = \iint\limits_{D} \rho(x,y) d\sigma.$$

2. 平面薄片的重心

由物理学知识可知:若质点系由 n 个质点 $m_1, m_2, \cdots, m_n$ 组成(其中 m_i 也表示第 i 个质点的质量),并设 m_i 的坐标为 (x_i, y_i) $(i = 1, 2, \cdots, n)$. 设它的质心为 $(\overline{x}, \overline{y})$,则有

$$\left(\sum_{i=1}^{n} m_i\right) \overline{x} = \sum_{i=1}^{n} m_i x_i, \quad \left(\sum_{i=1}^{n} m_i\right) \overline{y} = \sum_{i=1}^{n} m_i y_i.$$

故

$$\overline{x} = \frac{\sum_{i=1}^{n} m_i x_i}{\sum_{i=1}^{n} m_i}, \overline{y} = \frac{\sum_{i=1}^{n} m_i y_i}{\sum_{i=1}^{n} m_i}.$$

将非均匀平面薄板 D 先任意分成 n 个小块 $\Delta\sigma_i (i = 1, 2, \cdots, n)$,在 $\Delta\sigma_i$ 上任取一点 (x_i, y_i),认为在 $\Delta\sigma_i$ 上密度分布是均匀的,其密度为 $\rho(x_i, y_i)$,则 $\Delta\sigma_i$ 的质量近似等于 $\rho(x_i, y_i)\Delta\sigma_i$. 令 $\lambda \to 0$,可得平面薄板 D 的质心为

$$\overline{x} = \frac{\iint\limits_{D} x\rho(x_i, y_i) dxdy}{\iint\limits_{D} \rho(x_i, y_i) dxdy}, \overline{y} = \frac{\iint\limits_{D} y\rho(x_i, y_i) dxdy}{\iint\limits_{D} \rho(x_i, y_i) dxdy}.$$

当密度分布均匀时,$\rho(x_i, y_i)$ 为常数,则质心坐标为

$$\overline{x} = \frac{\iint\limits_{D} x dxdy}{\iint\limits_{D} dxdy} = \frac{1}{\sigma} \iint\limits_{D} x dxdy, \overline{y} = \frac{\iint\limits_{D} y dxdy}{\iint\limits_{D} dxdy} = \frac{1}{\sigma} \iint\limits_{D} y dxdy,$$

其中 σ 为 D 的面积. 又称上式表示的坐标为 D 的形心坐标.

3. 平面薄片的转动惯量

设 xOy 平面上有 n 个质点,第 i 个质点质量为 m_i,位置为 (x_i, y_i) $(i = 1, 2, 3, \cdots, n)$,由力学知道这 n 个质点关于 x 轴、y 轴和原点 O 的转动惯量分别为

$$I_x = \sum_{i=1}^{n} y_i^2 m_i, I_y = \sum_{i=1}^{n} x_i^2 m_i, I_O = \sum_{i=1}^{n} (x_i^2 + y_i^2) m_i.$$

设有一平面薄片 D,薄片在 (x, y) 处的密度为 $\rho = \rho(x, y)$,ρ 在 D 上连续. 现在欲求薄片关于 x 轴、y 轴和原点 O 的转动惯量 I_x, I_y, I_O.

和前面求重心的做法一样,将薄片分割成 n 个小片,认为每个小片的质量集中于一点上,从而看成 n 个质点. 用这 n 个质点所组成的质点系的转动惯量近似代替薄片的转动惯量. 当分割无限细时,取极限就可得到平面薄片关于 x 轴、y 轴和原点 O 的转动惯量的计算公式如下:

$$I_x = \iint_D y^2 \rho(x, y) \mathrm{d}\rho, I_y = \iint_D x^2 \rho(x, y) \mathrm{d}\rho, I_O = \iint_D (x^2 + y^2) \rho(x, y) \mathrm{d}\rho.$$

例 8 求位于两圆 $r = 2\sin\theta$ 和 $r = 4\sin\theta$ 之间的均匀薄片的重心,如图 9-5-21 所示.

解 因为区域 D 关于 y 轴对称,故重心 $(\overline{x}, \overline{y})$ 必位于 y 轴上,即 $\overline{x} = 0$,再由公式

$$\overline{y} = \frac{\iint_D y \rho \mathrm{d}\rho}{\iint_D \rho \mathrm{d}\rho}$$

及题设密度为常数,不妨设密度为 ρ_0,即 $\rho(x, y) = \rho_0$,故

$$\iint_D \rho \mathrm{d}\rho = \rho_0 \iint_D \mathrm{d}\rho = 3\pi\rho_0$$

就是该薄片的质量.

下面再用极坐标计算分子上的积分,

$$\iint_D y\rho \mathrm{d}\rho = \iint_D \rho_0 r^2 \sin\theta \mathrm{d}r\mathrm{d}\theta = \rho_0 \int_0^{\pi} \sin\theta \mathrm{d}\theta \int_{2\sin\theta}^{4\sin\theta} r^2 \mathrm{d}r = 7\rho_0 \pi,$$

因此

$$\overline{y} = \frac{7\pi\rho_0}{3\pi\rho_0} = \frac{7}{3}.$$

所以该均匀薄片的重心是 $(0, \frac{7}{3})$.

例 9 求半径为 a 的均匀半圆薄片(密度为常数)对直径边的转动惯量.

解 设其密度为 ρ,取坐标系如图 9-5-22 所示,则薄片所占区域为 $D: x^2 + y^2$

$\leqslant a^2, y \geqslant 0$. 这时该薄片对 x 轴的转动惯量即为所求,

$$I_x = \iint_D \rho y^2 d\sigma = \rho \iint_D r^3 \sin\theta dr d\theta$$
$$= \rho \int_0^\pi d\theta \int_0^a r^3 \sin^2\theta dr = \rho \frac{a^4}{4} \int_0^\pi \sin^2\theta d\theta$$
$$= \frac{1}{4}\rho a^4 \frac{\pi}{2} = \frac{1}{4}Ma^2,$$

其中 $M = \frac{1}{2}\pi a^2 \rho$ 为半圆薄片的质量.

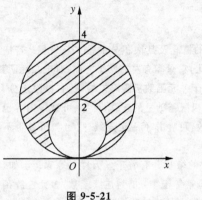

图 9-5-21

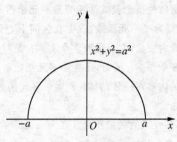

图 9-5-22

练习与思考 9-5

1. 画出积分区域,计算二重积分.

(1) $\iint_D (x+y) dx dy$, 其中 D 为 $0 \leqslant x \leqslant 1, 1 \leqslant y \leqslant 2$, 所围成的区域;

(2) $\iint_D \frac{y^2}{x^2} dx dy$, 其中 D 是由直线 $y=2, y=x$ 及双曲线 $xy=1$ 所围成的区域;

(3) $\iint_D e^{-y^2} dx dy$, 其中 D 是由直线 $x=0, y=x, y=1$ 所围成的区域.

2. 画出积分区域,利用极坐标计算二重积分.

(1) $\iint_D e^{-(x^2+y^2)} dx dy, D: x^2+y^2 \leqslant 1$;

(2) $\iint_D dx dy, D: x^2+y^2 \leqslant x$;

(3) $\iint_D \arctan\frac{y}{x} dx dy, D: 1 \leqslant x^2+y^2 \leqslant 4, y \geqslant 0, y \leqslant x$.

3. 交换二次积分次序.

(1) $\int_0^1 dx \int_{x^2}^x f(x,y) dy$;

(2) $\int_0^2 \mathrm{d}y \int_{y^2}^{2y} f(x,y)\mathrm{d}x$;

(3) $\int_0^1 \mathrm{d}x \int_0^x f(x,y)\mathrm{d}y + \int_1^2 \mathrm{d}x \int_1^{2-x} f(x,y)\mathrm{d}y$.

*4. 求由直线 $y=0, y=a-x, x=0$ 所围成的均匀薄片的重心.

*5. 求由 $x=0, y=0, x=a, y=b$ 所围成的均匀矩形的转动惯量 I_x 与 I_y.

本 章 小 结

一、基本思想

多元函数的概念及其微积分是一元函数的概念及其微积分的推广与发展. 若把自变量看成一点 P, 则对于一元函数, 点 P 在区间上变化, 它只能有左右两个方向; 对于二元函数, 点 P 在一平面区域内变化, 它有无限多个方向. 相对于一元函数极限有左极限、右极限之分, 多元函数的极限要复杂得多. 因而, 建立在多元函数的极限基础上的连续、可导、可微等内容也有着与一元函数相关内容不一致的结论. 对于多元函数, 可导并不一定连续, 可微与可导也不再是两个等价的概念.

但是, 多元函数的微积分还是与一元函数的微积分有着千丝万缕的联系. 比如, 与一元函数相类似, 多元连续函数的和、差、积、商(分母不等于零)仍为连续函数; 多元连续函数的复合函数也是连续函数, 因此多元初等函数在定义域内是连续的; 与闭区间上的一元连续函数的性质类似, 在有界闭区域上的二元连续函数也有最值性质和介值性质等; 求多元函数的偏导实际上就是一元函数求导法, 一元函数的所有求导公式和法则统统可以使用; 与定积分相似, 二重积分也表示为和式的极限, 该极限也是通过"分割、近似替代、求和、取极限"而得到的, 二重积分还与定积分有相似的几何意义及性质等.

二、主要内容

1. 基本概念

(1) 二元函数的偏导数是指当函数 $z=f(x,y)$ 在点 (x_0, y_0) 的某邻域内有定义, 当 y 固定在 y_0, 而 x 在 x_0 处有改变量 Δx 时, 相应地函数有改变量

$$f(x_0+\Delta x, y_0) - f(x_0, y_0).$$

如果极限 $\lim\limits_{\Delta x \to 0} \dfrac{f(x_0+\Delta x, y_0) - f(x_0, y_0)}{\Delta x}$ 存在, 则称此极限为函数 $z=f(x,y)$ 在点 (x_0, y_0) 处对 x 的偏导数, 类似地, 可定义函数在点 x 处对 y 的偏导数.

当二元函数在区域 D 内每一点 (x,y) 处对 x(或 y) 的偏导数都存在, 这个偏导数仍是 x, y 的函数, 称为函数 $z=f(x,y)$ 对自变量 x(或 y) 的偏导函数, 仍简称为偏导数.

(2) 如果二元函数 $z=f(x,y)$ 的两个偏导数 $\dfrac{\partial z}{\partial x}, \dfrac{\partial z}{\partial y}$ 对自变量 x, y 仍然可导, 则 $\dfrac{\partial z}{\partial x}, \dfrac{\partial z}{\partial y}$ 的

偏导数对 x 或 y 的偏导数,称这两个偏导数的偏导数为函数 $z=f(x,y)$ 的二阶偏导数.

类似地可以定义三阶,四阶,$\cdots$,n 阶偏导数. 二阶及二阶以上的偏导数都称为高阶偏导数.

(3) $\mathrm{d}z=\dfrac{\partial z}{\partial x}\mathrm{d}x+\dfrac{\partial z}{\partial y}\mathrm{d}y$ 称为二元函数 $z=f(x,y)$ 的全微分. 二元函数 $z=f(x,y)$ 在点 (x,y) 处可微,则 $z=f(x,y)$ 在点 (x,y) 处一定连续,且在点 (x,y) 处的两个偏导数一定存在.

(4) 二重积分是设 $z=f(x,y)$ 在有界闭区域 D 上有界,将区域 D 任意分割成 n 个小区域 $\Delta\sigma_i(i=1,2,\cdots,n)$,并以 $\Delta\sigma_i$ 表示第 i 个小区域的面积,在每个小区域上任取一点 (ξ_i,η_i),作乘积 $f(\xi_i,\eta_i)\Delta\sigma_i(i=1,2,\cdots,n)$,并作和式 $\sum\limits_{i=1}^{n}f(\xi_i,\eta_i)\Delta\sigma_i$,如果当各小区域的直径中的最大值 λ 趋于零时,和式的极限存在,则称此极限值为函数 $f(x,y)$ 在区域 D 上的二重积分,记作 $\iint\limits_{D}f(x,y)\mathrm{d}\sigma$,即 $\iint\limits_{D}f(x,y)\mathrm{d}\sigma=\lim\limits_{\lambda\to 0}\sum\limits_{i=1}^{n}f(\xi_i,\eta_i)\Delta\sigma_i$.

2. 基本方法

(1) 当多元复合函数有两个中间变量、两个自变量时的偏导数为

$$\dfrac{\partial z}{\partial x}=\dfrac{\partial z}{\partial u}\dfrac{\partial u}{\partial x}+\dfrac{\partial z}{\partial v}\dfrac{\partial v}{\partial x},\dfrac{\partial z}{\partial y}=\dfrac{\partial z}{\partial u}\dfrac{\partial u}{\partial y}+\dfrac{\partial z}{\partial v}\dfrac{\partial v}{\partial y}(\text{其中 }u,v\text{ 都是 }x,y\text{ 的函数}).$$

(2) 当多元复合函数有三个中间变量二个自变量时的偏导数为

$$\dfrac{\partial z}{\partial x}=\dfrac{\partial z}{\partial u}\dfrac{\partial u}{\partial x}+\dfrac{\partial z}{\partial v}\dfrac{\partial v}{\partial x}+\dfrac{\partial z}{\partial w}\dfrac{\partial w}{\partial x},\dfrac{\partial z}{\partial y}=\dfrac{\partial z}{\partial u}\dfrac{\partial u}{\partial y}+\dfrac{\partial z}{\partial v}\dfrac{\partial v}{\partial y}+\dfrac{\partial z}{\partial w}\dfrac{\partial w}{\partial y}$$

(其中 u,v,w 都是 x,y 的函数).

(3) 当多元复合函数有三个中间变量、一个自变量时的偏导数为

$$\dfrac{\partial z}{\partial x}=\dfrac{\partial z}{\partial u}\dfrac{\mathrm{d}u}{\mathrm{d}x}+\dfrac{\partial z}{\partial v}\dfrac{\mathrm{d}v}{\mathrm{d}x}+\dfrac{\partial z}{\partial w}\dfrac{\mathrm{d}w}{\mathrm{d}x}(\text{其中 }u,v,w\text{ 都是 }x\text{ 的函数}),$$

此时的导数称为全导数.

(4) 二元隐函数 $F(x,y,z)=0$ 的偏导数的求法有两种:一种是利用公式 $\dfrac{\partial z}{\partial x}=-\dfrac{F_x}{F_z},\dfrac{\partial z}{\partial y}=-\dfrac{F_y}{F_z}$ 求出;一种是方程两边同时对 x 或 y 求导,把 z 当作 x 或 y 的复合函数,然后解出 $\dfrac{\partial z}{\partial x},\dfrac{\partial z}{\partial y}$ 即可.

(5) 多元函数与一元函数一样有其函数的极大值和极小值. 其极值分为无条件极值与条件极值. 无条件极值可用极值的充分条件判断,条件极值可用拉格朗日乘数法.

(6) 二重积分的直角坐标计算法是:若积分区域 D 的范围可以表示为 $\varphi_1(x)\leqslant y\leqslant\varphi_2(x)$, $a\leqslant x\leqslant b$ 或 $\psi_1(y)\leqslant x\leqslant\psi_2(y),c\leqslant y\leqslant d$,则二重积 $\iint\limits_{D}f(x,y)\mathrm{d}\sigma$ 分可以化为二次积分

$$\int_a^b\mathrm{d}x\int_{\varphi_1(x)}^{\varphi_2(x)}\mathrm{d}y \text{ 或 }\int_c^d\mathrm{d}y\int_{\psi_1(y)}^{\psi_2(y)}f(x,y)\mathrm{d}x.$$

二重积分的极坐标计算法是:若积分区域 D 的范围可以表示为 $r_1(\theta)\leqslant r\leqslant r_2(\theta),\alpha\leqslant\theta\leqslant\beta$ 或 $0\leqslant r\leqslant r(\theta),0\leqslant\theta\leqslant 2\pi$,则二重积分 $\iint\limits_{D}f(x,y)\mathrm{d}\sigma$ 可以化为二次积分

$$\int_\alpha^\beta\mathrm{d}\theta\int_{r_1(\theta)}^{r_2(\theta)}f(r\cos\theta,r\sin\theta)r\mathrm{d}r \text{ 或 }\int_0^{2\pi}\mathrm{d}\theta\int_0^{r(\theta)}f(r\cos\theta,r\sin\theta)r\mathrm{d}r.$$

3. 基本定理

(1) 如果函数 $z=f(x,y)$ 的两个二阶混合偏导数在点 (x,y) 连续,则在该点有
$$\frac{\partial^2 z}{\partial x \partial y} = \frac{\partial^2 z}{\partial y \partial x}.$$

(2) 若二元函数 $z=f(x,y)$ 在点 (x,y) 处的两个偏导数 $f_x(x,y), f_y(x,y)$ 存在且在点 (x,y) 处连续,则函数 $z=f(x,y)$ 在该点一定可微.

(3) 设函数 $z=f(x,y)$ 在点 (x_0,y_0) 取得极值,且函数在该点的偏导数存在,则
$$F_x(x_0,y_0)=0, F_y(x_0,y_0)=0.$$

(4) 设函数 $z=f(x,y)$ 在点 (x_0,y_0) 的某邻域内有连续二阶偏导数,且点 (x_0,y_0) 是函数 $f(x,y)$ 的驻点,记
$$A=f_{xx}(x_0,y_0), B=f_{xy}(x_0,y_0), C=f_{yy}(x_0,y_0),$$
则

(A) 当 $B^2-AC<0$ 时,点 (x_0,y_0) 是极值点,且当 $A<0$ 时,点 (x_0,y_0) 为极大值点;当 $A>0$ 时,点 (x_0,y_0) 为极小值点;

(B) 当 $B^2-AC>0$ 时,则点 (x_0,y_0) 不是极值点;

(C) 当 $B^2-AC=0$ 时,则点 (x_0,y_0) 可能是极值点,也可能不是极值点.

本章复习题

一、选择题

1. 函数 $u=\sqrt{\dfrac{x^2+y^2-x}{2x-x^2-y^2}}$ 的定义域为( ).

   (A) $x<x^2+y^2\leqslant 2x$; (B) $x\leqslant x^2+y^2<2x$;

   (C) $x\leqslant x^2+y^2\leqslant 2x$; (D) $x<x^2+y^2<2x$.

2. $\lim\limits_{\substack{x\to 0\\ y\to 0}}\dfrac{\sin xy}{x}=($).

   (A) 不存在; (B) 1; (C) 0; (D) ∞.

3. 函数 $z=f(x,y)$ 在点 $P_0(x_0,y_0)$ 处间断,则( ).

   (A) 函数在该处一定无定义.

   (B) 函数在该处极限一定不存在.

   (C) 函数在该处可能有定义,也可能有极限.

   (D) 函数在该处一定有定义,且有极限,但极限值不等于该点的函数值.

4. 对于二元函数 $z=f(x,y)$,下列有关偏导数与全微分关系中正确的命题是( ).

   (A) 偏导数不连续,则全微分必不存在.

   (B) 偏导数连续,则全微分必存在.

   (C) 全微分存在,则偏导数必连续.

   (D) 全微分存在,则偏导数不一定存在.

5. 函数 $f(x,y) = x^3 - 12xy + 8y^3$ 在驻点 $(2,1)$ 处( ).
   (A) 取得极大值；
   (B) 取得极小值；
   (C) 不取得极值；
   (D) 无法判断是否取得极值.

二、解答题

1. 求下列复合函数的偏导数.

   (1) $z = e^u \sin v, u = xy, v = x + y$, 求 $\dfrac{\partial z}{\partial x}, \dfrac{\partial z}{\partial y}$;

   (2) $z = u + v, u = e^t, v = \cos t$, 求 $\dfrac{dz}{dt}$.

2. 求(1) 函数 $z = x^2 + y^2 + 1$ 的极值；(2) 函数 $z = x^2 + y^2 + 1$ 在条件 $x + y - 3 = 0$ 下的极值.

3. 求原点到曲面 $z^2 = xy + x - y + 5$ 上的点间距离的最小值.

4. 一个仓库的下半部是圆柱形，顶部是圆锥形，半径均为 $6m$，总的表面积为 $200m^2$（不包括底面），问圆柱、圆锥的高各为多少时，仓库的容积最大？

5. 将二重积分 $\iint\limits_D f(x,y) d\sigma$ 化为两种不同次序的累次积分.

   (1) D 由 $y = \dfrac{1}{2}x, y = 2x$ 及 $xy = 2$ 所围成的在第一像限中的区域；

   (2) D 由 $y = 0, y^2 = 2x$ 及 $x^2 + y^2 = 8$ 所围成的在第一像限内的区域；

   (3) D 由 $y = -x, x^2 + (y-1)^2 = 1$ 及 $y = 1$ 所围成的区域；

   (4) D 由 $x^2 + y^2 \geqslant 1, x^2 + y^2 \leqslant 2x$ 及 $y \geqslant 0$ 所围成的区域.

6. 计算下列二重积分.

   (1) $\iint\limits_D y e^{xy} d\sigma$, 其中 D 由 $xy = 1, x = 2, y = 1$ 所围成；

   (2) $\iint\limits_D \dfrac{x+y}{x^2+y^2} d\sigma$, 其中 $D: x^2 + y^2 \leqslant 1, x + y \geqslant 1$;

   (3) $\iint\limits_D (\sqrt{x^2 + y^2 - 2xy} + 2) dx dy$, 其中 D 为 $x^2 + y^2 \leqslant 1$ 在第一像限内的部分；

   (4) $\iint\limits_D \sqrt{x^2 + y^2} dx dy$, 其中 D 为 $x^2 + y^2 \leqslant 4, x^2 + y^2 \leqslant 2x$;

   (5) $\iint\limits_D x dx dy$, 其中 D 由 $y = x, y = 2x, x + y = 2$ 所围成.

第 10 章

无穷级数

无穷级数研究两个基本问题,即无穷项的连加是否有有限的结果(和数),以及其反问题常数或函数是否可以展开成无穷项的连加.

早在公元前 4 世纪,亚里士多德(公元前 384—前 322)就知道公比大于零、小于 1 的几何级数具有和数. 14 世纪,N·奥尔斯姆就通过见于现代教科书的方法证明了调和级数发散到正无穷大. 而将一个函数展开成无穷级数的概念最早来自 14 世纪印度的马德哈瓦. 他首先发展了幂级数的概念,对泰勒级数、麦克劳林级数、无穷级数的有理逼近以及无穷连分数做了研究. 他发现了正弦、余弦、正切函数等的泰勒展开,还用幂级数计算了 π 的值. 马德哈瓦已经开始讨论判别无穷级数敛散性的方法. 他提出了一些审敛的准则,后来他的学生将其推广.

17 世纪,詹姆斯·格里高利也开始研究无穷级数,并发表了若干函数的麦克劳林展开式. 1715 年,布鲁克·泰勒提出了构造一般解析函数的泰勒级数的方法. 18 世纪时欧拉又发展了超几何级数和 q-级数的理论.

然而在欧洲,审查无穷级数是否收敛的研究一般被认为是从 19 世纪由高斯开始的. 他于 1812 年发表了关于欧拉的超几何级数的论文,提出了一些简单的收敛准则,并对余项和以及收敛半径进行了讨论. 后来,阿贝尔、拉贝、德·摩根以及贝特朗、斯托克斯、切比雪夫等人都对无穷级数的审敛法进行过研究. 而对普遍的审敛法则的研究由恩斯特·库默开始,以后艾森斯坦因、外尔斯特拉斯、尤里斯·迪尼等都曾致力于这一领域. 普林斯海姆于 1889 年发表的论文阐述了完整的普适审敛理论.

随着微积分的进一步发展,出现了一批初等函数的各种展开式,级数作为函数的分析等价物,用来计算函数值,代表函数参加运算,并利用其所得结果阐释函数的性质. 级数还被视为多项式的直接推广,当作通常的多项式对待. 这些基本观点的运用一直持续到 19 世纪初,取得了丰硕的成果. 本章仅介绍一些无穷级数的基本概念和方法.

§10.1 无穷级数的概念

10.1.1 无穷级数及其收敛与发散的概念

【定义1】 设有数列$\{a_n\}:a_1,a_2,a_3,\cdots a_i,\cdots$,则我们将表示式

$$\sum_{n=1}^{\infty} a_n = a_1 + a_2 + a_3 + \cdots + a_n + \cdots$$

称为无穷级数,简称级数. $\sum_{n=1}^{\infty} a_n$ 中,$a_1,a_2,\cdots,a_n$ 都称为级数的项,其中第 n 项 a_n 称为级数的一般项或通项. 当级数的各项均为常数时,又称级数为数项级数. 例如:

(1) $\sum_{n=1}^{\infty} \dfrac{1}{2^n} = \dfrac{1}{2} + \dfrac{1}{2^2} + \dfrac{1}{2^3} + \cdots + \dfrac{1}{2^n} + \cdots$,

(2) $\sum_{n=1}^{\infty} \dfrac{(-1)^{n-1}}{n} = 1 - \dfrac{1}{2} + \dfrac{1}{3} - \dfrac{1}{4} + \cdots + \dfrac{(-1)^{n-1}}{n} + \cdots$,

(3) $\sum_{n=1}^{\infty} n = 1 + 2 + 3 + \cdots + n + \cdots$,

(4) $\sum_{n=1}^{\infty} (-1)^n = -1 + 1 - 1 + 1 - 1 + \cdots (-1)^n + \cdots$

等,都是数项级数.

一般地,级数的前 n 项之和

$$S_n = a_1 + a_2 + \cdots + a_n$$

称为级数的前 n 项部分和. 当 n 依次取 $1,2,3,\cdots$ 时,得到一个数列$\{S_n\}$,称为部分和数列.

【定义2】 如果级数 $\sum_{i=1}^{\infty} a_n$ 的部分和数列$\{S_n\}$存在极限 S,即 $\lim\limits_{n\to\infty} S_n = S$,则称该级数收敛,$S$ 称为该级数的和,记作 $\sum_{i=1}^{\infty} a_n = S$. 如果部分和数列$\{S_n\}$不存在极限,则称该级数发散.

当级数收敛时,

$$r_n = S - S_n = u_{n+1} = u_{n+2} + \cdots$$

称为级数的余项. 用 S_n 代替 S 所产生的误差是 $|r_n|$,显然级数收敛的充分必要条件是 $\lim\limits_{n\to\infty} r_n = 0$.

例1 讨论几何级数(等比级数) $\sum_{n=0}^{\infty} aq^n = a + aq + aq^2 + \cdots + aq^{n-1} + \cdots$ 的收

散性($a \neq 0$, q 叫做等比级数的公比).

解 当 $q \neq 1$ 时,前 n 项部分和 $S_n = a + aq + aq^2 + \cdots + aq^{n-1} = \dfrac{a(1-q^n)}{1-q}$.

当 $|q| < 1$ 时, $\lim\limits_{n \to \infty} S_n = \lim\limits_{n \to \infty} \dfrac{a(1-q^n)}{1-q} = \dfrac{q}{1-q}$,

当 $|q| > 1$ 时, $\lim\limits_{n \to \infty} S_n = \lim\limits_{n \to \infty} \dfrac{a(1-q^n)}{1-q} = \infty$,

若 $q = 1$ 时, $\lim\limits_{n \to \infty} S_n = \lim\limits_{n \to \infty} na = \infty$,

若 $q = -1$ 时, $S_n = a + (-a) + a + \cdots + (-1)^{n-1}a = \begin{cases} 0, & n \text{ 为偶数}, \\ a, & n \text{ 为奇数}, \end{cases}$

于是 $\lim\limits_{n \to \infty} S_n$ 不存在.

所以,几何级数

$$\sum_{n=0}^{\infty} aq^n = \begin{cases} \dfrac{a}{1-q}, & \text{当 } |q| > 1 \text{ 时}, \\ \text{发散}, & \text{当 } |q| \leqslant 1 \text{ 时}. \end{cases}$$

由例 1 的结论可知,前面的例子中,(1) 是收敛的,(4) 是发散的.

例 2 判断级数 $\sum\limits_{n=1}^{\infty} \dfrac{1}{1+2+3+\cdots+n}$ 的收敛性.

解 因为 $1 + 2 + 3 + \cdots + n = \dfrac{1}{2}n(n+1)$,所以

$$u_n = \dfrac{2}{n(n+1)} = 2\left(\dfrac{1}{n} - \dfrac{1}{n+1}\right),$$

因此部分和

$$\begin{aligned} S_n &= 2\left[\dfrac{1}{1 \cdot 2} + \dfrac{1}{2 \cdot 3} + \dfrac{1}{3 \cdot 4} + \cdots + \dfrac{1}{n(n+1)}\right] \\ &= 2\left[\left(1 - \dfrac{1}{2}\right) + \left(\dfrac{1}{2} - \dfrac{1}{3}\right) + \cdots + \left(\dfrac{1}{n} - \dfrac{1}{n+1}\right)\right] = 2\left(1 - \dfrac{1}{n+1}\right), \end{aligned}$$

于是

$$\lim_{n \to \infty} S_n = \lim_{n \to \infty} 2\left(1 - \dfrac{1}{n+1}\right) = 2.$$

因此级数 $\sum\limits_{n=1}^{\infty} \dfrac{1}{1+2+3+\cdots+n}$ 收敛,其和为 2,即

$$\sum_{n=1}^{\infty} \dfrac{1}{1+2+3+\cdots+n} = 2.$$

例 3 证明调和级数 $\sum\limits_{n=1}^{\infty} \dfrac{1}{n}$ 是发散的.

证明 考查级数 $\sum\limits_{n=1}^{\infty}\dfrac{1}{n}$ 的前 2^n 项部分和,

$$S_2 = 1 + \dfrac{1}{2},$$

$$S_{2^2} = 1 + \dfrac{1}{2} + \dfrac{1}{3} + \dfrac{1}{4} > 1 + \dfrac{1}{2} + \dfrac{1}{4} + \dfrac{1}{4} = 1 + \dfrac{2}{2},$$

$$S_{2^3} = 1 + \dfrac{1}{2} + \dfrac{1}{3} + \dfrac{1}{4} + \dfrac{1}{5} + \dfrac{1}{6} + \dfrac{1}{7} + \dfrac{1}{8} > 1 + \dfrac{2}{2} + \dfrac{1}{8} + \dfrac{1}{8} + \dfrac{1}{8} + \dfrac{1}{8}$$

$$= 1 + \dfrac{3}{2},$$

……

$$S_{2^n} = 1 + \dfrac{1}{2} + \cdots + \dfrac{1}{2^n} > 1 + \dfrac{n}{2},$$

从而 $\lim\limits_{n\to\infty} S_{2^n} \geqslant \lim\limits_{n\to\infty}\left(1+\dfrac{n}{2}\right) = \infty$,所以调和级数 $\sum\limits_{n=1}^{\infty}\dfrac{1}{n}$ 是发散的.

不难知道,由于级数 $\sum\limits_{n=1}^{\infty} n = 1 + 2 + 3 + \cdots + n + \cdots$ 的前 n 项和为

$$S_n = \dfrac{n(n+1)}{2},$$

而

$$\lim\limits_{n\to\infty} S_n = \lim\limits_{n\to\infty} \dfrac{n(n+1)}{2} = \infty,$$

所以级数 $\sum\limits_{n=1}^{\infty} n = 1 + 2 + 3 + \cdots + n + \cdots$ 也是发散的.

10.1.2 无穷级数的性质

性质 1 如果级数 $\sum\limits_{n=1}^{\infty} u_n$ 收敛于和 S,则它的各项同乘以一个常数 k 所得的级数 $\sum\limits_{n=1}^{\infty} k u_n$ 也收敛,且和为 $k \cdot S$.

性质 2 设有级数 $\sum\limits_{n=1}^{\infty} u_n, \sum\limits_{n=1}^{\infty} v_n$ 分别收敛于 S 与 σ,则级数

$$\sum_{n=1}^{\infty}(u_n \pm v_n) = (u_1 \pm v_2) + \cdots + (u_n \pm v_n) + \cdots$$

也收敛,且和为 $S \pm \sigma$.

需要指出,若 $\sum\limits_{n=1}^{\infty} u_n$ 收敛,而 $\sum\limits_{n=1}^{\infty} v_n$ 发散,则 $\sum\limits_{n=1}^{\infty}(u_n + v_n)$ 必发散. 若 $\sum\limits_{n=1}^{\infty} u_n, \sum\limits_{n=1}^{\infty} v_n$

均发散,那么 $\sum\limits_{n=1}^{\infty}(u_n \pm v_n)$ 可能收敛,也可能发散.

性质 3　增加、减少或改变级数的有限项,不改变级数的敛散性,但改变收敛级数的和.

性质 4(级数收敛的必要条件)　若级数 $\sum\limits_{n=1}^{\infty}u_n$ 收敛,则必有 $\lim\limits_{n\to\infty}u_n = 0$.

例 4　判断下列级数的敛散性.

(1) $\sum\limits_{n=1}^{\infty}\left(\dfrac{5}{2^n} - \dfrac{1}{3^n}\right)$;　　　　(2) $\sum\limits_{n=1}^{\infty}\dfrac{n-1}{2n+1}$.

解　(1) 因为 $\sum\limits_{n=1}^{\infty}\dfrac{1}{2^n}$ 与 $\sum\limits_{n=1}^{\infty}\dfrac{1}{3^n}$ 分别是公比为 $\dfrac{1}{2}$ 和 $\dfrac{1}{3}$ 的几何级数,它们的公比的绝对值均小于 1,所以级数 $\sum\limits_{n=1}^{\infty}\dfrac{1}{2^n}$ 与 $\sum\limits_{n=1}^{\infty}\dfrac{1}{3^n}$ 都收敛.由性质 1,级数 $\sum\limits_{n=1}^{\infty}\dfrac{5}{2^n}$ 收敛.再由性质 2,级数 $\sum\limits_{n=1}^{\infty}\left(\dfrac{5}{2^n} - \dfrac{1}{3^n}\right)$ 一定收敛.

(2) 由于级数的通项的极限 $\lim\limits_{n\to\infty} = \lim\limits_{n\to\infty}\dfrac{n-1}{2n+1} = \dfrac{1}{2} \neq 0$,不满足级数收敛的必要条件,所以级数 $\sum\limits_{n=1}^{\infty}\dfrac{n-1}{2n+1}$ 发散.

级数收敛的必要条件常用来判定常数项级数发散,但是级数的一般项趋向于零并不是级数收敛的充分条件.例如,调和级数 $\sum\limits_{n=1}^{\infty}\dfrac{1}{n}$,虽然 $\lim\limits_{n\to\infty}u_n = \lim\limits_{n\to\infty}\dfrac{1}{n} = 0$,但却是发散的.

10.1.3　常数项级数

1. 正项级数及其审敛法

若级数 $\sum\limits_{n=1}^{\infty}u_n$ 中的各项都是非负的(即 $u_n \geqslant 0$, $n = 1,2,\cdots$),则称级数 $\sum\limits_{n=1}^{\infty}u_n$ 为正项级数.

正项级数比较简单,在研究其他类型的级数时常常用到正项级数的有关结果,因而十分重要.

对于正项级数,由于 $u_n \geqslant 0$,因此 $S_{n+1} = u_1 + u_2 + \cdots + u_n + u_{n+1} = S_n + u_{n+1} \geqslant S_n$,其部分和数列是单调增加的.一方面,单调有界数列的极限必存在;另一方面,若数列的极限存在,则数列必有界,得如下定理:

定理 1 正项级数 $\sum_{n=1}^{\infty} u_n$ 收敛的充分必要条件是它的部分和数列是有界的.

根据定理1,我们便建立了一个判定正项级数敛散性的法则.

定理 2(比较审敛法) 给定两个正项级数 $\sum_{n=1}^{\infty} u_n, \sum_{n=1}^{\infty} v_n$,且 $u_n \leqslant v_n (n=1,2,\cdots)$.

(1) 若级数 $\sum_{n=1}^{\infty} v_n$ 收敛,则级数 $\sum_{n=1}^{\infty} u_n$ 亦收敛;

(2) 若级数 $\sum_{n=1}^{\infty} u_n$ 发散,则级数 $\sum_{n=1}^{\infty} v_n$ 亦发散.

例 5 证明 p-级数 $\sum_{n=1}^{\infty} \frac{1}{n^p} = 1 + \frac{1}{2^p} + \frac{1}{3^p} + \cdots + \frac{1}{n^p} + \cdots$,当 $0 < p \leqslant 1$ 时是发散的.

证 若 $0 < p \leqslant 1$,则 $n^p \leqslant n$,有

$$\frac{1}{n^p} \geqslant \frac{1}{n},$$

而调和级数 $\sum_{n=1}^{\infty} \frac{1}{n}$ 发散,故 $\sum_{n=1}^{\infty} \frac{1}{n^p}$ 亦发散.

p-级数是一个重要的比较级数,在解题中会经常用到.当 $0 < p \leqslant 1$ 时,p-级数为发散的;当 $p > 1$ 时,p-级数是收敛的.

例 6 判断下列级数的敛散性.

(1) $\sum_{n=1}^{\infty} \frac{1}{n!}$;   (2) $\sum_{n=1}^{\infty} \frac{2n+1}{n^4+5}$.

解 (1) 因为

$$\frac{1}{n!} = \frac{1}{1 \cdot 2 \cdot 3 \cdots n} \leqslant \frac{1}{1 \cdot 2 \cdot 2 \cdots 2} = \frac{1}{2^{n-1}} \quad (n = 2,3,4,\cdots).$$

级数 $\sum_{n=1}^{\infty} \frac{1}{2^{n-1}}$ 是公比为 $\frac{1}{2}$ 的几何级数,它是收敛的,故 $\sum_{n=1}^{\infty} \frac{1}{n!}$ 收敛.

(2) 因为

$$\frac{2n+1}{n^4+5} < \frac{3n}{n^4} = \frac{3}{n^3},$$

级数 $\sum_{n=1}^{\infty} \frac{1}{n^3}$ 是收敛的 p-级数,由级数的性质知,$\sum_{n=1}^{\infty} \frac{3}{n^3}$ 也是收敛的.因而,级数 $\sum_{n=1}^{\infty} \frac{2n+1}{n^4+5}$ 收敛.

定理 3(比值审敛法) 若正项级数 $\sum_{n=1}^{\infty} u_n$ 满足

$$\lim_{n\to\infty}\frac{u_{n+1}}{u_n}=\rho,$$

则

(1) 当 $\rho<1$ 时,级数收敛;

(2) 当 $\rho>1$(也包括 $\rho=+\infty$)时,级数发散;

(3) 当 $\rho=1$ 时,级数的敛散性不能确定.

例 7 判定下列级数的敛散性.

(1) $\sum_{n=1}^{\infty}\frac{3^n}{n^2\cdot 2^n}$;   (2) $\sum_{n=1}^{\infty}\frac{1}{n^n}$;

(3) $\sum_{n=1}^{\infty}\frac{1}{(2n-1)\cdot 2n}$.

解 (1) 因为

$$\lim_{n\to\infty}\frac{u_{n+1}}{u_n}=\lim_{n\to\infty}\frac{\dfrac{3^{n+1}}{(n+1)^2\cdot 2^{n+1}}}{\dfrac{3^n}{n^2\cdot 2^n}}=\lim_{n\to\infty}\frac{3n^2}{2(n+1)^2}=\frac{3}{2}>1,$$

由比值审敛法知,级数 $\sum_{n=1}^{\infty}\dfrac{3^n}{n^2\cdot 2^n}$ 是发散的.

(2) 因为

$$\lim_{n\to\infty}\frac{u_{n+1}}{u_n}=\lim_{n\to\infty}\frac{\dfrac{1}{(n+1)^{n+1}}}{\dfrac{1}{n^n}}=\lim_{n\to\infty}\left(\frac{n}{n+1}\right)^n\frac{1}{n+1},$$

而

$$\lim_{n\to\infty}\left(\frac{n}{n+1}\right)^n=\lim_{n\to\infty}\frac{1}{\left(1+\dfrac{1}{n}\right)^n}=\frac{1}{e},$$

所以

$$\lim_{n\to\infty}\frac{u_{n+1}}{u_n}=\lim_{n\to\infty}\left(\frac{n}{n+1}\right)^n\frac{1}{n+1}=0.$$

由比值审敛法知,级数 $\sum_{n=1}^{\infty}\dfrac{1}{n^n}$ 是收敛的.

(3) 因为

$$\lim_{n\to\infty}\frac{u_{n+1}}{u_n}=\lim_{n\to\infty}\frac{(2n-1)\cdot 2n}{(2n+1)\cdot 2(n+1)}=1,$$

这表明,用比值法无法确定该级数的敛散性. 注意到

$$2n>2n-1\geqslant n,$$

有
$$(2n-1) \cdot 2n > n^2,$$
因而
$$\frac{1}{(2n-1) \cdot 2n} < \frac{1}{n^2}.$$
而级数 $\sum_{n=1}^{\infty} \frac{1}{n^2}$ 收敛,由比较判别法,级数收敛.

2. 交错级数及其审敛法

各项是正负相间的级数称为交错级数,其形式如下:
$$u_1 - u_2 + u_3 - u_4 + \cdots + (-1)^{n-1} u_n + \cdots$$
或
$$-u_1 + u_2 - u_3 + u_4 - \cdots + (-1)^n u_n + \cdots,$$
其中 $u_1, u_2, u_3, u_4 \cdots, u_n, \cdots$ 均为正数.

定理 4(莱布尼兹定理) 若交错级数 $\sum_{n=1}^{\infty} (-1)^n u_n$ 满足条件:

(1) $u_n \geqslant u_{n+1} (n = 1, 2, \cdots)$;

(2) $\lim\limits_{n \to \infty} u_n = 0$,

则级数 $\sum_{n=1}^{\infty} (-1)^n u_n$ 收敛.

例 8 判断交错级数 $\sum_{n=1}^{\infty} (-1)^{n-1} \frac{1}{n} = 1 - \frac{1}{2} + \frac{1}{3} - \frac{1}{4} + \cdots + (-1)^{n-1} \frac{1}{n} + \cdots$ 的敛散性.

解 由于 $u_n = \frac{1}{n} < \frac{1}{n+1} = u_{n+1}$,且 $\lim\limits_{n \to \infty} u_n = \lim\limits_{n \to \infty} u_{n+1} = 0$,

故此交错级数收敛.

3. 绝对收敛与条件收敛

级数各项为任意实数的级数称为任意项级数.例如,级数
$$\sum_{n=1}^{\infty} \frac{1}{n} \cos \frac{n\pi}{2} = 0 - \frac{1}{2} + 0 + \frac{1}{4} + 0 - \frac{1}{6} + \cdots$$
是任意项级数.

对于任意项级数 $\sum_{n=1}^{\infty} u_n = u_1 + u_2 + \cdots + u_n + \cdots$,其中 $u_n (n = 1, 2, \cdots)$ 为任意实数,其各项的绝对值所组成的级数为正项级数 $\sum_{n=1}^{\infty} |u_n| = |u_1| + |u_2| + \cdots + |u_n| + \cdots$,两者之间有如下关系:

定理 5 若正项级数 $\sum_{n=1}^{\infty} |u_n|$ 收敛,则任意项级数 $\sum_{n=1}^{\infty} u_n$ 必收敛.

注意,若正项级数 $\sum_{n=1}^{\infty}|u_n|$ 发散,任意项级数 $\sum_{n=1}^{\infty}u_n$ 未必发散.

例如,交错级数 $\sum_{n=1}^{\infty}(-1)^{n-1}\frac{1}{n}$ 的各项绝对值组成的级数 $\sum_{n=1}^{\infty}\left|(-1)^{n-1}\frac{1}{n}\right|=\sum_{n=1}^{\infty}\frac{1}{n}$,它是调和级数,是发散的,而交错级数 $\sum_{n=1}^{\infty}(-1)^{n-1}\frac{1}{n}$ 却是收敛的.

对于收敛级数 $\sum_{n=1}^{\infty}u_n$,可按其绝对值级数收敛与否分为两类:

(1) 若级数 $\sum_{n=1}^{\infty}|u_n|$ 收敛,则称级数 $\sum_{n=1}^{\infty}u_n$ 绝对收敛;

(2) 若级数 $\sum_{n=1}^{\infty}|u_n|$ 发散,而级数 $\sum_{n=1}^{\infty}u_n$ 收敛,则称级数 $\sum_{n=1}^{\infty}u_n$ 为条件收敛.

例如,级数 $\sum_{n=1}^{\infty}(-1)^{n-1}\frac{1}{n}$ 为条件收敛,级数 $\sum_{n=1}^{\infty}(-1)^{n-1}\frac{1}{n^2}$ 为绝对收敛.

例 9 判定任意项级数 $\sum_{n=1}^{\infty}\frac{\sin(n\alpha)}{n^2}$($\alpha$ 为实数) 的收敛性.

解 因为 $\left|\frac{\sin(n\alpha)}{n^2}\right|\leq\frac{1}{n^2}$,而 $\sum_{n=1}^{\infty}\frac{1}{n^2}$ 收敛,故 $\sum_{n=1}^{\infty}\left|\frac{\sin(n\alpha)}{n^2}\right|$ 亦收敛.

据定理 5,级数 $\sum_{n=1}^{\infty}\frac{\sin(n\alpha)}{n^2}$ 收敛.

练习与思考 10-1

1. 级数收敛的必要条件所起的作用是什么?
2. 判定一个级数是否收敛,有几种方法?
3. 用"收敛"或"发散"填空.

    (1) $\sum_{n=1}^{\infty}\frac{1}{\sqrt[3]{n}}$ (   ); (2) $\sum_{n=1}^{\infty}\frac{\ln^2 2}{2^n}$ (   );

    (3) $\sum_{n=1}^{\infty}n!$ (   ); (4) $\sum_{n=1}^{\infty}\frac{1}{n^2}$ (   ).

4. 判别下列级数是否收敛.

    (1) $\frac{4}{7}-\frac{4^2}{7^2}+\frac{4^3}{7^3}-\cdots$; (2) $1+\frac{2}{3}+\frac{3}{5}+\frac{4}{7}+\cdots$;

    (3) $\sum_{n=1}^{\infty}\left(\frac{1}{5^n}+\frac{1}{3^n}\right)$; (4) $\sum_{n=1}^{\infty}\frac{3}{2^n+5}$;

    (5) $\sum_{n=1}^{\infty}(-1)^n\pi^{-n}$; (6) $\sum_{n=1}^{\infty}(-1)^{n-1}\frac{1}{\sqrt[3]{n}}$;

(7) $\sum_{n=1}^{\infty} \frac{n}{2^n}$;   (8) $\sqrt{2} + \sqrt{\frac{3}{2}} + \frac{4}{3} + \cdots + \sqrt{\frac{n+1}{n}} + \cdots$.

§10.2 幂级数与多项式逼近

10.2.1 幂级数及其收敛区间

1. 函数项级数

设函数数列 $u_1(x), u_2(x), \cdots, u_n(x), \cdots$ 在区间 I 上有定义,则

$$\sum_{n=1}^{\infty} u_n(x) = u_1(x) + u_2(x) + \cdots + u_n(x) + \cdots$$

称作函数项级数.

在区间 I 上取定 $x = x_0$,就得到常数项级数

$$\sum_{n=1}^{\infty} u_n(x_0) = u_1(x_0) + u_2(x_0) + \cdots + u_n(x_0) + \cdots.$$

若常数项级数 $\sum_{n=1}^{\infty} u_n(x_0)$ 收敛,则称点 x_0 是函数项级数 $\sum_{n=1}^{\infty} u_n(x)$ 的收敛点;否则,称点 x_0 是函数项级数 $\sum_{n=1}^{\infty} u_n(x)$ 的发散点.所有收敛点的全体称为 $\sum_{n=1}^{\infty} u_n(x)$ 的收敛域.

收敛域中的每个点都对应级数 $\sum_{n=1}^{\infty} u_n(x)$ 的一个和,这样在收敛域上就定义了和函数 $S(x)$,即对于收敛域内每一点,有 $\sum_{n=1}^{\infty} u_n(x) = \lim_{n \to \infty} S_n(x) = S(x)$.

以下重点讨论应用上最广泛的一类函数项级数 —— 幂级数.

2. 幂级数

各项都是幂函数的函数项级数,即形如

$$\sum_{n=0}^{\infty} a_n x^n = a_0 + a_1 x + a_2 x^2 + \cdots + a_n x^n + \cdots$$

$$\sum_{n=0}^{\infty} a_n (x - x_0)^n = a_0 + a_1 (x - x_0) + a_2 (x - x_0)^2 + \cdots + a_n (x - x_0)^n + \cdots$$

的函数项级数称为幂级数.其中常数 $a_0, a_1, a_3, \cdots, a_n, \cdots$ 是幂级数系数.

例如,公比为 x 的几何级数 $1 + x + x^2 + \cdots + x^n + \cdots$ 就是一个幂级数.当 $|x| < 1$ 时,它是收敛的,和为 $\frac{1}{1-x}$;当 $|x| \geq 1$ 时,它是发散的.因此,这个幂级

数的收敛域为$(-1,1)$,其和函数为

$$1+x+x^2+\cdots+x^n+\cdots=\frac{1}{1-x}.$$

对于一般的幂级数$\sum_{n=0}^{\infty}a_nx^n$,其各项符号可能不同,对其各项取绝对值,得正项级数

$$\sum_{n=0}^{\infty}|a_nx^n|=|a_0|+|a_1x|+|a_2x^2|+\cdots+|a_nx^n|+\cdots.$$

若$\lim_{n\to\infty}\frac{a_{n+1}}{a_n}=\rho$,则

$$\lim_{n\to\infty}\left|\frac{u_{n+1}}{u_n}\right|=\lim_{n\to\infty}\left|\frac{a_{n+1}x^{n+1}}{a_nx^n}\right|=\lim_{n\to\infty}\left|\frac{a_{n+1}}{a_n}\right|\cdot|x|=|x|\cdot\rho.$$

利用正项级数的比值审敛法,得

(1) 若$\rho\neq 0$,当$|x|\cdot\rho<1$,即$|x|<\frac{1}{\rho}$时,幂级数$\sum_{n=0}^{\infty}a_nx^n$绝对收敛;当$|x|\cdot\rho>1$,即$|x|>\frac{1}{\rho}$时,幂级数$\sum_{n=0}^{\infty}a_nx^n$发散;

(2) 若$\rho=0$,$|x|\cdot\rho<1$,则对任一x,幂级数$\sum_{n=0}^{\infty}a_nx^n$绝对收敛;

(3) 若$\rho=+\infty$,则幂级数$\sum_{n=0}^{\infty}a_nx^n$仅在$x=0$处收敛.

令$R=\frac{1}{\rho}$,称R为幂级数$\sum_{n=0}^{\infty}a_nx^n$的**收敛半径**. 开区间$(-R,R)$称为幂级数的收敛区间. 当$\rho=0$时,幂级数处处收敛,规定收敛半径$R=+\infty$,收敛区间为$(-\infty,+\infty)$. 当$\rho=+\infty$时,幂级数$\sum_{n=0}^{\infty}a_nx^n$仅在$x=0$处收敛,规定收敛半径$R=0$. 将收敛区间的端点$x=\pm R$代入级数中,判定数项级数的敛散性后,就可得到幂级数的收敛域.

定理1 如果幂级数$\sum_{n=0}^{\infty}a_nx^n$的系数满足

$$\lim_{n\to\infty}\left|\frac{a_{n+1}}{a_n}\right|=\rho,$$

则(1) 当$\rho\neq 0$时,收敛半径$R=\frac{1}{\rho}$;

(2) 当$\rho=0$时,则收敛半径$R=+\infty$;

(3) 当$\rho=+\infty$时,则收敛半径$R=0$.

例1 求下列幂级数的收敛半径和收敛域.

(1) $\sum_{n=1}^{\infty}(-1)^{n-1}\frac{x^n}{n}$; (2) $\sum_{n=0}^{\infty}\frac{x^n}{n!}$;

(3) $\sum_{n=1}^{\infty}n^n x^n$; (4) $\sum_{n=1}^{\infty}\frac{(x-1)^n}{n \cdot 2^n}$;

(5) $\sum_{n=1}^{\infty}\frac{2n-1}{2^n}x^{2n-2}$.

解 (1) 因为 $\lim_{n\to\infty}\left|\frac{a_{n+1}}{a_n}\right|=\lim_{n\to\infty}\left|(-1)^n\frac{1}{n+1}\Big/(-1)^{n-1}\frac{1}{n}\right|=\lim_{n\to\infty}\frac{n}{n+1}=1$,
所以,所给幂级数的收敛半径为 $R=1$,收敛开区间为 $(-1,1)$.

在左端点 $x=-1$,幂级数成为 $-\sum_{n=1}^{\infty}\frac{1}{n}$,它是发散的;

在右端点 $x=1$,幂级数成为 $\sum_{n=1}^{\infty}(-1)^{n-1}\frac{1}{n}$,它是收敛的.
所以,所给幂级数的收敛域为 $(-1,1]$.

(2) 因为 $\lim_{n\to\infty}\left|\frac{a_{n+1}}{a_n}\right|=\lim_{n\to\infty}\frac{1}{(n+1)!}\Big/\frac{1}{n!}=\lim_{n\to\infty}\frac{1}{n+1}=0$,
所以,所给幂级数的收敛半径为 $R=\infty$,收敛域为 $(-\infty,+\infty)$.

(3) 因为 $\lim_{n\to\infty}\left|\frac{a_{n+1}}{a_n}\right|=\lim_{n\to\infty}\frac{(n+1)^{n+1}}{n^n}=\lim_{n\to\infty}\left(1+\frac{1}{n}\right)^n(n+1)=\infty$,
所以,所给幂级数的收敛半径为 $R=0$,此时,级数只在 $x=0$ 处收敛.

(4) 因为 $\lim_{n\to\infty}\left|\frac{a_{n+1}}{a_n}\right|=\lim_{n\to\infty}\left|\frac{1}{(n+1)\cdot 2^{n+1}}\Big/\frac{1}{n\cdot 2^n}\right|=\lim_{n\to\infty}\frac{n}{2(n+1)}=\frac{1}{2}$,
所以,所给幂级数的收敛半径为 $R=2$. 当 $|x-1|<2$ 时,级数收敛,收敛区间为 $(-1,3)$.

在左端点 $x=-1$,幂级数成为 $\sum_{n=1}^{\infty}(-1)^{n-1}\frac{1}{n}$,它是收敛的;

在右端点 $x=3$,幂级数成为 $\sum_{n=1}^{\infty}\frac{1}{n}$,它是发散的.
所以,所给幂级数的收敛域为 $[-1,3)$.

(5) 此幂级数缺少奇次幂项,可据比值审敛法的原理来求收敛半径,

$\lim_{n\to\infty}\left|\frac{u_{n+1}(x)}{u_n(x)}\right|=\lim_{n\to\infty}\left|\frac{2n+1}{2^{n+1}}x^{2n}\Big/\frac{2n-1}{2^n}x^{2n-2}\right|=\lim_{n\to\infty}\frac{2n+1}{4n-2}|x|^2=\frac{1}{2}|x|^2$.

当 $\frac{1}{2}|x|^2<1$,即 $|x|<\sqrt{2}$ 时,幂级数收敛;

当 $\frac{1}{2}|x|^2>1$,即 $|x|>\sqrt{2}$ 时,幂级数发散;

对于左端点 $x=-\sqrt{2}$,幂级数成为

$$\sum_{n=1}^{\infty}\frac{2n-1}{2^n}(-\sqrt{2})^{2n-2}=\sum_{n=1}^{\infty}\frac{2n-1}{2^n}\cdot 2^{n-1}=\sum_{n=1}^{\infty}\frac{2n-1}{2},$$

它是发散的;

对于右端点 $x=\sqrt{2}$,幂级数成为

$$\sum_{n=1}^{\infty}\frac{2n-1}{2^n}(\sqrt{2})^{2n-2}=\sum_{n=1}^{\infty}\frac{2n-1}{2^n}\cdot 2^{n-1}=\sum_{n=1}^{\infty}\frac{2n-1}{2},$$

它也是发散的.

故收敛域为 $(-\sqrt{2},\sqrt{2})$.

10.2.2 幂级数的性质

定理 2 设幂级数 $\sum_{n=1}^{\infty}a_n x^n$ 及 $\sum_{n=1}^{\infty}b_n x^n$ 的收敛区间分别为 $(-R_1,R)$ 与 $(-R_2,R_2)$,记 $R=\min\{R_1,R_2\}$,当 $|x|<R$ 时,有

$$\sum_{n=1}^{\infty}a_n x^n \pm \sum_{n=1}^{\infty}b_n x^n = \sum_{n=1}^{\infty}(a_n \pm b_n)x^n.$$

定理 3 幂级数 $\sum_{n=1}^{\infty}a_n x^n$ 的和函数 $S(x)$ 在收敛区间 $(-R,R)$ 内连续.

定理 4 幂级数 $\sum_{n=1}^{\infty}a_n x^n$ 的和函数 $S(x)$ 在收敛区间 $(-R,R)$ 内可导,则有

$$S'(x)=\left(\sum_{n=0}^{\infty}a_n x^n\right)'=\sum_{n=0}^{\infty}(a_n x^n)'=\sum_{n=1}^{\infty}n\cdot a_n x^{n-1}.$$

定理 5 幂级数 $\sum_{n=1}^{\infty}a_n x^n$ 的和函数 $S(x)$ 在收敛区间 $(-R,R)$ 内可积,则有

$$\int_0^x S(x)\mathrm{d}x=\int_0^x\left(\sum_{n=0}^{\infty}a_n x^n\right)\mathrm{d}x=\sum_{n=0}^{\infty}\int_0^x a_n x^n \mathrm{d}x=\sum_{n=0}^{\infty}\frac{a_n}{n+1}x^{n+1}.$$

例 2 求下列级数的和函数.

(1) $\sum_{n=0}^{\infty}(-1)^n x^n$; (2) $\sum_{n=0}^{\infty}x^{2n}$;

(3) $\sum_{n=1}^{\infty}\frac{(-1)^{n-1}}{n}x^n$ (4) $\sum_{n=0}^{\infty}(n+1)x^n$.

解 (1) 由 $1+x+x^2+\cdots+x^{n-1}+\cdots=\dfrac{1}{1-x}(-1<x<1)$,

$-x\in(-1,1)$,得

$$1+(-x)+(-x)^2+\cdots+(-x)^{n-1}+\cdots = \frac{1}{1-(-x)} \quad (-1<x<1),$$

所以 $\sum_{n=0}^{\infty}(-1)^n x^n = \frac{1}{1+x} \quad (-1<x<1).$

(2) 将幂级数 $1+x+x^2+\cdots+x^{n-1}+\cdots = \frac{1}{1-x} \quad (-1<x<1)$ 与

$1-x+x^2+\cdots+(-1)^{n-1}x^{n-1}+\cdots = \frac{1}{1+x} \quad (-1<x<1)$ 相加,得

$$\sum_{n=0}^{\infty} 2x^{2n} = \frac{2}{1-x^2} \quad (-1<x<1),$$

即

$$\sum_{n=0}^{\infty} x^{2n} = \frac{1}{1-x^2} \quad (-1<x<1),$$

(3) 设 $S(x) = \sum_{n=1}^{\infty} \frac{(-1)^{n-1}}{n} x^n$,由性质 4,得

$$S'(x) = \sum_{n=1}^{\infty} \left[\frac{(-1)^{n-1}}{n} x^n\right]' = \sum_{n=1}^{\infty}(-1)^{n-1} x^{n-1}$$
$$= 1-x+x^2+\cdots+(-1)^{n-1}x^{n-1}+\cdots = \frac{1}{1+x} \quad (-1<x<1),$$

因而当 $-1<x<1$ 时,有

$$S(x)-S(0) = \int_0^x S'(x)\mathrm{d}x = \int_0^x \frac{1}{1+x}\mathrm{d}x,$$

其中 $S(0)=0$,所以 $S(x)=\ln(1+x), -1<x<1.$

(4) 设 $S(x) = \sum_{n=0}^{\infty}(n+1)x^n$,由性质 5,得

$$\int_0^x S(x)\mathrm{d}x = \sum_{n=0}^{\infty}\int_0^x (n+1)x^n \mathrm{d}x = \sum_{n=0}^{\infty} x^{n+1}$$
$$= x+x^2+x^3+\cdots+x^{n+1}+\cdots$$
$$= \frac{x}{1-x} \quad (-1<x<1),$$

故

$$S(x) = \left(\int_0^x S(x)\mathrm{d}x\right)' = \left(\frac{x}{1-x}\right)' = \frac{1}{(1-x)^2}, -1<x<1.$$

10.2.3 函数展成泰勒级数

我们已经知道,若幂级数 $\sum_{n=1}^{\infty} a_n(x-x_0)^n$ 的收敛半径为 R,和函数为 $S(x)$,有

$$S(x) = \sum_{n=1}^{\infty} a_n(x-x_0)^n, \ x \in (x_0-R, x_0+R).$$

上式表明：

(1) $S(x)$ 是该幂级数的和函数；

(2) 函数 $S(x)$ 具有幂级数这样一种新型的表达式，从而可利用这一表达式来研究函数 $S(x)$；

(3) n 次多项式

$$P_n(x) = a_0 + a_1(x-x_0) + \cdots + a_n(x-x_0)^n$$

是该幂级数的前 $n+1$ 项的部分和，$S(x) - P_n(x)$ 为该幂级数的余项．

根据级数收敛的概念，应有

$$\lim_{n \to \infty} P_n(x) = S(x), \ x \in (x_0-R, x_0+R),$$

从而当 $x \in (x_0-R, x_0+R)$ 时，有

$$S(x) \approx P_n(x),$$

这就是用多项式近似表达函数．$P_n(x)$ 称为函数 $f(x)$ 在点 x_0 邻域内的 n 次近似多项式．

给定函数 $f(x)$，要寻求一个幂级数，使它的和函数恰为 $f(x)$，这一问题称为把函数 $f(x)$ 展开成幂级数．

1. 泰勒级数

如果 $f(x)$ 在 $x = x_0$ 处具有任意阶的导数，我们把级数

$$f(x_0) + \frac{f'(x_0)}{1!}(x-x_0) + \frac{f''(x_0)}{2!}(x-x_0)^2 + \cdots + \frac{f^{(n)}(x_0)}{n!}(x-x_0)^n + \cdots$$

称为函数 $f(x)$ 在 $x = x_0$ 处的泰勒级数．特别地，当 $x_0 = 0$ 时，

$$f(0) + \frac{f'(0)}{1!}x + \frac{f''(0)}{2!}x^2 + \cdots + \frac{f^{(n)}(0)}{n!}x^n + \cdots$$

称为函数 $f(x)$ 在 $x_0 = 0$ 处的麦克劳林级数．

若函数 $f(x)$ 在 (x_0-l, x_0+l) 内有任意阶导数，总可以作出 $f(x)$ 的泰勒级数．但这个泰勒级数的和函数 $s(x)$ 却不一定与 $f(x)$ 相等．$s(x)$ 与 $f(x)$ 可能恒等，也可能仅在 $x = x_0$ 一点处相等．但如果 $f(x)$ 是初等函数，则必有 $s(x) = f(x)$．这说明，对于初等函数来说，它的泰勒级数就是它的幂级数展开式．

将函数 $f(x)$ 在 $x = x_0 (x_0 \neq 0)$ 处展开成泰勒级数，可通过变量替换 $t = x - x_0$，令函数 $F(t) = f(t+x_0)$，求得 $F(t)$ 在 $t = 0$ 处的麦克劳林展开式．因此，我们着重讨论函数的麦克劳林展开．

2. 直接展开法

将函数 $f(x)$ 展开成麦克劳林级数，可按如下几步进行：

步骤一 求出函数的各阶导数及函数值

$$f(0), f'(0), f''(0), \cdots, f^{(n)}(0), \cdots,$$

若函数的某阶导数不存在,则函数不能展开;

步骤二 写出麦克劳林级数

$$f(0) + \frac{f'(0)}{1!}x + \frac{f''(0)}{2!}x^2 + \cdots + \frac{f^{(n)}(0)}{n!}x^n + \cdots,$$

并求其收敛半径 R;

步骤三 考察当 $x \in (-R, R)$ 时,拉格朗日余项 $R_n(x) = \frac{f^{(n+1)}(\theta)}{(n+1)!}x^{n+1}$ 的极限是否为零,若 $\lim\limits_{n\to\infty} R_n(x) = 0$,则第二步写出的级数就是函数的麦克劳林展开式.

例 3 将函数 $f(x) = e^x$ 展开成麦克劳林级数.

解 $f^{(n)}(x) = e^x$, $f^{(n)}(0) = 1$ $(n = 0, 1, 2, \cdots)$,

于是得麦克劳林级数 $1 + \frac{x}{1!} + \frac{x^2}{2!} + \cdots + \frac{x^n}{n!} + \cdots,$

而 $\lim\limits_{n\to\infty} \left| \frac{a_{n+1}}{a_n} \right| = \lim\limits_{n\to\infty} \left| \frac{1}{(n+1)!} \middle/ \frac{1}{n!} \right| = \lim\limits_{n\to\infty} \frac{1}{n+1} = 0,$

故 $R = +\infty$.

对于任意 $x \in (-\infty, +\infty)$,有

$$|R_n(x)| = \left| \frac{e^{\theta \cdot x}}{(n+1)!} \cdot x^{n+1} \right| \leqslant e^{|x|} \cdot \frac{|x|^{n+1}}{(n+1)!} \quad (0 < \theta < 1).$$

这里 $e^{|x|}$ 是与 n 无关的有限数,考虑辅助幂级数

$$\sum_{n=1}^{\infty} \frac{|x|^{n+1}}{(n+1)!}$$

的敛散性. 由比值法有

$$\lim\limits_{n\to\infty} \left| \frac{u_{n+1}(x)}{u_n(x)} \right| = \lim\limits_{n\to\infty} \frac{|x|^{n+2}}{(n+2)!} \middle/ \frac{|x|^{n+1}}{(n+1)!} = \lim\limits_{n\to\infty} \frac{|x|}{n+2} = 0,$$

故辅助级数收敛,从而一般项趋向于零,即 $\lim\limits_{n\to\infty} \frac{|x|^{n+1}}{(n+1)!} = 0$,因此 $\lim\limits_{n\to\infty} R_n(x) = 0$,故

$$e^x = 1 + \frac{x}{1!} + \frac{x^2}{2!} + \cdots + \frac{x^n}{n!} + \cdots \quad (-\infty < x < +\infty).$$

例 4 将函数 $f(x) = \sin(x)$ 在 $x = 0$ 处展开成幂级数.

解 $f^{(n)}(x) = \sin(x + n \cdot \frac{\pi}{2})$ $(n = 0, 1, 2\cdots)$,

$$f^{(n)}(0) = \sin\left(n \cdot \frac{\pi}{2}\right) = \begin{cases} 0 & (n = 0, 2, 4, \cdots) \\ (-1)^{\frac{n-1}{2}} & (n = 1, 3, 5, \cdots) \end{cases},$$

于是得幂级数 $\frac{x}{1!} - \frac{x^3}{3!} + \frac{x^5}{5!} - \cdots + (-1)^{n-1} \frac{x^{2n-1}}{(2n-1)!} + \cdots.$

容易求出,它的收敛半径为 $R = +\infty$.

对任意的 $x \in (-\infty, +\infty)$，有

$$|R_n(x)| = \left| \frac{\sin(\theta \cdot x + n \cdot \frac{\pi}{2})}{(n+1)!} \cdot x^{n+1} \right| \leqslant \frac{|x|^{n+1}}{(n+1)!} \quad (0 < \theta < 1).$$

由例 1 可知，$\lim\limits_{n \to \infty} \dfrac{|x|^{n+1}}{(n+1)!} = 0$，故 $\lim\limits_{n \to \infty} R_n(x) = 0$.

因此，我们得到展开式

$$\sin x = \frac{x}{1!} - \frac{x^3}{3!} + \frac{x^5}{5!} - \cdots + (-1)^{n-1} \frac{x^{2n-1}}{(2n-1)!} + \cdots \quad (-\infty < x < +\infty).$$

3. 间接展开法

用直接展开法将函数展开成麦克劳林级数有两大缺陷：一是不易求函数的高阶导数，二是判断余项是否趋于零很困难，因此幂级数的展开常使用间接展开法. 间接展开法就是利用一些已知的函数展开式以及幂级数的运算性质（如加减、逐项求导、逐项求积）将所给函数展开.

例 5 将函数 $f(x) = \cos x$ 展开成 x 的幂级数.

解 对展开式

$$\sin x = \frac{x}{1!} - \frac{x^3}{3!} + \frac{x^5}{5!} - \cdots + (-1)^{n-1} \frac{x^{2n-1}}{(2n-1)!} + \cdots \quad (-\infty < x < +\infty),$$

两边关于 x 逐项求导，得

$$\cos x = 1 - \frac{x^2}{2!} + \frac{x^4}{4!} - \cdots + (-1)^{n-1} \frac{x^{2n-2}}{(2n-2)!} + \cdots \quad (-\infty < x < +\infty).$$

例 6 将函数 $f(x) = \ln(1+x)$ 展开成 x 的幂级数.

解
$$f'(x) = \frac{1}{1+x},$$

而

$$\frac{1}{1+x} = 1 - x + x^2 - x^3 + \cdots + (-1)^n x^n + \cdots (-1 < x < 1),$$

将上式从 0 到 x 逐项积分得

$$\ln(1+x) = x - \frac{x^2}{2} + \frac{x^3}{3} - \cdots + (-1)^n \frac{x^{n+1}}{n+1} + \cdots.$$

当 $x = 1$ 时，交错级数

$$1 - \frac{1}{2} + \frac{1}{3} - \cdots + (-1)^n \frac{1}{n+1} + \cdots$$

收敛，当 $x = -1$ 时，$-1 - \dfrac{1}{2} - \dfrac{1}{3} - \cdots - \dfrac{1}{n} - \cdots$ 发散，故

$$\ln(1+x) = x - \frac{x^2}{2} + \frac{x^3}{3} - \cdots + (-1)^n \frac{x^{n+1}}{n+1} + \cdots \quad (-1 < x \leqslant 1).$$

间接展开法避免了求高阶导数与余项是否趋于零的讨论，由于函数展开式与展开式的成立区间同时获得，避免了求幂级数的收敛半径.

列出几个常用函数的麦克劳林级数如下：

(1) $e^x = 1 + \dfrac{x}{1!} + \dfrac{x^2}{2!} + \cdots + \dfrac{x^n}{n!} + \cdots = \sum_{n=0}^{\infty} \dfrac{x^n}{n!}$ $(-\infty < x < +\infty)$；

(2) $\sin x = \dfrac{x}{1!} - \dfrac{x^3}{3!} + \dfrac{x^5}{5!} - \cdots + (-1)^n \dfrac{x^{2n+1}}{(2n+1)!} + \cdots$

$\qquad = \sum_{n=0}^{\infty} (-1)^n \dfrac{x^{2n+1}}{(2n+1)!}$ $(-\infty < x < +\infty)$；

(3) $\cos x = 1 - \dfrac{x^2}{2!} + \dfrac{x^4}{4!} - \cdots + (-1)^n \dfrac{x^{2n}}{(2n)!} + \cdots$

$\qquad = \sum_{n=0}^{\infty} (-1)^n \dfrac{x^{2n}}{(2n)!}$ $(-\infty < x < +\infty)$；

(4) $\dfrac{1}{1-x} = 1 + x + x^2 + x^3 + \cdots + x^n + \cdots = \sum_{n=0}^{\infty} x^n$ $(-1 < x < 1)$；

(5) $\dfrac{1}{1+x} = 1 - x + x^2 - x^3 + \cdots + (-1)^n x^n + \cdots = \sum_{n=0}^{\infty} (-1)^n x^n$

$(-1 < x < 1)$；

(6) $\ln(1+x) = x - \dfrac{x^2}{2} + \dfrac{x^3}{3} - \cdots + (-1)^{n-1} \dfrac{x^n}{n} + \cdots$

$\qquad = \sum_{n=1}^{\infty} (-1)^{n-1} \dfrac{x^n}{n} + \cdots$ $(-1 < x \leqslant 1)$．

例7 将下列函数展开成麦克劳林级数．

(1) $f(x) = 4^x$；   (2) $f(x) = \cos^2 x$；

(3) $f(x) = \dfrac{1}{2x^2 - 3x + 1}$．

解 (1) 已知 $e^x = \sum_{n=0}^{\infty} \dfrac{x^n}{n!}$ $(-\infty < x < +\infty)$，

故

$$4^x = e^{x \ln 4} = \sum_{n=0}^{\infty} \dfrac{\ln^n 4}{n!} x^n \quad (-\infty < x < +\infty).$$

(2) 已知 $\cos x = \sum_{n=0}^{\infty} (-1)^n \dfrac{x^{2n}}{(2n)!}$ $(-\infty < x < +\infty)$，

故

$$\cos^2 x = \dfrac{1 + \cos 2x}{2} = \dfrac{1}{2} + \dfrac{1}{2} \sum_{n=0}^{\infty} (-1)^n \dfrac{(2x)^{2n}}{(2n)!} \quad (-\infty < x < +\infty).$$

(3) 因为 $f(x) = \dfrac{1}{2x^2 - 3x + 1} = \dfrac{2}{1 - 2x} - \dfrac{1}{1 - x}$，

由 $\dfrac{1}{1-x} = \sum_{n=0}^{\infty} x^n \quad (-1 < x < 1)$ 得

$$\dfrac{1}{2x^2 - 3x + 1} = \dfrac{2}{1-2x} - \dfrac{1}{1-x} = 2\sum_{n=0}^{\infty}(2x)^n - \sum_{n=0}^{\infty} x^n = \sum_{n=0}^{\infty}(2^{n+1} - 1)x^n$$

$(-1 < x < 1)$.

例 8 将函数 $f(x) = \dfrac{1}{x^2 + 4x + 3}$ 展开成 $(x-1)$ 的幂级数.

解 要将函数展开成 $(x-1)$ 的幂级数,需要将 x 的函数改写成 $(x-1)$ 函数,即

$$f(x) = \dfrac{1}{x^2 + 4x + 3} = \dfrac{1}{2}\left(\dfrac{1}{x+1} - \dfrac{1}{x+3}\right) = \dfrac{1}{2}\left(\dfrac{1}{2+(x-1)} - \dfrac{1}{4+(x-1)}\right)$$

$$= \dfrac{1}{2}\left[\dfrac{1}{2}\dfrac{1}{1+\dfrac{x-1}{2}} - \dfrac{1}{4}\dfrac{1}{1+\dfrac{x-1}{4}}\right] = \dfrac{1}{4}\dfrac{1}{1+\dfrac{x-1}{2}} - \dfrac{1}{8}\dfrac{1}{1+\dfrac{x-1}{4}},$$

而

$$\dfrac{1}{4}\left[\dfrac{1}{1+\dfrac{x-1}{2}}\right] = \dfrac{1}{4}\sum_{n=0}^{\infty}(-1)^n\left(\dfrac{x-1}{2}\right)^n \quad \left(-1 < \dfrac{x-1}{2} < 1\right),$$

$$\dfrac{1}{8}\left[\dfrac{1}{1+\dfrac{x-1}{4}}\right] = \dfrac{1}{8}\sum_{n=0}^{\infty}(-1)^n\left(\dfrac{x-1}{4}\right)^n \quad \left(-1 < \dfrac{x-1}{4} < 1\right),$$

于是

$$f(x) = \dfrac{1}{4}\sum_{n=0}^{\infty}(-1)^n\left(\dfrac{x-1}{2}\right)^n - \dfrac{1}{8}\sum_{n=0}^{\infty}(-1)^n\left(\dfrac{x-1}{4}\right)^n$$

$$= \sum_{n=0}^{\infty}(-1)^n\left(\dfrac{1}{2^{n+2}} - \dfrac{2}{2^{2n+3}}\right)\cdot (x-1)^n \quad (-1 < x < 3).$$

10.2.4 多项式逼近及其应用

1. 泰勒多项式逼近

泰勒多项式逼近是就局部而言,由上册第 2 章 §2.4 节可知,给定函数 $y = f(x)$ 在 x_0 处可导,它可以由一个线性函数

$$f(x_0) + f'(x_0)(x - x_0)$$

逼近,即

$$f(x) \approx f(x_0) + f'(x_0)(x - x_0),$$

线性逼近的误差是 $|\Delta y - \mathrm{d}y|$,当 $x \to x_0$ 时,它是比 $x - x_0$ 高阶的无穷小.

为找到比线性函数更好的逼近,设想在这一表达式后加一高次项,便得

$$f(x) \approx f(x_0) + f'(x_0)(x-x_0) + a(x-x_0)^2,$$

对上式两端对 x 求两次导数,有

$$a = \frac{f''(x_0)}{2},$$

可得一个二次逼近多项式

$$f(x) \approx f(x_0) + f'(x_0)(x-x_0) + \frac{f''(x_0)}{2}(x-x_0)^2,$$

二次逼近的误差是比 $(x-x_0)^2$ 高阶的无穷小.

同理,可得函数的三次逼近多项式

$$f(x) \approx f(x_0) + f'(x_0)(x-x_0) + \frac{f''(x_0)}{2}(x-x_0)^2 + \frac{f'''(x_0)}{3!}(x-x_0)^3,$$

三次逼近的误差是比 $(x-x_0)^3$ 高阶的无穷小.

如果函数 $y = f(x)$ 在 x_0 的某一邻域内有任意阶导数,则称 n 次多项式函数

$$T_n(x) = f(x_0) + f'(x_0)(x-x_0) + \frac{f''(x_0)}{2}(x-x_0)^2 + \cdots + \frac{f^{(n)}(x_0)}{n!}(x-x_0)^n$$

为函数 $y = f(x)$ 在点 x_0 处的 n 次泰勒多项式逼近函数,其中系数

$$a_0 = f(x_0), a_1 = f'(x_0), a_2 = \frac{f''(x_0)}{2}, \cdots, a_n = \frac{f^{(n)}(x_0)}{n!}$$

称 $y = f(x)$ 为在 x_0 处的泰勒系数.

由于 $f(x) = T_n(x) + o[(x-x_0)^n]$,称

$$o[(x-x_0)^n] = f(x) - T_n(x)$$

为泰勒多项式逼近函数的余项,它是 $(x-x_0)^n$ 高阶的无穷小.

例 9 求函数 $f(x) = e^x$ 在点 $x = 0$ 处的 n 次泰勒多项式.

解 计算得 $f^{(n)}(x) = e^x, f^{(n)}(0) = 1$ $(n = 0, 1, 2, \cdots)$,

于是函数 $f(x) = e^x$ 在点 $x = 0$ 处的 n 次泰勒多项式为

$$1 + \frac{x}{1!} + \frac{x^2}{2!} + \cdots + \frac{x^n}{n!}.$$

同理可得其他常用函数的泰勒多项式如下:

(1) $\sin x$ 的 $2n+1$ 次泰勒多项式:

$$\frac{x}{1!} - \frac{x^3}{3!} + \frac{x^5}{5!} - \cdots + (-1)^n \frac{x^{2n+1}}{(2n+1)!};$$

(2) $\cos x$ 的 $2n$ 次泰勒多项式:

$$1 - \frac{x^2}{2!} + \frac{x^4}{4!} - \cdots + (-1)^n \frac{x^{2n}}{(2n)!};$$

(3) $\dfrac{1}{1-x}$ 的 n 次泰勒多项式:

$$1+x+x^2+x^3+\cdots+x^n;$$

(4) $\ln(1+x)$ 的 n 次泰勒多项式:
$$x-\frac{x^2}{2}+\frac{x^3}{3}-\cdots+(-1)^{n-1}\frac{x^n}{n}.$$

2. 多项式逼近的应用

利用多项式逼近可以用来进行近似计算、求极限、计算积分及解微分方程等.

例 10 试用一个五次泰勒多项式计算 $\sqrt{e}$ 的近似值.

解 设 $f(x)=e^x$,使用五次泰勒多项式逼近 e^x,即
$$e^x \approx 1+\frac{x}{1!}+\frac{x^2}{2!}+\frac{x^3}{3!}+\frac{x^4}{4!}.$$

令 $x=\frac{1}{2}$,得
$$\sqrt{e} \approx 1+\frac{1}{2}+\frac{1}{8}+\frac{1}{48}+\frac{1}{348} \approx 1.648,$$

其误差
$$|r| = \frac{1}{5!}\left(\frac{1}{2}\right)^5 + \frac{1}{6!}\left(\frac{1}{2}\right)^6 + \frac{1}{7!}\left(\frac{1}{2}\right)^7 + \cdots$$
$$< \frac{1}{5!}\left(\frac{1}{2}\right)^5 \left[1+\frac{1}{6}\cdot\frac{1}{2}+\frac{1}{6\cdot 6}\left(\frac{1}{2}\right)^2+\cdots\right]$$
$$= \frac{1}{5!}\left(\frac{1}{2}\right)^5 \left(\frac{1}{1-\frac{1}{12}}\right) < \frac{1}{1\,000}.$$

例 11 计算 $\lim\limits_{x\to 0}\dfrac{\cos x - e^{-\frac{x^2}{2}}}{x^4}$.

解 把 $\cos x$ 和 $e^{-\frac{x^2}{2}}$ 的泰勒多项式代入上式,有
$$\lim_{x\to 0}\frac{\cos x - e^{-\frac{x^2}{2}}}{x^4} = \lim_{x\to 0}\frac{\left(1-\frac{x^2}{2!}+\frac{x^4}{4!}-\cdots\right)-\left(1-\frac{x^2}{2!}+\frac{x^4}{2\cdot 2^2}-\cdots\right)}{x^4}$$
$$= \lim_{x\to 0}\frac{-\frac{x^4}{12}+\cdots}{x^4} = -\frac{1}{12}.$$

例 12 计算定积分 $\dfrac{2}{\sqrt{\pi}}\int_0^{\frac{1}{2}} e^{-x^2}\,dx$ 的近似值,要求误差不超过 0.000 1.

解 由于 e^{-x^2} 的原函数不是初等函数,所以这一积分"积不出来",但若用多项式逼近,就能"积得出来".

由 $e^{-x^2} \approx 1-x^2+\dfrac{x^4}{2}-\dfrac{x^6}{3}+\cdots+\dfrac{(-1)^n x^{2n}}{n!}$,得

$$\frac{2}{\sqrt{\pi}}\int_0^{\frac{1}{2}} e^{-x^2} dx \approx \frac{2}{\sqrt{\pi}}\int_0^{\frac{1}{2}}\left[1 - x^2 + \frac{x^4}{2} - \frac{x^6}{3} + \cdots + \frac{(-1)^n x^{2n}}{n!}\right]dx$$

$$= \frac{2}{\sqrt{\pi}}\left(x - \frac{x^3}{3} + \frac{x^5}{5 \cdot 2!} - \frac{x^7}{7 \cdot 3!} + \cdots + \frac{(-1)^n x^{2n+1}}{(2n+1)n!}\right)\Big|_0^{\frac{1}{2}}$$

$$= \frac{1}{\sqrt{\pi}}\left(1 - \frac{1}{2^2 \cdot 3} + \frac{1}{2^4 \cdot 5 \cdot 2!} - \frac{1}{2^6 \cdot 7 \cdot 3!} + \cdots \right.$$

$$\left. + (-1)^n \frac{1}{x^n \cdot (2n+1) \cdot n!}\right).$$

取前四项的和作为近似值,其误差为

$$|r| \leqslant \frac{1}{\sqrt{\pi}} \frac{1}{2^8 \cdot 9 \cdot 4!} < \frac{1}{90\,000},$$

所以

$$\frac{2}{\sqrt{\pi}}\int_0^{\frac{1}{2}} e^{-x^2} dx = \frac{1}{\sqrt{\pi}}\left(1 - \frac{1}{2^2 \cdot 3} + \frac{1}{2^4 \cdot 5 \cdot 2!} - \frac{1}{2^6 \cdot 7 \cdot 3!}\right) \approx 0.520\,5.$$

练习与思考 10-2

1. 求下列幂级数的收敛域.

(1) $-x - \frac{x^2}{2} - \frac{x^3}{3} - \cdots - \frac{x^n}{n} - \cdots$;   (2) $\frac{x}{3} + \frac{2x^2}{3^2} + \frac{3x^3}{3^3} + \cdots + \frac{nx^n}{3^n} - \cdots$;

(3) $\frac{x}{3} + \frac{x^2}{2 \cdot 3^2} + \frac{x^3}{3 \cdot 3^3} + \frac{x^4}{4 \cdot 3^4} + \cdots + \frac{x^n}{n \cdot 3^n} + \cdots$;

(4) $1 + (x-2) + 2^2(x-2)^2 + 3^3(x-2)^3 + \cdots + n^n(x-2)^n + \cdots$.

2. 求下列级数在收敛区间上的和函数.

(1) $\sum_{n=1}^{\infty}(2n-1)x^{2n-2}$;   (2) $x + \frac{x^3}{3} + \frac{x^5}{5} + \frac{x^7}{7} + \cdots$.

3. 将下列函数展开为 x 的幂级数,并指出其收敛域.

(1) a^x ($a > 0$, 且 $a \neq 1$);   (2) $\sin \frac{x}{2}$.

4. 求下列函数在 $x = 0$ 点处的 n 次泰勒多项式.

(1) $f(x) = e^{2x}$;   (2) $y = \frac{1}{1-2x}$.

5. 试用一个五次泰勒多项式计算 e 的近似值.

6. 计算定积分 $I = \int_0^1 \frac{\sin x}{x} dx$ 的近似值,精确到 0.000 1.

*§10.3 傅立叶[①]级数

10.3.1 三角级数、三角函数的正交性

除了幂级数,还有一类重要的函数项级数,就是三角级数.三角级数也称傅立叶级数,它的一般形式是

$$\frac{a_0}{2} + \sum_{n=1}^{\infty}(a_n\cos nx + b_n\sin nx),$$

其中 $a_0, a_n, b_n (n=1,2,3,\cdots)$ 都是常数.特别地,当 $a_n = 0$ $(n = 0,2,\cdots)$ 时,级数只含正弦项,称为正弦级数.当 $b_n = 0$ $(n = 0.,2,\cdots)$ 时,级数只含常数项和余弦项,称为余弦级数.

容易验证,若三角级数收敛,则它的和一定是一个以 2π 为周期的函数.对于三角级数,我们主要讨论它的收敛性以及如何把一个函数展开为三角级数的问题.

为进一步研究三角级数的收敛性,需讨论组成三角级数的三角函数系

$$1, \cos x, \sin x, \cos 2x, \sin 2x, \cdots, \cos nx, \sin nx, \cdots$$

的特性.

注意下列性质:

$$\int_{-\pi}^{\pi}\cos nx\,dx = 0 \qquad (n=1,2,3,\cdots);$$

$$\int_{-\pi}^{\pi}\sin nx\,dx = 0 \qquad (n=1,2,3,\cdots);$$

$$\int_{-\pi}^{\pi}\sin kx\cos nx\,dx = 0 \qquad (k,n=1,2,3,\cdots);$$

$$\int_{-\pi}^{\pi}\cos kx\cos nx\,dx = 0 \qquad (k,n=1,2,3,\cdots,k\neq n);$$

---

① 傅立叶(Fourier,Jean Baptiste Joseph),法国数学家、物理学家.1768年3月21日生于欧塞尔,1830年5月16日卒于巴黎.傅立叶早年父母双亡,被当地教堂收养.12岁由一主教送入地方军事学校读书.1794年到巴黎成为高等师范学校的首批学员,次年到巴黎综合工科学校执教.1798年随拿破仑远征埃及,时任军中文书和埃及研究院秘书,1801年回国后任伊泽尔省地方长官.1817年当选为科学院院士,1822年任该院终身秘书,后又任法兰西学院终身秘书和理工科大学校务委员会主席.

纵观傅立叶一生的学术成就,他最突出的贡献是在研究热的传播时创立了一套数学理论.1822年在代表作《热的分析理论》中解决了热在非均匀加热的固体中的分布传播问题,成为分析学在物理中应用的最早例证之一,对19世纪数学和理论物理学的发展产生深远影响.傅立叶级数(即三角级数)、傅立叶分析等理论均由此创始.傅立叶断言:"任意"函数都可以展成三角级数.傅立叶的另一项贡献是傅立叶变换(Transformée de Fourier),它是一种积分变换.因傅立叶系统地提出其基本思想,所以以其名字来命名以示纪念.傅立叶最早使用定积分符号,改进符号法则及创立根数判别方法.傅立叶的工作对数学的发展产生的影响是他本人及其同时代人都难以预料的,而且这种影响至今还在发展之中.

$$\int_{-\pi}^{\pi} \sin kx \sin nx \, dx = 0 \quad (n = 1, 2, 3, \cdots, k \neq n).$$

通常称上述性质为三角函数系在区间 $[-\pi, \pi]$ 上的正交性, 即上述三角函数系中任何两个不同函数乘积在区间 $[-\pi, \pi]$ 上的积分等于零.

以上等式都可以通过计算定积分来验证, 现将第四式验证如下.

利用三角学中的积化和差公式

$$\cos kx \cos nx = \frac{1}{2}[\cos(k+n)x + \cos(k-n)x],$$

当 $k \neq n$ 时, 有

$$\begin{aligned}\int_{-\pi}^{\pi} \cos kx \cos nx \, dx &= \frac{1}{2} \int_{-\pi}^{\pi} [\cos(k+n)x + \cos(k-n)x] dx \\ &= \frac{1}{2}\left[\frac{\sin(k+n)x}{k+n} + \frac{\sin(k-n)x}{k-n}\right]_{-\pi}^{\pi} \\ &= 0 \quad (k, n = 1, 2, 3, \cdots, k \neq n).\end{aligned}$$

在三角函数系中, 两个相同函数的乘积在区间 $[-\pi, \pi]$ 上的积分不等于零, 且有

$$\int_{-\pi}^{\pi} 1^2 \, dx = 2\pi,$$

$$\int_{-\pi}^{\pi} \sin^2 nx \, dx = \pi \quad (n = 1, 2, 3, \cdots),$$

$$\int_{-\pi}^{\pi} \cos^2 nx \, dx = \pi \quad (n = 1, 2, 3, \cdots).$$

10.3.2 函数展开成傅立叶级数

设 $f(x)$ 是以 2π 为周期的周期函数, 且能展开成三角级数

$$f(x) = \frac{a_0}{2} + \sum_{k=1}^{\infty} (a_k \cos kx + b_k \sin kx), \tag{1}$$

为求系数 $a_0, a_k, b_k, \cdots$, 利用三角函数系的正交性. 假设三角级数是逐项积分的, 把上式从 $-\pi$ 到 π 逐项积分, 有

$$\int_{-\pi}^{\pi} f(x) dx = \int_{-\pi}^{\pi} \frac{a_0}{2} dx + \sum_{k=1}^{\infty} \left[a_k \int_{-\pi}^{\pi} \cos kx \, dx + b_k \int_{-\pi}^{\pi} \sin kx \, dx\right].$$

根据三角函数系的正交性, 等式右端除第一项外, 其余各项均为零, 故

$$\int_{-\pi}^{\pi} f(x) dx = \frac{a_0}{2} \cdot 2\pi,$$

于是得

$$a_0 = \frac{1}{\pi} \int_{-\pi}^{\pi} f(x) dx.$$

为求 a_n，用 $\cos nx$ 乘(1)式两端，再从 $-\pi$ 到 π 逐项积分，得到

$$\int_{-\pi}^{\pi} f(x)\cos nx\,dx = \frac{a_0}{2}\int_{-\pi}^{\pi}\cos nx\,dx + \sum_{k=1}^{\infty}\left[a_k\int_{-\pi}^{\pi}\cos kx\cos nx\,dx + b_k\int_{-\pi}^{\pi}\sin kx\cos nx\,dx\right].$$

根据三角函数系的正交性，等式右端除 $k=n$ 一项外，其余各项均为零，故

$$a_k\int_{-\pi}^{\pi}\cos kx\cos nx\,dx = a_n\int_{-\pi}^{\pi}\cos^2 nx\,dx = a_n\pi,$$

于是得

$$a_n = \frac{1}{\pi}\int_{-\pi}^{\pi} f(x)\cos nx\,dx \quad (n=1,2,3,\cdots).$$

类似地，用 $\sin nx$ 乘(1)式的两端，再从 $-\pi$ 到 π 逐项积分，可得

$$b_n = \frac{1}{\pi}\int_{-\pi}^{\pi} f(x)\sin nx\,dx \quad (n=1,2,3,\cdots).$$

用这种方法求得的系数称为 $f(x)$ 的傅立叶系数，由傅立叶系数所确定的三角级数

$$\frac{a_0}{2} + \sum_{n=1}^{\infty}(a_n\cos nx + b_n\sin nx),$$

称为函数的傅立叶级数.

综上所述，有如下定理：

定理 1 求 $f(x)$ 的傅立叶系数的公式为

$$a_n = \frac{1}{\pi}\int_{-\pi}^{\pi} f(x)\cos nx\,dx \quad (n=0,1,2,\cdots),$$

$$b_n = \frac{1}{\pi}\int_{-\pi}^{\pi} f(x)\sin nx\,dx \quad (n=1,2,\cdots).$$

一个定义在 $(-\infty,+\infty)$ 上且周期为 2π 的函数，如果它在一个周期上可积，则一定可以作出 $f(x)$ 的傅立叶级数，但这个级数是否收敛？如果收敛，是否仍收敛于 $f(x)$？不加证明地给出下列收敛定理.

定理 2(收敛定理，狄利克雷充分条件) 设 $f(x)$ 是周期为 2π 的周期函数，如果它满足：

(1) 在一个周期内连续或只有有限个第一类间断点；

(2) 在一个周期内至多有有限个极值点，

则 $f(x)$ 的傅立叶级数收敛，并且

(1) 当 x 是 $f(x)$ 的连续点时，级数收敛于 $f(x)$；

(2) 当 x 是 $f(x)$ 的间断点时，级数收敛于这一点左右极限的算术平均数

$$\frac{1}{2}[f(x-0)+f(x+0)].$$

例 1 设 $f(x)$ 是以 2π 为周期的周期函数，它在 $[-\pi,\pi]$ 上的表达式为

$$f(x) = \begin{cases} -1, & -\pi \leqslant x < 0, \\ 1, & 0 \leqslant x < \pi, \end{cases}$$

将它展开成傅立叶级数.

解 函数的图形如图 10-3-1 所示.

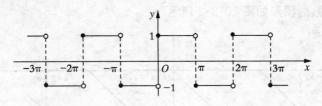

图 10-3-1

由收敛定理知,当 $x \neq k\pi$(k 为整数)时,级数收敛于 $f(x)$,并且当 $x = k\pi$ 时,级数收敛于

$$\frac{-1+1}{2} = \frac{1+(-1)}{2} = 0.$$

计算傅立叶系数如下:

$$a_n = \frac{1}{\pi} \int_{-\pi}^{\pi} f(x) \cos nx \, dx$$

$$= \frac{1}{\pi} \int_{-\pi}^{0} (-1) \cos nx \, dx + \frac{1}{\pi} \int_{0}^{\pi} 1 \cdot \cos nx \, dx$$

$$= 0,$$

$$b_n = \frac{1}{\pi} \int_{-\pi}^{\pi} f(x) \sin nx \, dx$$

$$= \frac{1}{\pi} \int_{-\pi}^{0} (-1) \sin nx \, dx + \frac{1}{\pi} \int_{0}^{\pi} 1 \cdot \sin nx \, dx$$

$$= \frac{1}{\pi} \left[\frac{\cos nx}{n} \right]_{-\pi}^{0} + \frac{1}{\pi} \left[-\frac{\cos nx}{n} \right]_{0}^{\pi}$$

$$= \frac{1}{n\pi}[1 - \cos n\pi - \cos n\pi + 1]$$

$$= \frac{2}{n\pi}[1 - (-1)^n],$$

$f(x)$ 的傅立叶级数展开式为

$$f(x) = \sum_{n=1}^{\infty} \frac{2}{n\pi}[1 - (-1)^n] \cdot \sin nx$$

$$= \frac{4}{\pi} \left[\sin x + \frac{1}{3} \sin 3x + \cdots + \frac{1}{2k-1} \sin(2k-1)x + \cdots \right]$$

$(-\infty < x < +\infty;\ x \neq 0, \pm\pi, \pm 2\pi, \cdots).$

例2 设 $f(x)$ 是周期为 2π 的周期函数,它在 $[-\pi,\pi]$ 上的表达式为
$$f(x) = \begin{cases} x, & -\pi \leqslant x < 0, \\ 0, & 0 \leqslant x < \pi, \end{cases}$$
将 $f(x)$ 展开成傅立叶级数.

解 函数的图形如图 10-3-2 所示.

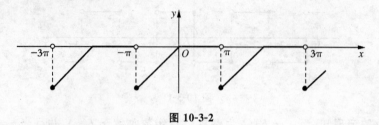

图 10-3-2

由收敛定理知,在间断点 $x = (2k+1)\pi$ $(k = 0, \pm 1, \cdots)$ 处,$f(x)$ 的傅立叶级数收敛于
$$\frac{f(\pi - 0) + f(-\pi + 0)}{2} = \frac{0 - \pi}{2} = -\frac{\pi}{2}.$$

在连续点 $x(x \neq (2k+1)\pi)$ 处,傅立叶级数收敛于 $f(x)$.

计算傅立叶系数如下:
$$a_n = \frac{1}{\pi}\int_{-\pi}^{\pi} f(x)\cos nx\,dx = \frac{1}{\pi}\int_{-\pi}^{0} x\cos nx\,dx$$
$$= \frac{1}{\pi}\left[\frac{x\sin nx}{n} + \frac{\cos nx}{n^2}\right]_{-\pi}^{0}$$
$$= \frac{1}{n^2\pi}(1 - \cos n\pi)$$
$$= \frac{1}{n^2\pi} \cdot [1 - (-1)^n],$$
$$a_0 = \frac{1}{\pi}\int_{-\pi}^{\pi} f(x)\,dx = \frac{1}{\pi}\int x\,dx = \frac{1}{\pi}\left[\frac{x^2}{2}\right]_{-\pi}^{0} = -\frac{\pi}{2},$$
$$b_n = \frac{1}{\pi}\int_{-\pi}^{\pi} f(x)\sin nx\,dx$$
$$= \frac{1}{\pi}\int_{-\pi}^{0} x\sin nx\,dx$$
$$= \frac{1}{\pi}\left[-\frac{x\cos nx}{n} + \frac{\sin nx}{n^2}\right]_{-\pi}^{0}$$
$$= -\frac{\cos n\pi}{n}$$
$$= \frac{(-1)^{n+1}}{n}.$$

$f(x)$ 的傅立叶级数展开式为

$$f(x) = -\frac{\pi}{4} + \sum_{n=1}^{\infty} \frac{1-(-1)^n}{n^2\pi} \cdot \cos nx + \frac{(-1)^{n+1}}{n} \cdot \sin nx \quad (-\infty < x < \infty, x \neq \pm\pi, \pm 3\pi, \cdots).$$

如果函数 $f(x)$ 仅仅只在 $[-\pi,\pi]$ 上有定义,并且满足收敛定理的条件,$f(x)$ 仍可以展开成傅立叶级数,做法如下:

(1) 在 $[-\pi,\pi]$ 外补充函数 $f(x)$ 的定义,使它被延拓成周期为 2π 的周期函数 $F(x)$,按这种方式延拓函数定义域的过程称为周期延拓.

(2) 将 $F(x)$ 展开成傅立叶级数.

(3) 限制 $x \in (-\pi,\pi)$,此时 $F(x) \equiv f(x)$,这样便得到 $f(x)$ 的傅立叶级数展开式. 根据收敛定理,该级数在区间端点 $x = \pm\pi$ 处收敛于 $\frac{1}{2}[f(\pi-0)+f(-\pi+0)]$.

例 3 将函数 $f(x) = \begin{cases} -x, & -\pi \leqslant x < 0, \\ x, & 0 \leqslant x \leqslant \pi \end{cases}$ 展开成傅立叶级数.

解 将 $f(x)$ 在 $(-\infty,\infty)$ 上以 2π 为周期作周期延拓,其函数图形如图 10-3-3 所示.

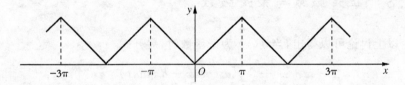

图 10-3-3

因此拓广后的周期函数 $F(X)$ 在 $(-\infty,\infty)$ 上连续,故它的傅立叶级数在 $[-\pi,\pi]$ 上收敛于 $f(x)$,计算傅立叶系数如下:

$$\begin{aligned}
a_n &= \frac{1}{\pi}\int_{-\pi}^{\pi} f(x)\cos nx\,dx \\
&= \frac{1}{\pi}\int_{-\pi}^{0}(-x)\cos nx\,dx + \frac{1}{\pi}\int_{0}^{\pi} x\cos nx\,dx \\
&= -\frac{1}{\pi}\left[\frac{x\sin nx}{n} + \frac{\cos nx}{n^2}\right]_{-\pi}^{0} + \frac{1}{\pi}\left[\frac{x\sin nx}{n} + \frac{\cos nx}{n^2}\right]_{0}^{\pi} \\
&= \frac{2}{n^2\pi}(\cos n\pi - 1) \\
&= \begin{cases} -\dfrac{4}{n^2\pi}, & n=1,3,5,\cdots, \\ 0, & n=2,4,6,\cdots, \end{cases}
\end{aligned}$$

$$a_0 = \frac{1}{\pi}\int_{-\pi}^{\pi} f(x)\mathrm{d}x$$
$$= \frac{1}{\pi}\int_{-\pi}^{0}(-x)\mathrm{d}x + \frac{1}{\pi}\int_{0}^{\pi} x\mathrm{d}x$$
$$= \frac{1}{\pi}\left[-\frac{x^2}{2}\right]_{-\pi}^{0} + \frac{1}{\pi}\left[\frac{x^2}{2}\right]_{0}^{\pi}$$
$$= \pi,$$
$$b_n = \frac{1}{\pi}\int_{-\pi}^{\pi} f(x)\sin nx\,\mathrm{d}x$$
$$= \frac{1}{\pi}\int_{-\pi}^{0}(-x)\sin nx\,\mathrm{d}x + \frac{1}{\pi}\int_{0}^{\pi} x\sin nx\,\mathrm{d}x$$
$$= -\frac{1}{\pi}\left[-\frac{x\cos nx}{n} + \frac{\sin nx}{n^2}\right]_{-\pi}^{0} + \frac{1}{\pi}\left[-\frac{x\cos nx}{n} + \frac{\sin x}{n^2}\right]_{0}^{\pi}$$
$$= 0 \ (n = 1,2,3,\cdots).$$

故 $f(x)$ 的傅立叶级数展开式为

$$f(x) = \frac{\pi}{2} - \frac{4}{\pi}\left(\cos x + \frac{1}{3^2}\cos 3x + \frac{1}{5^2}\cos 5x + \cdots\right), -\pi \leqslant x \leqslant 0.$$

10.3.3 正弦级数与余弦级数

由以上讨论可以得出，当 $f(x)$ 为奇函数时，展开式

$$\frac{a_0}{2} + \sum_{n=1}^{\infty}(a_n\cos nx + b_n\sin nx)$$

中的系数 $a_0 = a_n = 0$，级数只含正弦项，称为正弦级数；当 $f(x)$ 为偶函数时，展开式中的系数 $b_n = 0$，级数只含余弦项，称为余弦级数.

例 3 得到的展开式就是一个余弦级数.

一般地，如果 $f(x)$ 仅在 $[0,\pi]$ 上有定义，且满足收敛定理的条件，为了将其展开成傅立叶级数，在 $[-\pi,0]$ 上补充定义为奇函数

$$F(x) = \begin{cases} -f(-x), & -\pi \leqslant x < 0, \\ f(x), & 0 \leqslant x \leqslant \pi, \end{cases}$$

或偶函数

$$F(x) = \begin{cases} f(-x), & -\pi \leqslant x < 0, \\ f(x), & 0 \leqslant x \leqslant \pi, \end{cases}$$

然后再延拓为以 2π 为周期的周期函数. 这时，若将函数 $f(x)$ 延拓成奇函数，则函数 $f(x)$ 展开成正弦级数；若将函数 $f(x)$ 延拓成偶函数，则函数 $f(x)$ 展开成余弦级数.

第 10 章 无穷级数

例 4 将函数 $f(x) = x$ $(0 \leqslant x \leqslant \pi)$ 分别展开成正弦级数和余弦级数.

解 将 $f(x)$ 作奇延拓,得到函数

$$F(x) = \begin{cases} x, & 0 \leqslant x \leqslant \pi, \\ x, & -\pi < x < 0. \end{cases}$$

其傅立叶系数为

$$a_n = \frac{1}{\pi} \int_{-\pi}^{\pi} f(x) \cos nx \, dx = 0 \ (n = 0, 1, 2, \cdots),$$

$$b_n = \frac{1}{\pi} \int_{-\pi}^{\pi} f(x) \sin nx \, dx$$

$$= \frac{2}{\pi} \int_{0}^{\pi} x \sin nx \, dx$$

$$= \frac{2}{\pi} \left[-\frac{x \cos nx}{n} + \frac{\sin x}{n^2} \right]_0^{\pi}$$

$$= (-1)^{n+1} \frac{2}{n} \ (n = 1, 2, 3, \cdots).$$

由此得 $F(x)$ 在 $(-\pi, \pi)$ 上的展开式也即 $f(x)$ 在 $[0, \pi)$ 上的展开式,

$$f(x) = x = 2 \sum_{n=1}^{\infty} (-1)^{n+1} \frac{\sin nx}{n}, \ 0 \leqslant x \leqslant \pi.$$

在 $x = \pi$ 处,上述正弦级数收敛于 $\frac{1}{2}[f(\pi - 0) + f(-\pi + 0)] = \frac{1}{2}(-\pi + \pi) = 0$.

将 $f(x)$ 作偶延拓,得到函数

$$F(x) = \begin{cases} x, & 0 \leqslant x \leqslant \pi, \\ -x, & -\pi < x < 0. \end{cases}$$

由例 3 知,$F(x)$ 的展开式也即 $f(x)$ 在 $[0, \pi]$ 上的展开式,

$$f(x) = \frac{\pi}{2} - \frac{4}{\pi} \left(\cos x + \frac{1}{3^2} \cos 3x + \frac{1}{5^2} \cos 5x + \cdots \right) \quad 0 \leqslant x \leqslant \pi.$$

此例说明 $f(x)$ 在 $[0, \pi]$ 上的傅立叶级数展开式不是唯一的.

若函数 $f(x)$ 是以 $2l$ 为周期的周期函数,且在 $[-l, l]$ 上满足收敛定理的条件,作代换 $x = \frac{l}{\pi} t$,即 $t = \frac{\pi}{l} x$,把 $f(x)$ 变换成以 2π 为周期的函数 $F(t)$. $F(t)$ 的傅立叶级数展开式

$$F(t) = \frac{a_0}{2} + \sum_{n=1}^{\infty} (a_n \cos nt + b_n \sin nt),$$

则 $f(x)$ 的傅立叶级数展开式为

$$f(x) = \frac{a_0}{2} + \sum_{n=1}^{\infty} \left(a_n \cos \frac{n\pi}{l} x + b_n \sin \frac{n\pi}{l} x \right).$$

例 5 将函数 $f(x) = x^2$ $(0 \leqslant x \leqslant 2)$ 展开成正弦级数和余弦级数.

解 将 $f(x)$ 作奇延拓,得到函数 $F(x)$,且
$$F(x) = \begin{cases} x^2, & 0 \leqslant x \leqslant 2, \\ -x^2, & -2 < x < 0. \end{cases}$$
再将 $F(x)$ 以 4 为周期进行周期延拓,便可获到一个以 4 为周期的周期函数,其图像如图 10-3-4 所示.

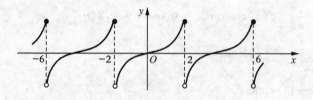

图 10-3-4

其傅立叶系数为
$$a_n = 0,$$
$$b_n = \frac{2}{2}\int_0^2 x^2 \sin\frac{n\pi x}{2} dx = (-1)^{n+1}\frac{8}{n1} + \frac{16}{n^3\pi^3}[(-1)^n - 1].$$

由于函数在 $x = 2(2k+1), k = 0, \pm 1, \pm 2, \cdots$ 处间断,故 $f(x)$ 的正弦级数展开式为
$$f(x) = x^2 = \sum_{n=1}^{\infty}\left[\frac{(-1)^{n+1}8}{n\pi} + \frac{16}{n^3\pi^3}[(-1)^n - 1]\right] \cdot \sin\frac{n\pi x}{2},$$
这里 $0 \leqslant x < 2$. 再将 $f(x)$ 作偶延拓,得到函数 $F(x)$,且
$$F(x) = \begin{cases} x^2, & 0 \leqslant x \leqslant 2, \\ x^2, & -2 < x < 0. \end{cases}$$
将 $F(x)$ 以 4 为周期进行周期延拓,便可获到一个以 4 为周期的周期函数,其图像如图 10-3-4 所示.

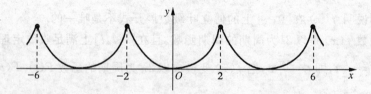

图 10-3-4

其傅立叶系数为
$$b_n = 0,$$
$$a_0 = \frac{2}{2}\int_0^2 x^2 dx = \frac{8}{3},$$

$$a_n = \frac{2}{2}\int_0^2 x^2 \cos\frac{n\pi x}{2}dx = (-1)^n \frac{16}{n^2\pi^2}.$$

由于函数在$(-\infty, +\infty)$上连续,故$f(x)$的余弦级数展开式为

$$f(x) = x^2 = \frac{4}{3} + \sum_{n=1}^{\infty}(-1)^n \frac{16}{n^2\pi^2} \cdot \cos\frac{n\pi x}{2},$$

这里 $0 \leqslant x \leqslant 2$.

当$x = 2$时,由$4 = \frac{4}{3} + \sum_{n=1}^{\infty} \frac{16}{n^2\pi^2}$,得到著名的等式$\sum_{n=1}^{\infty}\frac{1}{n^2} = \frac{\pi^2}{6}$.

练习与思考 10-3

1. 函数$f(x)$的傅立叶级数展开式是否唯一?

2. 将周期为2π的函数$f(x) = \sin\frac{x}{2}$ $(-\pi \leqslant x \leqslant \pi)$展开成傅立叶级数.

3. 把$f(x) = \begin{cases} x, 0 \leqslant x \leqslant \frac{\pi}{2}, \\ \frac{\pi}{2}, \frac{\pi}{2} < x \leqslant \pi \end{cases}$ 展开成正弦级数与余弦级数.

§10.4 数学实验(七)—— 二元函数微积分与无穷级数

【实验目的】

(1) 会利用数学软件绘制直角坐标系下的三维图形.

(2) 会利用数学软件计算多元函数的偏导数,并求二元函数的极值、二重积分.

(3) 会利用数学软件求级数的和(函数)、将函数展开成幂级数.

【实验内容及要点】

实验内容 A

(1) 会绘制二元函数$z = f(x, y)$的图形.

(2) 会绘制由参数方程所确定的空间曲线.

实验要点 A

Mathcad 软件:主要使用 2 号子菜单栏上的按钮.

Matlab 软件:(1) 在使用命令 mesh(x,y,z) 作三维图形之前,必须先使用命令 [x,y] = meshgrid(xmin:h:xmax, ymin:h:ymax) 生成 xoy 平面上给定范围中的网格点;

(2) 使用命令 plot3(x,y,z) 可以绘制由参数方程所确定的空间曲线.

实验练习 A

1. 绘制下列函数在给定条件下的图形.

(1) $z = \cos(4x^2 + 9y^2)$, $x \in [-1,1]$, $y \in [0,2]$;

(2) $z = \dfrac{4}{1+x^2+y^2}$, $x \in [-2,2]$, $y \in [-2,2]$.

2. 绘制方程为 $\begin{cases} x = \cos t, \\ y = \sin t, t \in [0, 8\pi] \\ z = t/10, \end{cases}$ 的空间曲线图.

实验内容 B

(1) 会利用数学软件计算二元函数的偏导数、二重积分;

(2) 会求二元函数的无条件极值、条件极值.

实验要点 B

(1) Mathcad 软件:定义二元函数后,直接利用数学工具栏 5 号子菜单栏上的按钮 $\frac{d}{dx}$、$\frac{d^n}{dx^n}$、$\int_a^b$,求偏导数、二重积分.

Matlab 软件:使用命令 diff(f,v) 计算多元函数 f 的偏导数 $\dfrac{\partial f}{\partial v}$;使用命令 int(int(f,y,c,d),x,a,b) 计算二元函数 f 的二重积分 $\int_a^b dx \int_c^d f dy$.

(2) 求二元函数的无条件极值:定义函数 $z = f(x,y)$ → 计算偏导数 $f'_x(x,y)$, $Af'_y(x,y)$ → 求极值可疑点:不可导的点和驻点 → 计算二阶偏导数 $A = f''_{xy}(x,y)$, $B = f''_{xy}(x,y)$, $C = f''_{yy}(x,y)$ 及判别式 $AC - B^2$ 的值 → 确定极值.

(3) 求二元函数的条件极值:定义拉格朗日函数 $L(x,y,\lambda)$ → 计算偏导数 L_x, L_y, L_λ → 求极值可疑点 → 确定极值.

实验练习 B

1. 已知函数 $f(x,y) = x^2 \sin(x+y)$,计算偏导数:$\dfrac{\partial f}{\partial x}$, $\dfrac{\partial f}{\partial y}$, $\dfrac{\partial^2 f}{\partial x \partial y}$, $\dfrac{\partial^2 f}{\partial y^2}$.

2. 请问函数 $f(x,y) = x^3 - x^2 + 3xy + 2y^2$ 在何处取得极值?

3. 求函数 $z = xy$ 在满足附加条件 $x + y = 1$ 下的极大值.

4. 计算下列二重积分.

(1) $\int_0^1 dy \int_0^2 (x+y) dx$; (2) $\int_0^1 dx \int_x^1 e^{-y^2} dy$; (3) $\int_\pi^2 dy \int_{y-\pi}^\pi \dfrac{\sin x}{x} dx$.

实验内容 C

会利用数学软件求级数的和(函数)、将函数展开成幂级数.

实验要点 C

Mathcad 软件:利用数学工具栏 5 号子菜单栏上的按钮 $\sum_{n=1}^m$ 求级数的和(函数);

利用 9 号子菜单栏上的按钮 series 将函数展开成幂级数.

Matlab 软件:使用命令 symsum(f,n,a,b) 计算和(函数)$\sum\limits_{n=a}^{b}f$;使用命令 taylor(f,n,x,a) 将函数 $f(x)$ 在 $x=a$ 处展开成 $n-1$ 阶泰勒展开式.

实验练习 C

1. 计算下列幂级数的和函数.

(1) $\sum\limits_{n=1}^{\infty}\dfrac{1}{x^n}$;   (2) $\sum\limits_{n=1}^{\infty}n(n+1)x^n$;   (3) $\sum\limits_{n=1}^{\infty}2nx^{2n-1}$.

2. 将下列函数展开成 x 的五阶麦克劳林级数.

(1) $\ln\left(\dfrac{1+x}{1-x}\right)$;   (2) $x^2\mathrm{e}^{x^2}$;   (3) $x\ln(1+x)$.

3. 将下列函数展开成 $x-1$ 的三阶泰勒级数.

(1) $\ln(2+x)$;   (2) $\dfrac{1}{2-3x}$;   (3) e^{x-1}.

练习与思考 10-4

1. 利用数学软件作出椭球面 $\dfrac{x^2}{4}+\dfrac{y^2}{9}+\dfrac{z^2}{1}=1$ 的图形.(提示:可以将曲面方程改写成 $z=f(x,y)$ 型或用参数方程进行表示.)

2. 计算 $\iint\limits_{D}\mathrm{e}^{-(x^2+y^2)}\mathrm{d}x\mathrm{d}y$,其中 D 为 $x^2+y^2\leqslant 1$.

3. 计算常数项级数 $\sum\limits_{n=1}^{\infty}\dfrac{1}{n^2}$.

本 章 小 结

一、基本思想

无穷多个有次序数的和的运算与有限项和的运算有本质区别,它可能有"和",可能无"和",因而有无穷级数收敛与发散的概念.

无穷级数以数项级数为基础,进而拓展到函数项级数.正项级数是最简单的数项级数之一,其他类型的级数往往需要转化成正项级数,利用正项级数的有关结果进行计算,因而十分重要.

函数项级数中应用最广泛的一类为幂级数,收敛域与和函数是其重要内容.一个函数具有任意阶导数,总可以作出泰勒级数,但这个泰勒级数的和不一定收敛于此函数,初等函数的泰勒级数的和一定收敛于此初等函数.

将一个函数展开成泰勒级数或麦克劳林级数有直接展开法与间接展开法.直接展开法是先

求出泰勒级数,再证明其余项的极限为零;间接展开法是将函数适当恒等变形,使之化为可以利用的已知的几个展开式,或利用级数的加、减、乘等运算,或发现其导数或积分可用常见的几个展开式表示,再通过逐项积分或逐项微分得到原函数的幂级数展开式等等.

利用泰勒多项式可以逼近函数,它在近似计算、求极限、计算积分及解微分方程等方面有广泛应用.

傅立叶级数与幂级数不同,它的各项均为正弦函数或余弦函数,因而傅立叶级数能呈现出函数的周期性,而幂级数则不能.一个函数的傅立叶级数展开的条件比幂级数展开的条件低得多,它不仅不需要函数具有任意阶导数,就连函数的连续性也不要求,只须满足收敛定理的条件即可,这样就可以使得一般函数均能展开成傅立叶级数.

二、主要内容

1. 基本概念

(1) 若给定一个数列 $u_1, u_2, \cdots, u_n, \cdots$,称无穷多个有次序数的和

$$u_1 + u_2 + \cdots + u_n + \cdots$$

为常数项无穷级数,简称级数,记作 $\sum_{n=1}^{\infty} u_n$. 其中第 n 项 u_n 叫做级数的一般项.

若级数 $\sum_{n=1}^{\infty} u_n$ 中的各项都是非负的(即 $u_n \geqslant 0$, $n = 1, 2, \cdots$),则称级数 $\sum_{n=1}^{\infty} u_n$ 为正项级数. 若级数各项是正负相间的,称为交错级数.

(2) 设函数列 $u_1(x), u_2(x), \cdots, u_n(x), \cdots$ 在区间 I 上有定义,则

$$\sum_{n=1}^{\infty} u_n(x) = u_1(x) + u_2(x) + \cdots + u_n(x) + \cdots$$

称作函数项级数.

各项都是幂函数的函数项级数,即形如

$$\sum_{n=0}^{\infty} a_n x^n = a_0 + a_1 x + a_2 x^2 + \cdots + a_n x^n + \cdots$$

或

$$\sum_{n=0}^{\infty} a_n (x - x_0)^n = a_0 + a_1 (x - x_0) + a_2 (x - x_0)^2 + \cdots + a_n (x - x_0)^n + \cdots$$

的函数项级数称为幂级数. 其中常数 $a_0, a_1, a_2, \cdots a_n, \cdots$ 称为幂级数系数.

(3) 如果 $f(x)$ 在 $x = x_0$ 处具有任意阶的导数,称级数

$$f(x_0) + \frac{f'(x_0)}{1!}(x - x_0) + \frac{f''(x_0)}{2!}(x - x_0)^2 + \cdots + \frac{f^{(n)}(x_0)}{n!}(x - x_0)^n + \cdots$$

为函数 $f(x)$ 在 $x = x_0$ 处的泰勒级数.

特别地,当 $x_0 = 0$ 时,

$$f(x) = f(0) + \frac{f'(0)}{1!}x + \frac{f''(0)}{2!}x^2 + \cdots + \frac{f^{(n)}(0)}{n!}x^n + \cdots$$

为函数 $f(x)$ 在 $x_0 = 0$ 处的麦克劳林级数.

(4) 称级数 $\dfrac{a_0}{2} + \sum\limits_{n=1}^{\infty}(a_n\cos nx + b_n\sin nx)$ 为函数 $f(x)$ 的傅立叶级数,其中

$$a_n = \dfrac{1}{\pi}\int_{-\pi}^{\pi}f(x)\cos nx\,\mathrm{d}x, \ n = 0,1,2,\cdots,$$

$$b_n = \dfrac{1}{\pi}\int_{-\pi}^{\pi}f(x)\sin nx\,\mathrm{d}x, \ n = 1,2,3,\cdots.$$

(5) 当 n 无限增大时,如果级数 $\sum\limits_{n=1}^{\infty}u_n$ 的部分和数列 $\{S_n\}$ 有极限 S,即

$$\lim_{n\to\infty}S_n = S,$$

则称级数 $\sum\limits_{n=1}^{\infty}u_n$ 收敛,这时极限 S 叫做级数的 $\sum\limits_{n=1}^{\infty}u_n$ 和,并记作

$$S = u_1 + u_2 + u_3 + \cdots + u_n + \cdots.$$

如果部分和数列 $\{S_n\}$ 无极限,则称级数 $\sum\limits_{n=1}^{\infty}u_n$ 发散.

(6) 若级数 $\sum\limits_{n=1}^{\infty}|u_n|$ 收敛,则称级数 $\sum\limits_{n=1}^{\infty}u_n$ 绝对收敛;

若级数 $\sum\limits_{n=1}^{\infty}|u_n|$ 发散,而级数 $\sum\limits_{n=1}^{\infty}u_n$ 收敛,则称级数 $\sum\limits_{n=1}^{\infty}u_n$ 为条件收敛.

(7) 对于一般的幂级数 $\sum\limits_{n=1}^{\infty}a_n x^n$,若 $\lim\limits_{n\to\infty}\left|\dfrac{a_{n+1}}{a_n}\right| = \rho$,令 $R = \dfrac{1}{\rho}$,称 R 为幂级数 $\sum\limits_{n=0}^{\infty}a_n x^n$ 的收敛半径.开区间 $(-R, R)$ 称为幂级数的收敛区间.当 $\rho = 0$ 时,规定收敛半径 $R = +\infty$;当 $\rho = +\infty$ 时,规定收敛半径 $R = 0$.将收敛区间的端点 $x = \pm R$ 代入级数中,判定数项级数的敛散性后,就可得到幂级数的收敛域.

2. 基本方法

(1) 比较审敛法:给定两个正项级数 $\sum\limits_{n=1}^{\infty}u_n, \sum\limits_{n=1}^{\infty}v_n$,且 $u_n \leqslant v_n (n = 1, 2, \cdots)$,则

若级数 $\sum\limits_{n=1}^{\infty}v_n$ 收敛,则级数 $\sum\limits_{n=1}^{\infty}u_n$ 亦收敛;

若级数 $\sum\limits_{n=1}^{\infty}u_n$ 发散,则级数 $\sum\limits_{n=1}^{\infty}v_n$ 亦发散.

(2) 比值审敛法:若正项级数 $\sum\limits_{n=1}^{\infty}u_n$ 满足

$$\lim_{n\to\infty}\dfrac{u_{n+1}}{u_n} = \rho,$$

则

当 $\rho < 1$ 时,级数收敛;

当 $\rho > 1$ (也包括 $\rho = +\infty$) 时,级数发散;

当 $\rho = 1$ 时,级数的敛散性不能确定.

(3) 交错级数审敛法:若交错级数 $\sum\limits_{n=1}^{\infty}(-1)^n u_n$ 满足条件:

$$u_n \geqslant u_{n+1} \quad (n=1,2,\cdots), \quad \lim_{n\to\infty} u_n = 0,$$

则级数 $\sum_{n=1}^{\infty}(-1)^n u_n$ 收敛.

(4) 直接展开法:分为 3 个步骤.

步骤一　求出函数的各阶导数及函数值
$$f(0), f'(0), f''(0), \cdots, f^{(n)}(0), \cdots,$$
若函数的某阶导数不存在,则函数不能展开;

步骤二　写出麦克劳林级数
$$f(0) + \frac{f'(0)}{1!}x + \frac{f''(0)}{2!}x^2 + \cdots + \frac{f^{(n)}(0)}{n!}x^n + \cdots,$$
并求其收敛半径 R;

步骤三　考察当 $x \in (-R, R)$ 时,拉格朗日余项 $R_n(x)$ 的极限是否为零,若 $\lim_{n\to\infty} R_n(x) = 0$,则第二步写出的级数就是函数的麦克劳林展开式.

(5) 间接展开法:利用一些已知的函数展开式以及幂级数的运算性质(如加减、逐项求导、逐项求积分)将所给函数展开.

(6) 设 $f(x)$ 是周期为 2π 的周期函数,如果它满足:

在一个周期内连续或只有有限个第一类间断点;

在一个周期内至多有有限个极值点,

则 $f(x)$ 的傅立叶级数收敛,并且

当 x 是 $f(x)$ 的连续点时,级数收敛于 $f(x)$;

当 x 是 $f(x)$ 的间断点时,级数收敛于这一点左右极限的算术平均数
$$\frac{1}{2}[f(x-0) + f(x+0)].$$

本章复习题

一、判断题

1. 若 $\lim_{n\to\infty} u_n \to 0$,则级数 $\sum_{n=1}^{\infty} u_n$ 收敛. 　　　　　　　　　　　　　　　( )

2. 若级数 $\sum_{n=1}^{\infty} u_n$ 发散,则级数 $\sum_{n=1}^{\infty} cu_n$ ($c \neq 0$ 为常数)也发散. 　　　( )

3. 改变级数的有限多个项,级数的敛散性不变. 　　　　　　　　　　　　　( )

4. 若 $f(x)$ 是周期为 2π 的函数,且满足收敛定理的条件,则在任意点 x 处 $f(x)$ 的傅立叶级数收敛于 $f(x)$. 　　　　　　　　　　　　　　　　　　　　　　　　　( )

二、选择题

1. 下列级数中,收敛的是( ).

(A) $\sum_{n=1}^{\infty} \frac{(-1)^{n-1}}{\sqrt{n}}$; (B) $\sum_{n=1}^{\infty} \frac{(-1)^n n}{\sqrt{2n^2+3}}$;

(C) $\sum_{n=1}^{\infty} \frac{5}{n+1}$; (D) $\sum_{n=1}^{\infty} \frac{n+1}{3n-2}$.

2. 下列级数中,绝对收敛的是( ).

(A) $\sum_{n=1}^{\infty} \frac{(-1)^n}{n}$; (B) $\sum_{n=1}^{\infty} \frac{3n+2}{n^2+1}$;

(C) $\sum_{n=1}^{\infty} (-1)^{n-1} \left(\frac{2}{3}\right)^n$; (D) $\sum_{n=1}^{\infty} \frac{(-1)^{n-1}}{\ln(1+n)}$.

3. 幂级数 $\sum_{n=1}^{\infty} \frac{x^n}{n}$ 的收敛域是( ).

(A) $[-1,1]$; (B) $[-1,1)$; (C) $(-1,1]$; (D) $(-1,1)$.

4. 函数 $f(x)=e^{-x^2}$ 展开成 x 的幂级数是( ).

(A) $\sum_{n=1}^{\infty} \frac{x^2}{n!}$; (B) $\sum_{n=1}^{\infty} \frac{(-1)^n x^{2n}}{n!}$;

(C) $\sum_{n=1}^{\infty} \frac{x^n}{n!}$; (D) $\sum_{n=1}^{\infty} \frac{(-1)^{n-1} x^n}{n!}$.

5. 设 $f(x)=2x$ 的周期为 2π,则它的傅氏展开式为( ).

(A) $2\sum_{n=1}^{\infty} \frac{(-1)^{n+1}}{n}\sin nx$; (B) $4\sum_{n=1}^{\infty} \frac{(-1)^{n+1}}{n}\sin nx$;

(C) $4\sum_{n=1}^{\infty} \frac{(-1)^{n+1}}{n}\sin nx$ $(-\infty<x<+\infty, x\neq(2k-1)\pi, k\in Z)$;

(D) $2\sum_{n=1}^{\infty} \frac{(-1)^{n+1}}{n}\sin nx$ $(-\infty<x<+\infty, x\neq(2k-1)\pi, k\in Z)$.

三、填空题

1. 若级数 $\sum_{n=1}^{\infty} u_n$ 收敛,则 $\sum_{n=1}^{\infty}(u_n+0.001)$ _____.

2. 级数 $\sum_{n=1}^{\infty} \frac{2}{n\sqrt{n+1}}$ _____.

3. 级数 $\sum_{n=1}^{\infty} \frac{(-1)^n}{\sqrt{n^3+1}}$ _____.

4. 级数 $\sum_{n=1}^{\infty} \frac{1}{\sqrt{n+1}+\sqrt{n}}$ _____.

四、解答题

1. 判别下列各级数的敛散性.

(1) $\sum_{n=1}^{\infty} \frac{1}{a^2+1}$ $(a>0)$;

(2) $\sum_{n=1}^{\infty} \sin \frac{\pi}{2^{n+1}}$;

(3) $\sum_{n=2}^{\infty} \left(\frac{1}{\sqrt{n-1}} - \frac{1}{\sqrt{n+1}} \right)$;

(4) $\sum_{n=1}^{\infty} \frac{n+2}{3^n}$;

(5) $\sum_{n=1}^{\infty} \frac{(-1)^{n-1}}{\sqrt{n}}$;

(6) $\sum_{n=1}^{\infty} \frac{(-1)^n n^2}{2^n}$.

2. 求下列幂级数的收敛域.

(1) $\sum_{n=1}^{\infty} \frac{x^n}{2 \cdot 4 \cdot 6 \cdot \cdots \cdot (2n)}$;

(2) $\sum_{n=1}^{\infty} (-1)^n \frac{x^n}{n^2}$;

(3) $\sum_{n=1}^{\infty} \frac{2^n x^n}{n^2+1}$;

(4) $\sum_{n=1}^{\infty} \frac{x^n}{n}$.

3. 将下列函数展开为 x 的幂级数,并指出其收敛域.

(1) $f(x) = \frac{1}{1-x^6}$;

(2) $f(x) = \cos^2 2x$;

(3) $f(x) = \ln(2+x)$;

(4) $f(x) = \frac{1}{x^2-2x-3}$.

4. 用已知函数的展开式,将下列函数展开成 $x-2$ 的幂级数.

(1) $f(x) = \frac{1}{4-x}$;

(2) $f(x) = \ln x$.

5. 将周期函数 $f(x) = x^2$ $(-\pi \leqslant x < \pi)$ 展开成傅立叶级数.

6. 把周期函数 $f(x) = \begin{cases} 0, & -l \leqslant x \leqslant 0, \\ 2, & 0 < x \leqslant l \end{cases}$ $(l>0)$ 展开成傅立叶级数.

第 11 章

图与网络基础

1736 年欧拉用图论方法解决了哥尼斯堡七桥问题,成为图论的创始人之一. 后来的一系列优化问题如邮路问题、迷宫问题、扫街问题、一笔画问题等都可以用欧拉的方法来解决. 随着科技的发展,图与网络的理论与方法也在不断扩展. 在现实生活中,很多优化和决策问题都可以归结为一个网络图,如交通网络、通讯网络、计算机网络、基因网络等,图论方法成为解决网络优化问题的有力工具.

§11.1 最短路与中国邮路问题

11.1.1 图的基本概念

1. 七桥问题

18 世纪,有一条河从哥尼斯堡这座城市中间流过,将整座城市分割成 4 部分. 当时一共有 7 座桥连通河两岸(v_1, v_4)及河中的两座岛屿(v_2, v_3),如图 11-1-1 所示.

有人提出了这样的问题:能否从城市的某处出发,恰好一次地走过所有的桥,最后回到出发地. 没有人能成功办到,但人们又无法说明这样的走法一定不存在,这就是著名的"七桥问题".

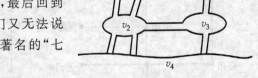

图 11-1-1

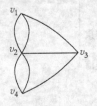

图 11-1-2

1736 年欧拉发表论文证明了"七桥问题"无解,由此开创了一个新的数学分支——图论. 欧拉发现,4 块区域的大小形状、7 座桥的长短曲直都不影响"七桥问题"的解,于是他将每块区域简化为一个点、连接两地的桥表示成连接两点的线,将问题归结为如图 11-1-2 所示的问题:从 v_1, v_2, v_3, v_4 中任一点出发,能否恰好一次地通过每条边,再回到出发点? 在

11.1.3 节中将详细讨论该问题.

2. 图的基本概念

很多事物及其之间的关系都可以像这样抽象成点与点之间的连线,将这样的图形称为图,用 G 表示;这些点称为图 G 的顶点,用 V 表示;这些点间连线称为图 G 的边,用 E 表示,一个图是由点集 V 和边集 E 所构成的二元组,记为 $G=(V,E)$.

例如任务分配问题,可以用点表示工人与待分配的任务,用边表示该工人可以胜任哪些任务,如图 11-1-3 所示. 又比如用点表示我国 10 个城市,用边表示连接这 10 个城市的铁路线,得到一个铁路连线如图 11-1-4(a)所示. 值得注意的是,图论中所讨论的图与我们熟悉的几何图形是不同的,在保持图的顶点和边的关系不变的情况下,边的长度和形状、点的位置的安排是无关紧要的. 图 11-1-4(a)也可画作图 11-1-4(b).

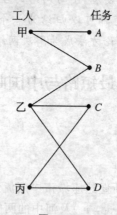

图 11-1-3

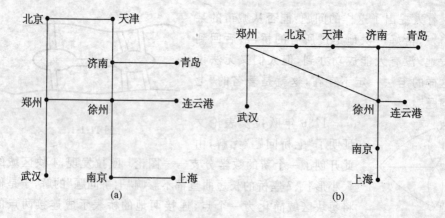

图 11-1-4

如果图 G 的任意两个顶点之间至少有一条路,则称图 G 是连通图. 如图 11-1-5 所示,点 v_5 是孤立点,与别的顶点之间没有连通的路,它不是连通图.今后我们主要讨论连通图.

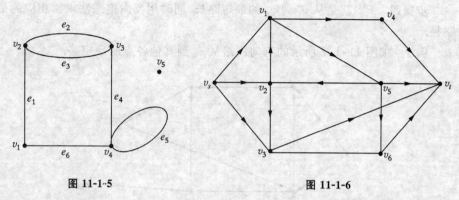

图 11-1-5　　　　　　　　　图 11-1-6

上面讨论的图有一个共同点,即任意一条边都没有方向性,称这样的图为无向图.但是在实际问题中,有时只用无向图还不能把问题描述清楚.比如图 11-1-6 中,为了表示把货物从点 v_i 运到点 v_j,就必须在 v_i 与 v_j 的连线上加上箭头指明 v_i 是发货点,v_j 是收货点.像这种边具有方向性的图称为有向图.

在图中,还可以在每条边旁标注与各边有关的数量指标,称之为权.权可以代表距离、费用、通过能力(容量)等等.各边带有一个非负实数权的图称为网络,或者称为赋权图.边 e 旁的非负实数称为边 e 的权,一般记为 $W(e)$.在赋权图中,一条路的权或者说路长就是这条路上的边权之和.

11.1.2　最短路问题

给出一个运输网络:每个顶点表示一个城市,顶点之间赋权的边表示对应的两个城市间的运输距离.求一个城市到另一个城市的最短路线,就可以归结为在一个赋权图中求指定两点间权最小的路,这就是本节要讨论的最短路问题,最短路的权就称为最短路长.

求指定两点间最短路的一个较好的算法是 Dijkstra 标号算法.它的基本思路是:假如路$(v_s, v_1, v_2, \cdots, v_{n-1}, v_n)$是从 v_s 到 v_n 的最短路,则其子路$(v_s, v_1, v_2, \cdots, v_{n-1})$必是从 v_s 到 v_{n-1} 的最短路.但该法只适用于非负权网络.下面仅介绍可适用于带有负权边网络的逐次逼近法,它可以找到从指定起点 v_s 到网络中其余各点的最短路,具体算法如下:

步骤一　列出网络 D 的邻接权矩阵$(w_{ij})_{n\times n}$,其中 w_{ij} 为有向边(v_i, v_j)上的权值,若网络中没有有向边(v_i, v_j),w_{ij} 取为 ∞;

步骤二　设 P_{sj} 表示从 v_s 到 v_j 的最短路长,令初始解 $P_{sj}^{(1)} = w_{sj}$;

步骤三 使用迭代公式进行第 $k-1$ 次迭代:,$P_{sj}^{(k)}=\min\{P_{si}^{(k-1)}+w_{ij}\}(k=2,3,\cdots)$,直到 $P_{sj}^{(k)}=P_{sj}^{(k+1)}(j=1,2,\cdots,n)$,则停止迭代;

步骤四 $P_{sj}^{(k)}$ 就是从 v_s 到 v_j 的最短路长,同时用反向追踪法求得相应的最短路径.

例 1 求图 11-1-7 所示的有向网络从 v_s 到其他各点的最短路.

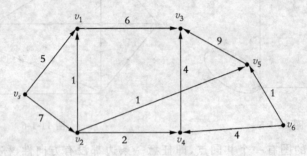

图 11-1-7

解 列出网络的邻接权矩阵,见表 11-1-1 的左半部分,右半部分则按列填写各次迭代的结果.

(1) 初始解:$P_{ss}^{(1)}=0$,$P_{s1}^{(1)}=5$,$P_{s2}^{(1)}=7$,$P_{s3}^{(1)}=P_{s4}^{(1)}=P_{s5}^{(1)}=P_{s6}^{(1)}=\infty$.

(2) 第一次迭代:

$P_{ss}^{(2)}=\min\{P_{ss}^{(1)}+w_{ss},\ P_{s1}^{(1)}+w_{1s},\ P_{s2}^{(1)}+w_{2s},\ P_{s3}^{(1)}+w_{3s},\ P_{s4}^{(1)}+w_{4s},\ P_{s5}^{(1)}+w_{5s},$
$\quad P_{s6}^{(1)}+w_{6s}\}=\min\{0+0,\ 5+\infty,\ 7+\infty,\ \infty+\infty,\ \infty+\infty,\ \infty+\infty,\ \infty+\infty\}$
$=0$,

$P_{s1}^{(2)}=\min\{P_{ss}^{(1)}+w_{s1},\ P_{s1}^{(1)}+w_{11},\ P_{s2}^{(1)}+w_{21},\ P_{s3}^{(1)}+w_{31},\ P_{s4}^{(1)}+w_{41},\ P_{s5}^{(1)}+w_{51},$
$\quad P_{s6}^{(1)}+w_{61}\}=\min\{0+5,\ 5+0,\ 7+1,\ \infty+\infty,\ \infty+\infty,\ \infty+\infty,\ \infty+\infty\}$
$=5$,

$P_{s2}^{(2)}=\min\{P_{ss}^{(1)}+w_{s2},\ P_{s1}^{(1)}+w_{12},\ P_{s2}^{(1)}+w_{22},\ P_{s3}^{(1)}+w_{32},\ P_{s4}^{(1)}+w_{42},\ P_{s5}^{(1)}+w_{52},$
$\quad P_{s6}^{(1)}+w_{62}\}=\min\{0+7,\ 5+\infty,\ 7+0,\ \infty+\infty,\ \infty+\infty,\ \infty+\infty,\ \infty+\infty\}$
$=7$,

$P_{s3}^{(2)}=\min\{P_{ss}^{(1)}+w_{s3},\ P_{s1}^{(1)}+w_{13},\ P_{s2}^{(1)}+w_{23},\ P_{s3}^{(1)}+w_{33},\ P_{s4}^{(1)}+w_{43},\ P_{s5}^{(1)}+w_{53},$
$\quad P_{s6}^{(1)}+w_{63}\}=\min\{0+\infty,\ 5+6,\ 7+\infty,\ \infty+0,\ \infty+4,\ \infty+9,\ \infty+\infty\}$
$=11$,

$P_{s4}^{(2)}=\min\{P_{ss}^{(1)}+w_{s4},\ P_{s1}^{(1)}+w_{14},\ P_{s2}^{(1)}+w_{24},\ P_{s3}^{(1)}+w_{34},\ P_{s4}^{(1)}+w_{44},\ P_{s5}^{(1)}+w_{54},$
$\quad P_{s6}^{(1)}+w_{64}\}=\min\{0+\infty,\ 5+\infty,\ 7+2,\ \infty+\infty,\ \infty+0,\ \infty+\infty,\ \infty+4\}$
$=9$,

$P_{s5}^{(2)}=\min\{P_{ss}^{(1)}+w_{s5},\ P_{s1}^{(1)}+w_{15},\ P_{s2}^{(1)}+w_{25},\ P_{s3}^{(1)}+w_{35},\ P_{s4}^{(1)}+w_{45},\ P_{s5}^{(1)}+w_{55},$
$\quad P_{s6}^{(1)}+w_{65}\}=\min\{0+\infty,\ 5+\infty,\ 7+1,\ \infty+\infty,\ \infty+\infty,\ \infty+0,\ \infty+1\}$

$=8$,
$P_{s6}^{(2)}=\min\{P_{ss}^{(1)}+w_{s6}, P_{s1}^{(1)}+w_{16}, P_{s2}^{(1)}+w_{26}, P_{s3}^{(1)}+w_{36}, P_{s4}^{(1)}+w_{46}, P_{s5}^{(1)}+w_{56},$
$P_{s6}^{(1)}+w_{66}\}=\min\{0+\infty, 5+\infty, 7+\infty, \infty+\infty, \infty+\infty, \infty+\infty, \infty+0\}$
$=\infty$.

继续第二次迭代,得:
$P_{ss}^{(3)}=0, P_{s1}^{(3)}=5, P_{s2}^{(3)}=7, P_{s3}^{(3)}=11, P_{s4}^{(3)}=9, P_{s5}^{(3)}=8, P_{s6}^{(3)}=\infty$.
由于对 $\forall j$, 有 $P_{sj}^{(3)}=P_{sj}^{(2)}$, 故停止迭代, 见表 11-1-1.

表 11-1-1

(w_{ij})	v_s	v_1	v_2	v_3	v_4	v_5	v_6	$P_{sj}^{(1)}$	$P_{sj}^{(2)}$	$P_{sj}^{(3)}$
v_s	0	5	7	∞	∞	∞	∞	0	0	0
v_1	∞	0	∞	6	∞	∞	∞	5	5	5
v_2	∞	1	0	∞	2	1	∞	7	7	7
v_3	∞	∞	∞	0	∞	∞	∞	∞	11	11
v_4	∞	∞	∞	4	0	∞	∞	∞	9	9
v_5	∞	∞	∞	9	∞	0	∞	∞	8	8
v_6	∞	∞	∞	∞	4	1	0	∞	∞	∞

表中最后一列数字分别表示从 v_s 到其他各点的最短路长.

用反向追踪法可得最短路径. 比如需要求出 v_s 到 v_5 的最短路径, 由最后一列知 $P_{s5}^{(3)}=8$, 根据公式 $P_{s5}^{(3)}=\min_i\{P_{si}^{(2)}+w_{i5}\}=P_{s2}^{(2)}+w_{25}=7+1=8$, 记下点 v_2. 再考察 v_2: 根据 $P_{s2}^{(3)}=\min_i\{P_{si}^{(2)}+w_{i2}\}=P_{ss}^{(2)}+w_{s2}=7$, 记下点 v_s. 所以从 v_s 到 v_5 的最短路为 $v_s \to v_2 \to v_5$. 本题结果如表 11-1-2 所示.

表 11-1-2

最短路径	$v_s \to v_1$	$v_s \to v_2$	$v_s \to v_1 \to v_3$	$v_s \to v_2 \to v_4$	$v_s \to v_2 \to v_5$	从 v_s 到 v_6 无任何通路
最短路长	5	7	11	9	8	无

例 2 如图 11-1-8 所示的单向运输网络中的 8 个顶点表示 8 个运输站点. 连线旁的数字代表运费(单位: 百元). 特别地, 在某些路段, 如从 v_2 到 v_3 在因故免交运费的同时, 还可以获得 2 百元的奖励, 即认为运费为 -2 百元. 现要求决策从 v_1 运货到其他各点的运输路线, 使得运费最省.

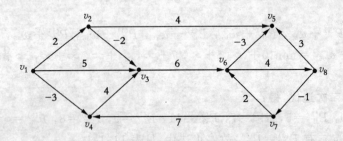

图 11-1-8

解 即求从 v_1 到其他各点的最短路. 计算过程可用表 11-1-3 表示.

表 11-1-3

(w_{ij})	v_1	v_2	v_3	v_4	v_5	v_6	v_7	v_8	$P_{1j}^{(1)}$	$P_{1j}^{(2)}$	$P_{1j}^{(3)}$	$P_{1j}^{(4)}$	$P_{1j}^{(5)}$	$P_{1j}^{(6)}$
v_1	0	2	5	-3	∞	∞	∞	∞	0	0	0	0	0	0
v_2	∞	0	-2	∞	4	∞	∞	∞	2	2	2	2	2	2
v_3	∞	∞	0	∞	∞	6	∞	∞	5	0	0	0	0	0
v_4	∞	∞	4	0	∞	∞	∞	∞	-3	-3	-3	-3	-3	-3
v_5	∞	∞	∞	∞	0	∞	∞	∞	∞	6	6	3	3	3
v_6	∞	∞	∞	∞	-3	0	∞	4	∞	11	6	6	6	6
v_7	∞	∞	∞	7	∞	2	0	∞	∞	∞	∞	14	9	9
v_8	∞	∞	∞	∞	3	∞	-1	0	∞	∞	15	10	10	10

本题求解结果见表 11-1-4.

表 11-1-4

最短路径	$v_1 \to v_2$	$v_1 \to v_2 \to v_3$	$v_1 \to v_4$	$v_1 \to v_2 \to v_3$ $\to v_6 \to v_5$	$v_1 \to v_2 \to v_3$ $\to v_6$	$v_1 \to v_2 \to v_3 \to v_6$ $\to v_8 \to v_7$	$v_1 \to v_2 \to v_3$ $\to v_6 \to v_8$
最短路长	2	0	-3	3	6	9	10

许多优化问题如管道的铺设、线路的安排、运输网的最小费用等都可以归结为最短路问题. 需要注意的是, 最短路并不仅限于表示距离最短的路线: 若网络中"权"表示时间, 则最短路就是所费时间最短的路线; 若"权"表示费用, 则最短路就是所花费用最少的路线.

11.1.3 欧拉回路与中国邮路问题

1. 欧拉回路

在求解"七桥问题"时,欧拉提出了欧拉回路的定义:连通图中,经过每条边恰好一次且起点与终点相同的路称为欧拉回路,并称具有欧拉回路的图为欧拉图.换言之,"七桥问题"就是要在图 11-1-2 中寻找一条欧拉回路.

欧拉分析发现:对起点来说,每次沿一条边离开后,必须能够再回到起点,即跟起点关联的边数应为偶数条;对中间点而言,每次沿一条边到达该边,必须能再沿着另一条边离开该点,才有可能最终回到起点,即跟中间点关联的边数也应为偶数条.

我们把与顶点相关联的边的条数称为该点的度,度为奇数的顶点称为奇点,度为偶数的顶点称为偶点.下面给出判定欧拉图的充要条件.

定理 1 无向连通图是欧拉图当且仅当图中没有奇点.

由于图 11-1-2 的 4 个顶点都是奇点,根据定理 1,该图不是欧拉图,即图不存在欧拉回路,因此"七桥问题"无解.

Fleury 给出了寻找欧拉回路的一个算法:

步骤一 记图 G 的所有顶点的全体为 V,所有边的全体为 E,记 $G=(V,E)$,任取图 G 中的一顶点 v_0,记 $W=v_0$;

步骤二 如果通路 $W=v_0 e_1 v_1 \cdots e_i v_i$ 已选出,则按下述要求继续从 $E-\{e_1, e_2, \cdots, e_i\}$ 中选取边 e_{i+1}:

(1) 边 e_{i+1} 与顶点 v_i 相关联;

(2) 除非没有别的边可供选择,否则 e_{i+1} 不是 $G-\{e_1, e_2, \cdots, e_i\}$ 的割边,即 $G-\{e_1, e_2, \cdots, e_{i+1}\}$ 仍应连通;

步骤三 记边 e_{i+1} 的另一顶点为 v_{i+1},则通路 $W=v_0 e_1 v_1 \cdots e_i v_i e_{i+1} v_{i+1}$;

步骤四 重复步骤二、步骤三,直至图 G 所有的边被选出.

例 3 求图 11-1-9 中的一个欧拉回路.

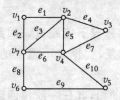

图 11-1-9

解 不妨取 v_1 为起点,由于边 e_1 与点 v_1 关联且缺少边 e_1,图仍然连通.故 W

$=v_1e_1v_2$（这里也可取 $W=v_1e_2v_7$）.再考察与点 v_2 关联的边,取边 e_4……,最终求得欧拉回路

$$W=v_1e_1v_2e_4v_3e_7v_4e_{10}v_5e_9v_6e_8v_7e_6v_4e_5v_2e_3v_7e_2v_1.$$

事实上,同一个图的欧拉回路并不唯一,如本题还可以找到:

$$W=v_1e_1v_2e_3v_7e_6v_4e_3v_2e_4v_3e_7v_4e_{10}v_5e_9v_6e_8v_7e_2v_1,$$
$$W=v_1e_2v_7e_3v_7e_6v_4e_3v_2e_4v_3e_7v_4e_{10}v_5e_9v_6e_8v_7e_2v_1$$

等欧拉回路.

2. 中国邮路问题

1962年我国的管梅谷先生提出了"中国邮路问题":一个邮递员,从邮局出发,走遍他所管辖的所有街道,再返回邮局,问应如何安排投递路线,才能使邮递员所走的总路程最短？如果把所经过的街道作为边,投递距离作为相应边的权,则得到一个赋权连通图.于是,中国邮路问题转化为在一个连通赋权图 G 中找一条总权数最小的回路,并且要求经过每条边至少一次.

显然,如果图 G 没有奇点,即图 G 存在欧拉回路,则按欧拉回路走就是中国邮路问题的解.

如果图 G 有奇点,由于要求经过每条边至少一次,则必然某些与奇点关联的边得重复通过.这相当于在图 G 中对某些边增加重复边,使所得到的新的图 G^* 没有奇点且满足总路程最短.这样,中国邮路问题就转化为在新的图 G^* 中求欧拉回路.这里,共涉及两个问题:一是如何增加重复边,使图 G^* 为欧拉图;二是如何使重复边的总权数最小.

管梅谷先生提出了求解无向图的中国邮路问题的"奇偶点图上作业法"这种算法,具体如下:

步骤一 确定初始可行方案,将图 G 化为欧拉图.

(1) 找出图 G 中的所有奇点,容易推知奇点的个数必为偶数个；

(2) 将奇点两两配对,每对奇点间选一条路,加重复边,则奇点变成了偶点,偶点仍为偶点,新的图为欧拉图.

步骤二 按下述要求调整可行方案,以保证总权数最小.

(1) 每条边最多重复一次；

(2) 对各个回路,重复边的总权不能超过该回路总权的一半；若超过,则在该回路中让原来重复的边都不重复,而原来不重复的边重复一次,再继续按要求检查各回路.

步骤三 调整为最优方案的图,其任一欧拉回路即为所求的最优邮递路线.

例4 求解图11-1-10所示网络的中国邮路问题,v_1 为邮局所在地.

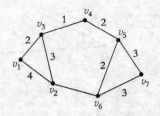

图 11-1-10

解 注意到 v_2, v_3, v_5, v_6 是奇点,将 v_2 与 v_3 配对、v_5 与 v_6 配对,增加重复边 (v_2, v_3),(v_5, v_6),如图 11-1-11 所示的欧拉图.对该初始可行方案,重复边的总权长为 $3+2=5$.

注意到,该方案并非最优方案.在回路 $(v_2 v_3 v_4 v_5 v_6 v_2)$ 中,重复边的权长 5 已经超过回路的总权长 $(3+1+2+2+1=9)$ 的一半.因此调整为增加重复边 (v_3, v_4),(v_4, v_5),(v_2, v_6),如图 11-1-12 所示.

经检查,图 11-1-12 中各个回路的重复边的总权都不超过该回路总权的一半,且每条重复边最多重复一次.该方案最优.

图 11-1-12 中任一以 v_1 为起点的欧拉回路即为最优邮递路线,如 $(v_1 v_3 v_4 v_5 v_6 v_7 v_5 v_4 v_3 v_2 v_6 v_2 v_1)$.

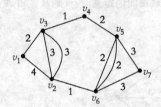

图 11-1-11

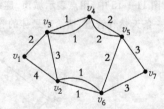

图 11-1-12

总之,只要是寻求走遍所在区域的每条道路,最终返回出发点的回路,都可以归结为中国邮路问题,比如洒水车行经的路线、环卫工人扫街的路线等.而求解中国邮路问题,就是在图 G 或按一定算法增加重复边所得的新图 G^* 中寻找欧拉回路.

练习与思考 11-1

1. 图 11-1-13 中哪些是图论所定义的图,哪些是有向图?并说明理由?

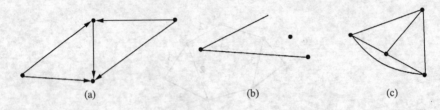

图 11-1-13

2. 有 5 支足球队，若任意两队之间要打一场比赛，请用图表示．
3. 判断下图是否是欧拉图？若是，请给出一条从 v_2 出发的欧拉回路．

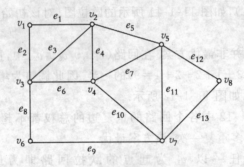

图 11-1-14

4. 图 11-1-15 中，用点表示城市．连线旁的数字表示城市间的距离．现计划从城市 A 到城市 D 铺设一条天然气管道，请给出最佳的管道铺设方案．

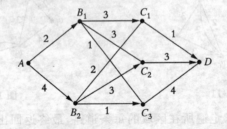

图 11-1-15

§11.2 网 络 流

11.2.1 容量网络的基本概念

在 11.1.2 节中介绍的最短路问题和本节将要介绍的最大流问题，都是用于决策从指定起点到指定终点的最佳路线．但前者关注的是总权值最小的路线，而后者则关注的是总流量（并非总权值）最大的路线．

如果将图 11-2-1 看作公路网络,顶点表示 6 座城镇,各边旁的权数表示两城镇间的公路长度.要从 v_s 将物资运送到到 v_n,应选择哪种运输路线才能使总运输距离最短,这就是最短路问题.

引例 如果将图 11-2-1 看作输油管道网,各边旁的权数表示单位时间内该管道的最大输油能力(单位:万升/天),要从 v_s 输油到 v_n,应选择哪种运输路线才能使总输油量最大,这就是最大流问题.

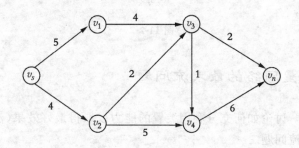

图 11-2-1

注意到图 11-2-1 中顶点 v_s 只输出石油,我们形象地称为发点或源,而顶点 v_n 只输入石油,称为收点或汇,其余四个顶点代表中转站,称为中间点,各边的权表示各段管道的最大运输能力,即容量.像这样由发点、收点、中间点组成,各边具有非负权(容量)的网络称为容量网络.

根据实际运输状态,容量网络中的每一条有向边 $e=(v_j,v_j)$ 还对应着另一个非负的数量指标:各段管道的实际运输能力,即流量 f_{ij}.称满足下列条件的流 $f=\{f_{ij}\}$ 为可行流.

(1) 容量限制条件:即每条边的流量不超过该边的容量;

(2) 平衡条件:即每一个中间顶点 v_i 的总流入量等于总流出量,

$$\sum_k f_{ki} = \sum_h f_{ih},$$

发点 v_s 的总流出量等于收点 v_n 的总流入量,称为可行流 f 的总流量,

$$W(f) = \sum_k f_{kn} = \sum_h f_{sh}.$$

图 11-2-2 给出了引例所示容量网络的一个总流量为 3 的可行流.每条边上都有两个权数,前一个数为该边的实际流量,后一个数是边的容量.容易看出,该容量网络并未得到充分利用,还可以找到总流量更大的可行流.

在给定的容量网络的所有可行流当中,总流量最大的可行流就是最大流.

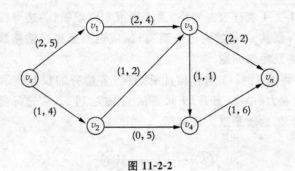

图 11-2-2

11.2.2 容量网络的最大流问题

像引例这样,讨论如何充分利用装置的能力以取得最好效果(流量最大)的问题,就称为最大流问题.

1. 求最大流的标号算法

设容量网络 $G=(V, E, C), V, E$ 分别为顶点集与边集,$C=\{c_{ij}\}$ 为有向边 $e=(v_i, v_j)$ 上的容量. 要求从发点到收点的最大流,一般采用 Ford-Fulkerson 算法. 该算法是通过标号寻找从源到汇的增广路,通过调整增广路上边的流量,来求得总流量更大的可行流,直到找到最大流. 具体步骤如下:

步骤一 给出一个可行流 f.

步骤二 标号寻找增广路.

(1) 给发点标号为 $[+\infty, \Delta]$;

(2) 选择一个已经标号的顶点 v_i,对于 v_i 的所有未标号的邻接点 v_j 按下列要求标号:

① 若 $(v_i, v_j) \in E$,且 $f_{ij} < c_{ij}$,记 $\delta_j = \min(c_{ij} - f_{ij}, \delta_i)$,给 v_j 标号 $[\delta_j, +v_i]$.

(当有向边是从已标号点 v_i 指向未标号点 v_j 时,考虑增流:

若该边流量 f_{ij} 等于容量 c_{ij},此时该边无法再增流,不能对 v_j 标号;若该边流量小于容量,说明该边最多可以增流 $c_{ij} - f_{ij}$,考虑到 v_i 点处最多可以调整的流量为 δ_i,因此 v_j 点处最多可以增加的流量为 $\delta_j = \min(c_{ij} - f_{ij}, \delta_i)$,给 v_j 标号 $[\delta_j, +v_i]$.)

② 若 $(v_j, v_i) \in E$,且 $f_{ji} > 0$,记 $\delta_j = \min(f_{ji}, \delta_i)$,给 v_j 标号 $[\delta_j, -v_i]$.

(当有向边是从未标号点 v_j 指向已标号点 v_i 时,考虑减流:

若该边流量 f_{ji} 等于 0,此时该边无法再减流,不能对 v_j 标号,若该边流量 f_{ji} 大于 0,说明该边最多可以减流 f_{ji},考虑到 v_i 点处最多可以调整的流量为 δ_i,因此 v_j 点处最多可以减少的流量为 $\delta_j = \min(f_{ji}, \delta_i)$,给 v_j 标号 $[\delta_j, -v_i]$.)

(3) 重复(2)直到收点被标号或者不再有顶点可标号为止.

若收点被标号,说明存在一条增广路,转步骤三;若收点未获得标号,标号过程已无法进行时,说明该可行流就是最大流.

步骤三 根据标号逆向追踪得增广路,并调整增广路上边的流量,得一个新的可行流,回到步骤二.其中,若顶点 v_j 的标号为 $[\delta_i, \pm v_i]$,则 δ_i 表示边上可以调整的流量,"+"、"−"分别表示增加、减少流量,v_i 说明顶点 v_j 的标号是来自顶点 v_i.

例1 求图 11-2-1 所示容量网络的最大流.并回答下列问题.

(1) 若 v_n 石油需求量为 6 万升/天,现有输油网能否承担输油任务?

(2) 若 v_n 石油需求量为 8 万升/天呢?

解 取图 11-2-2 所示可行流作为初始可行流,下面开始标号.

(1) 先给发点 v_s 标号为 $[+\infty, \Delta]$.

(2) 检查 v_s 的所有未标号的邻点 v_1, v_2,由于 $v_s \rightarrow v_1$,且 $f_{s1}=2<c_{s1}=5$,记 $\delta_1 = \min(5-2, +\infty)$,给 v_1 标号 $[3, +v_s]$;由于 $v_s \rightarrow v_2$,且 $f_{s2}=1<c_{s2}=4$,记 $\delta_2 = \min(4-1, +\infty)$,给 v_2 标号 $[3, +v_s]$.

(3) 检查 v_1 的所有未标号的邻点 v_3,由于 $v_1 \rightarrow v_3$,且 $f_{13}=2<c_{13}=4$,记 $\delta_3 = \min(4-2, 3)$,给 v_3 标号 $[2, +v_1]$.

(4) 检查 v_3 的所有未标号的邻点 v_4, v_n,由于 $v_3 \rightarrow v_n$,但 $f_{3n}=2=c_{3n}$,不能标号 v_n;类似地,由于 $v_3 \rightarrow v_4$,但 $f_{34}=1=c_{34}$,不能标号 v_4.

(5) 检查 v_2 的所有未标号的邻点 v_4,由于 $v_2 \rightarrow v_4$,且 $f_{24}=0<c_{24}=5$,记 $\delta_4 = \min(5-0, 3)$,给 v_4 标号 $[3, +v_2]$.

(6) 检查 v_4 的所有未标号的邻点 v_n,由于 $v_4 \rightarrow v_n$,且 $f_{4n}=1<c_{4n}=6$,记 $\delta_n = \min(6-1, 3)$,给 v_n 标号 $[3, +v_4]$.

如图 11-2-3(a) 所示,由于收点已被标号,说明存在一条增广路.根据收点 v_n 的标号 $[3, +v_4]$ 开始逐步逆推知增广路:$v_n \leftarrow v_4 \leftarrow v_2 \leftarrow v_s$,且由于这些顶点的标号皆"+",故将增广路上各边增加流量3,得总流量为6的可行流,见图 11-2-3(b).

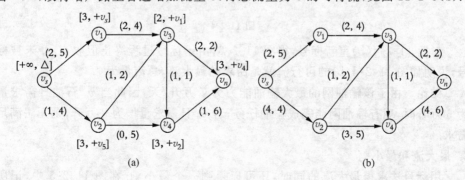

图 11-2-3

对图 11-2-3(b)重新标号：

(1) 先给发点 v_s 标号为 $[+\infty, \Delta]$.

(2) 检查 v_s 的所有未标号的邻点 v_1, v_2，由于 $v_s \to v_1$，且 $f_{s1}=2<c_{s1}=5$，记 $\delta_1 = \min(5-2, +\infty)$，给 v_1 标号 $[3, +v_s]$；由于 $v_s \to v_2$，但 $f_{s2}=c_{s2}=4$，不能给 v_2 标号.

(3) 检查 v_1 的所有未标号的邻点 v_3，由于 $v_1 \to v_3$，且 $f_{13}=2<c_{13}=4$，记 $\delta_3 = \min(4-2, 3)$，给 v_3 标号 $[2, +v_1]$.

(4) 检查 v_3 的所有未标号的邻点 v_2, v_4, v_n，易知不能标号 v_4, v_n；而由于 $v_2 \to v_3$，且 $f_{23}=1>0$，记 $\delta_2 = \min(1, 2)$，故对 v_2 标号 $[1, -v_3]$.

(5) 检查 v_2 的所有未标号的邻点 v_4，由于 $v_2 \to v_4$，且 $f_{24}=3<c_{24}=5$，记 $\delta_4 = \min(5-3, 1)$，给 v_4 标号 $[1, +v_2]$.

(6) 检查 v_4 的所有未标号的邻点 v_n，由于 $v_4 \to v_n$，且 $f_{4n}=4<c_{4n}=6$，记 $\delta_n = \min(6-4, 1)$，给 v_n 标号 $[1, +v_4]$.

如图 11-2-4(a)所示，由于收点 v_n 已被标号，说明存在一条增广路. 根据收点 v_n 的标号 $[1, +v_4]$ 开始逐步逆推知增广路：$v_n \leftarrow v_4 \leftarrow v_2 \leftarrow v_3 \leftarrow v_1 \leftarrow v_s$. 注意到 v_2 标号 $[1, -v_3]$，说明在边 (v_2, v_3) 上减少流量 1，在增广路的其余边上增加流量 1，得总流量为 7 的可行流，见图 11-2-4(b).

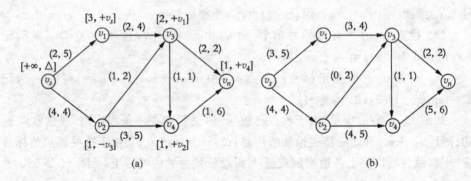

图 11-2-4

对图 11-2-4(b)重新标号，得图 11-2-5，由于标号过程终止但收点 v_n 未被标号，说明如图 11-2-4(b)的可行流就是所求的最大流，总流量为 7.

结论 由于该输油网的最大输油能力为 7 万升/天，因此当 v_n 石油日需求量为 6 万升时，现有输油网能完成输油任务；若 v_n 日需求量增为 8 万升，则无法满足需求.

2. 最大流和最小割

用标号法求得最大流的同时，还可以得到一个最小割. 在图 11-2-5 中，记所有已标号的顶点的集合为 $X=\{v_s, v_1, v_3\}$，所有未标号的顶点的集合为 $\bar{X}=\{v_2, v_4, v_n\}$，则割 $(X, \bar{X})=\{(v_i, v_j)\mid v_i\in X, v_j\in \bar{X},$ 有向边 $(v_i, v_j)\in E\}=\{(v_s, v_2), (v_3, v_4), (v_3, v_n)\}$ 就是最小割．最小割的容量 $c_{s2}+c_{34}+c_{3n}=4+1+2=7$ 等于最大流的总流量．

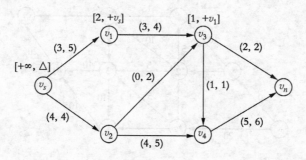

图 11-2-5

从实际意义而言，最小割就是我们常说的"瓶颈"．因此，要使最大流的总流量增加，只需要增加最小割中某条或某几条边的容量．比如若拓宽 (v_3, v_n) 这段输油管，使其容量增加 1，变为 3，例 1 中的网络最大流的总流量增为 8，足以完成输油任务．但若是选择拓宽 (v_s, v_1) 这段输油管，使其容量也增加 1，变为 6，容易看出例 1 中的网络最大流总流量仍为 7．这是因为瓶颈处受限，制约了整个输油管道的输油量．

3. 非标准容量网络的最大流问题

若一个容量网络上有多个发点或收点，我们应先把它标准化，再求其最大流．方法是添加一个总发点 s 或总收点 t，并用有向边从总发点 s 连接到原来的发点，同时用有向边从原来的收点连接到总收点 t．若无额外限制，这些有向边的容量为 $+\infty$．

例 2 设容量网络 D 具有两个供应量皆为 20 的发点 s_1 与 s_2，具有两个需求量分别为 15、20 的收点 n_1 与 n_2，各边的容量如图 11-2-6 所示．试求 D 的最大流网络．

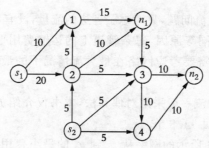

图 11-2-6

解 如图 11-2-7 所示,增设一个总发点 s、总收点 n,将 D 标准化为具有唯一发点和唯一收点的容量网络. 由于发点 s_1 与 s_2 的供应量皆为 20,故有向边 (s, s_1),(s, s_2) 的容量均设为 20. 同理,有向边 (n_1, n),(n_2, n) 的容量分别设为 15,20.

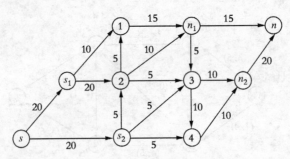

图 11-2-7

对图 11-2-7 所示网络求从 s 到 n 的最大流,如图 11-2-8 所示,最大流量为 35.

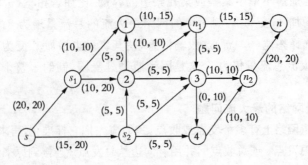

图 11-2-8

11.2.3 网络最小费用最大流

上一节讨论的最大流问题,只考虑了各边的流量,没有考虑费用. 若输油管道由于长短不一、质地不同等原因,每条管道上的运输费用也不相同. 因此,除了考虑网络的最大流外,还需要考虑网络在最大流情况下的最小费用,即最小费用最大流问题.

求解最小费用最大流一般采用对偶算法,本书仅介绍如何使用数学软件求解最小费用最大流问题,见 11.3 节.

例 3 求图 11-2-9 所示的网络从 v_s 到 v_n 的最小费用最大流,各边上的权值为 (c_{ij}, d_{ij}),其中 d_{ij} 表示各边的单位运费.

第 11 章　图与网络基础　　　　　　　　　　　　　　　　　　　　　　　　　151

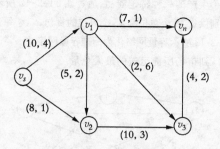

图 11-2-9

解　使用 WINQSB 软件求得最大流为 11. 进而求得总流量为 11 的最小费用流，如图 11-2-10 所示. 其费用为

$$3\times4+8\times1+4\times2+4\times3+4\times2+7\times1=55.$$

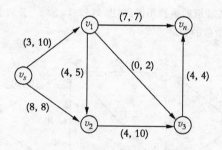

图 11-2-10

练习与思考 11-2

1. 现需要将城市 v_s 的天然气通过管道经 4 个中转站运送到城市 v_n，各段管道的容量如图 11-2-11 所示. 问应如何安排运输，才能使得单位时间内输送到 v_n 的天然气的量最大？

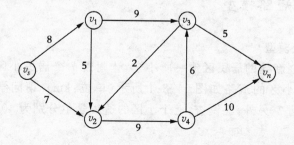

图 11-2-11

2. 由两家工厂 s_1 和 s_2 生产的一种特定商品,通过图 11-2-12 所示网络运送至市场 t_1, t_2。

(1) 若 s_1, s_2 每天可分别供货 10 个单位和 15 个单位的货物, t_1, t_2 每天可分别接收 10 个单位和 25 个单位的货物。将图 11-2-12 所示容量网络化为标准容量网络。

(2) 试确定每天从工厂到市场所能运送的最大总量。

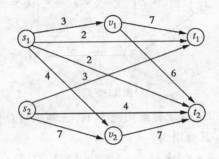

图 11-2-12

3. 题 1 中若考虑到各管道的运费不同,如图 11-2-13 所示,各边上的第二个数字就是该段管道的单位运费。请给出最佳的输运方案。

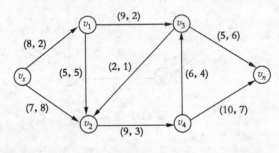

图 11-2-13

§11.3 数学建模(六)——网络模型

11.3.1 最短路模型

例 1 选址模型

政府打算在新建的居民区建一所小学,让附近 7 个居民小区的学生能就近入学。7 个居民小区的道路如图 11-3-1 所示(单位:km)。请问学校应建在哪个居民小区更合理?另外,经调查,七个小区的适龄学生分别为 40,25,45,30,20,50 人。

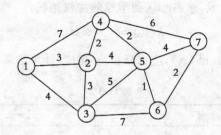

图 11-3-1

模型分析

很自然的一个想法就是将学校建在中心位置. 但如何确定中心位置？显然,从各个小区到中心位置的距离应当相对较短. 于是,考虑应用求两点间的最短路模型.

模型假设

1. 调查数据真实可信, 7 个小区的这些适龄学生都将就近入学,不考虑在他处借读.

2. 中心位置定义为从最远的小区到该中心小区所走的路程最短.

模型建立与求解

求出从点 v_i 到点 v_j 的最短路,其路长记为 d_{ij},显然 $d_{ij}=d_{ji}$. 不妨假设学校建在点 v_i,可求出离学校最远的小区到学校的路长

$$d(v_i)=\max_j\{d_{ij}\}.$$

显然,若 $d(v_k)=\min_i\{d(v_i)\}$,说明点 v_k 处于中心位置.

表 11-3-1

从 v_i 到 v_j	v_1	v_2	v_3	v_4	v_5	v_6	v_7	$d(v_i)=\max\{d_{ij}\}$	距离之和
v_1	0	3	4	5	7	8	10	10	37
v_2	3	0	3	2	4	5	7	7	24
v_3	4	3	0	5	5	6	8	8	31
v_4	5	2	5	0	2	3	5	5(min)	22(min)
v_5	7	4	5	2	0	1	3	7	22(min)
v_6	8	5	6	3	1	0	2	8	25
v_7	10	7	8	5	3	2	0	10	35

从表 11-3-1 可看出, v_4 位于中心位置,可以选择在 v_4 建校,这样,最远的小区到学校的距离也只有 5 km. 而且此时从所有小区到学校的距离之和最短为 22 km.

模型讨论

考虑到各小区的学生数 w_i 不同,也可加权考虑最短路:计算所有学生走的总

路程. 假设学校建在点 v_i, 求各小区到学校的加权路长:

$$h(v_i) = \sum_j w_i d_{ij}$$

显然, 若 $h(v_k) = \min_i h(v_i)$, 应选择在 v_k 建校. 计算结果见表 11-3-2.

表 11-3-2

从 v_i 到 v_j	v_1	v_2	v_3	v_4	v_5	v_6	v_7	$h(v_i)$
v_1	0	75	180	150	140	280	500	1 325
v_2	120	0	135	60	80	175	350	920
v_3	160	75	0	150	100	210	400	1 095
v_4	200	50	225	0	40	105	250	870
v_5	280	100	225	60	0	35	150	850(min)
v_6	320	125	270	90	20	0	100	925
v_7	400	175	360	150	60	70	0	1 215

模型结果

若根据"从最远的小区到学校所走的路程最短"这一标准, 应在 v_4 建校; 若要求"所有的学生上学走的总路程最短", 则应在 v_5 建校.

模型应用

中心选址模型应用广泛, 只要是在网络中选择一点, 建立公用服务设施, 为该网络中的点提供服务, 并使得服务效果最佳的问题, 都可套用该模型. 比如, 一个区域的消防站、银行、超市等的选址问题.

例2 设备更新问题

某企业计划购买一台设备在今后 4 年内使用. 第 1 年年初花费 2.5 万元购买该设备, 可以连续使用 4 年, 也可以在任何一年年末将设备卖掉, 于下年初购买新设备. 请为该企业制定一个 4 年内的设备更新计划, 使得总支出最小. 为了便于决策, 参考以往更新设备时的资料数据作为参考, 列表如下:

表 11-3-3

(a) 不同年度年初购买新设备的价格(万元)

	第 1 年	第 2 年	第 3 年	第 4 年
新设备价格	2.5	2.6	2.8	3.1

设备维修费用及卖出的回收费(万元)

设备役龄	0~1 年	1~2 年	2~3 年	3~4 年
一年的维修费用	0.3	0.5	0.8	1.2
年末处理回收费用	2.0	1.6	1.3	1.1

模型假设

1. 该设备仅在今后 4 年内使用,即在第 4 年末必须将之卖出.
2. 不考虑使用设备时产生的耗材费用,仅关注设备购买、维修、回收费用.

模型建立

令顶点 v_i 表示第 i 年年初购买一台新设备的状态,$i=1,\cdots,4$;顶点 v_5 表示第 4 年年末.

从 v_i 分别到 $v_{i+1},\cdots,v_5$ 各连一条有向边. 有向边 (v_i,v_j) 表示第 i 年年初购买一台新设备,一直使用到第 $j-1$ 年年末才卖出,并于第 j 年年初才重新购买一台新设备. 有向边 (v_i,v_j) 上的权表示在此期间对设备的总花费(包含购买费用及维修费用,并扣除其回收费用)。

比如,(v_1,v_3) 表示第 1 年年初购进新设备(购价 2.5 万元),使用到第 2 年末,实际使用时间为两年,因此产生的维修费用为 0.3+0.5 万元,在第 2 年年末卖掉设备后得到回收费用 1.6 万元,总计花费 1.7 万,因此有向边 (v_1,v_3) 上的权为 1.7,表 11-3-4 给出各边的权.

表 11-3-4

权	v_1	v_2	v_3	v_4	v_5
v_1		0.8	1.7	2.8	4.2
v_2			0.9	1.8	2.9
v_3				1.1	2
v_4					1.4
v_5					

本例要求花费最少的更新方案就归结为求从 v_1 到 v_5 的最短路。

模型求解

求得最短路为 $v_1 \to v_2 \to v_5$,最短路长为 3.7(万元).

模型结果

更新方案:第 1 年年初购买新设备,使用到第 1 年年末卖出,在第 2 年年初购进新设备使用到第 4 年年底. 最小费用为 3.7 万元.

本例还有其他维持最小费用 3.7 万元的可行决策:第 1 年年初购买新设备,一直使用到第 2 年年末卖出,在第 3 年年初再购进新设备使用到第 4 年年底。

11.3.2 网络流模型

例 1 周先生打算转让 3 件藏品 A,B,C 给他的 3 个朋友小徐、小严、小张. 3 人依自己的喜好分别对 A,B,C 进行报价. 对 A 分别报价:3,27,1;对 B 分别报价:5,10,4;对 C 分别报价:26,28,7(单位:千元). 请帮周先生决策,他应当如何转手,才能拿到最多的钱?

模型假设

1. 转让行为仅限此 3 人,且转让结果是 3 人各得 1 件藏品.(显然,若无此假设,只取报价高者,3 件藏品皆归小严,没有讨论的价值.)

2. 3 人报价后,一定会按照自己的报价购买该藏品.

模型建立

不妨将 3 件藏品及 3 个竞购人都看作一个顶点,将藏品与竞购人之间用边相连,边上的权值为该人对该藏品的报价,如图 11-3-2 所示.

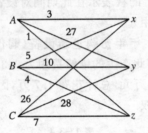

图 11-3-2

原问题就转化为在图 11-3-2 中寻找一个总权数最大的完美匹配.

模型求解

如图 11-3-3 所示,问题还可以进一步化为最小费用最大流问题:在图 11-3-2 中增加总发点 v_s、总收点 v_t,为简便起见,将原图改成有向网络(由藏品指向竞购人),所有边的容量均取 1. 由于这里要求最小费用,不妨用最大报价数 28 减去各边权值作为边的费用. 未标注数字的边,费用均为 0.

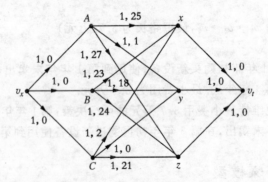

图 11-3-3

利用 WINQSB 软件求出图 11-3-3 所示网络的最小费用最大流.

10-07-2009	From	To	Flow	Unit Cost	Total Cost	Reduced Cost
1	s	A	1	0	0	0
2	s	B	1	0	0	0
3	s	C	1	0	0	-3
4	A	y	1	1	1	0
5	B	z	1	24	24	0
6	C	x	1	2	2	0
7	x	t	1	0	0	-19
8	y	t	1	0	0	-23
9	z	t	1	0	0	0
	Total	Objective	Function	Value =	27	

模型结论

对周先生最有利的转让方案为：小严购买藏品 A、小张购买藏品 B、小徐购买藏品 C，总报价为 57（千元）．

练习与思考 11-3

1. 已知有 6 个村庄，各村庄的小学生人数如表 11-3-5 所示，各村庄间的距离如图 11-3-4 所示．现计划建造一所医院和一所小学，应在哪个村庄建医院，使住在最远的村庄的村民到医院看病所走的路程最短？另外，应在哪个村庄建小学，使得所有的学生走的总路程最短？

表 11-3-5

村庄	v_1	v_2	v_3	v_4	v_5	v_6
小学生数	50	40	60	20	70	90

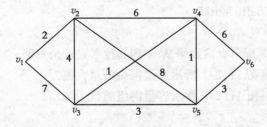

图 11-3-4

2. 张先生因故将滞留 A 市五年．为方便出行，他打算买车，车价 12 万元．在 5 年之内，张先生可以将车转卖，再购新车（车价不妨仍定为 12 万元），但在第 5 年末必须将车售出．买车后每年的各种保险费、养护费等维护费、5 年之内的二手车售价（单位：万元）见表 11-3-6．请帮助张先生决策买车的方案，使 5 年内用车的总费用最少．

表 11-3-6

车龄	0~1年	1~2年	2~3年	3~4年	4~5年
一年的维护费用(万元)	2	4	5	9	12
二手车价(万元)	7	6	2	1	0

§11.4 数学实验(八)——图与网络

【实验目的】

能利用数学软件求解最短路、最大流、最小费用最大流问题.

【实验环境】

中文 Windows XP 和数学软件 WINQSB(选 Network Modeling 模块).

【实验内容及要点】

实验内容 A

在具有非负权的连通网络中,求从点 v_i 到 v_j 的最短路、最大流.

实验要点及步骤 A

(1) 选择问题类型,其中,Shortest Path Problem 为最短路问题,Maximal Flow 为最大流问题;

(2) 输入网络的邻接权矩阵;

(3) 点击工具栏上的按钮 ,选择最短路或最大流问题的起点与终点,进行求解.

注 对无向网络,其邻接权矩阵必对称,建议在(1)中勾选权值对称选项 "Symmetric Arc Coefficients".

实验练习 A

1. 求图 11-1-7 所示有向网络从 v_1 到其他各点的最短路.
2. 用软件求解图 11-2-1 所示容量网络的最大流.
3. 用软件求解图 11-2-6 所示容量网络的最大流.

实验内容 B

在具有非负权的连通网络中,求从点 v_i 到 v_j 的最小费用最大流.

实验要点及步骤 B

(1) 先求出从点 v_i 到 v_j 的最大流,记下最大流量 a;

(2) 新建问题,选择问题类型为 Network Flow,目标准则取最小值;

(3) 输入网络的邻接权矩阵,权值为费用,同时输入发点的供应量及收点的需求量,均为 a;

(4) 输入流量限制,即各边的容量;

(5) 点击工具栏上的按钮 ![btn] 求解.

实验练习 B

1. 用软件求解图 11-2-9 所示有向网络的最小费用最大流.
2. 用软件求解图 11-2-13 所示有向网络的最小费用最大流.

练习与思考 11-4

1. 用软件求解图 11-3-1 所示网络中任意两点间的最短路.
2. 设网络中共有 5 个顶点:$v_1,\cdots,v_5$,各边的权值见表 11-3-4,求从 v_1 到 v_5 的最短路.
3. 求图 11-3-3 所示网络的最小费用最大流,各边上的权值为(c_{ij},d_{ij}).

本 章 小 结

一、基本思想

图论是一门应用十分广泛的运筹学分支.生活中所碰到的很多问题都可以运用图论的知识来解决.将我们所关注的事物及其之间的关系抽象成点与点间连线组成的图或网络,通过研究图的结构、性质来解决问题.

二、主要内容

1. 基本概念

(1) 由点与点间连线组成的图形称为图,图中各边标注的数量指标称为权,各边赋有非负权的图称为赋权图或网络. 在赋权图中,一条路上的边权之和称为这条路的权或路长.

(2) 由发点、收点、中间点组成的,各边具有非负权的网络称为容量网络.具有唯一的发点及收点的容量网络称为标准容量网络.

(3) 满足容量限制条件以及平衡条件(发点的总流出量等于收点的总流入量、各中间点的总流入量等于总流出量)的流 $f=\{f_{ij}\}$ 为可行流.

(4) 可行流 f 的总流量就是该可行流发点的总流出量.

2. 基本模型

(1) 最短路问题:在连通网络中,求一条从某一顶点 S 到另一顶点 Z 的路 U_0,使U_0为所有从 S 到 Z 的路中路长最短的路.

(2) 连通图中,经过每条边恰好一次且始、终点相同的路称为欧拉回路,具有欧拉回路的图称为欧拉图.

(3) 中国邮路问题:在连通网络中,求一条总权数最小的回路,并且要求经过每条边至少一次.
  (4) 最大流问题:在给定的容量网络中,求总流量最大的可行流.
  (5) 最小费用最大流问题:在给定的容量网络中,考虑在最大流情况下的最小费用.

3. **基本理论与方法**
  (1) 判断无向连通图是欧拉图的依据:当且仅当图中没有奇点.
  (2) 求欧拉回路的 Fleury 算法.
  (3) 中国邮路问题的"奇偶点图上作业法"算法.
  (4) 最短路的逐次逼近法或 WINQSB 数学软件辅助计算.
  (5) 对有多个发点或收点的容量网络,应添加一个总发点或总收点,化为标准容量网络.
  (6) 最大流问题的 Ford-Fulkerson 标号算法或数学软件辅助计算.
  (7) 最小割的容量等于最大流的总流量.
  (8) 最小费用最大流的数学软件辅助计算.

本章复习题

一、选择题

1. 若已知某个连通的无向图存在欧拉回路,那么下列说法正确的是(   ).
   (A) 该图的所有顶点都是偶点;　　　(B) 指定起点的欧拉回路一定是唯一的;
   (C) 该图最多只有两个奇点;　　　　(D) 该图可能没有偶点.

2. 关于连通网络,下列说法正确的是(   ).
   (A) 最短路是经过每条边恰好一次的总权数最小的路;
   (B) 中国邮路问题是求经过每条边至少一次的总权数最小的路;
   (C) 最大流问题是求给定容量网络中使得总权数最大的可行流;
   (D) 中国邮路问题的解即最优邮递路线有可能恰好经过每条边一次.

3. 给定某标准容量网络的一个可行流,已知发点的总流出量为 20,下列说法不正确的是(   ).
   (A) 该网络一定具有唯一的收点;
   (B) 该可行流的总流量就是 20;
   (C) 该容量网络的最大流量就是 20;
   (D) 该容量网络的最小割的容量不会小于 20.

二、填空题

1. 各边带有一个非负实数权的图称为_____. 容量网络 $G=(V, E, C)$ 的顶点集合 V 可分解为三个非空的互不相交的子集:_____点集,_____点集,中间点集;边集 E 中的每条边 e 的权 $C(e)$ 是该边的_____,它们都是非负整数,表示允许通过该边的流量的最大值.

2. 若已知某无向连通图各边的总权数为 12. 欲求该图的中国邮路问题,若该图没有奇点,最优邮递路线的长度一定 _____ 12;若该图有奇点,那么最优邮递路线的长度一定 _____ 12(选填">","<"或"=").

3. 中国邮路问题就是在连通网络中,求一条总权数最小的 _____ 并且要求经过每条边的次数 _____ 1(选填"≥","≤"或"=")

4. 最大流问题就是在给定的容量网络中,求总 _____ 最大的可行流.

5. 最小费用最大流问题就是在给定的容量网络中,考虑在最 _____ 情况下的最 _____.

三、解答题

1. 求图 11-1-4 所示的图的奇点个数,并判断该图是否是欧拉图.

2. 如图所示的是某层办公楼的布局. 共有 9 个房间,图中线段空缺处即代表房门. 如 R_1、R_2 之间有两个房门. 若主管想要巡视下属的工作情况,问能否从他的办公室 R_1 出发,穿过每间房门恰好一次,最终回到自己的办公室. 若能办到的话,请给出巡视线路.

复习题 2 题表

R_1	R_2	R_3
R_4	R_5	R_6
R_7	R_8	R_9

3. 如图所示的是一个展览馆的平面图. 其中共包括 5 个展区;每个展区都有一个门通向展馆外面的广场. 每两个相邻的展区也有一扇门以供通行. 问参观者能否穿过所有的门各一次进行参观?

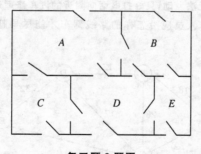

复习题 3 题图

4. 如图所示的是邮递员小王负责投递的辖区. 每条边上的数字代表相应道路的长度. 若规定每次投递都应自邮局 B 出发,走遍辖区中的所有道路最终返回 B 点. 请问小王应如何走,才能使得投递路程最短?最短路程为多少?

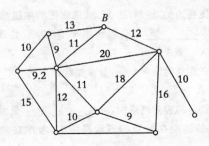

复习题 4 题图

5. 如图所示的是某邮递员负责投递的小区的街道示意图. 假设邮递员每次进行投递, 都必须走遍该小区的所有街道. 所标数字表示各段街道的长度(单位:百米).

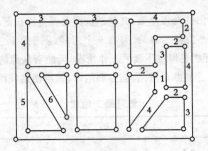

复习题 5 题图

(1) 将街道图表示成图论中的网络图.

(2) 邮递员应按照怎样的投递路线行进使得所走路程最短? 最短路长为多少?

6. 设地区的道路如图所示, 每条边上注明了行车所需的时间(单位:min)。小李驾车行至地点 E 时, 发现车子故障, 无法发动, 只好打电话向附近的汽车修理点(位于点 A 处)报修.

(1) 请问汽修点的工作人员应沿怎样的路线驾车才能尽早赶到故障地点, 为小李解决问题?

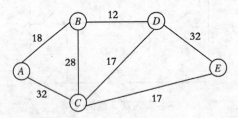

复习题 6 题图

(2) 这个问题可以归结为网络模型中的哪一类模型?

(3) 请问工作人员最快多久才能赶到故障地点?

7. 如图所示的连通网络中的 9 个顶点代表 9 个在同一地区的城市, 它们之间的连线代表它们之间有公路相通. 现有一批货物拟从城市 0 运送到城市 8. 连线旁的数字代表相应的运费

(单位:千元)。试求从城市 0 到城市 8 之间的最少运费,并指出相应的路线。

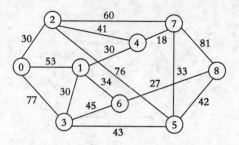

复习题 7 题图

8. 如图给出了一个供水网络,水库 1 和水库 2 的最大供水能力分别为 35 和 25。从水库 1 和水库 2 经中转站 A,B 供水到城市,图中给出每条水管的最大通水量(单位:×10^4 m³/h)。

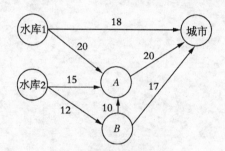

复习题 8 题图

(1) 该网络是否是标准容量网络? 如不是,请将之标准化。
(2) 请问现有供水网络能否满足该城市的用水量?
(3) 请预测现有供水网络能否满足十年后该城市的用水量(预计为 $55×10^4$ m³/h)?

9. 害虫防治机构已确定今年蝗虫迁移的路线如图所示, v_s, v_t 分别是迁移路线的起点与终点。各边上的数字是基于历史数据所预计的飞经该路段的蝗虫的最大数量。

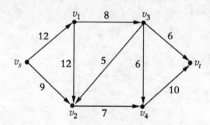

复习题 9 题图

(1) 求如图所示网络的最大流。
(2) 求如图所示网络的最小割。
(3) 假设任一路段上的撒药费用与飞经该路段的蝗虫数成正比。请问应选择在哪些路段撒药,才能在保证有效杀虫的前提下费用最省?

10. 如图所示给出了从 v_s 经中转站到 v_t 的天然气输运网络. 各边上的权值分别表示各段管道的容量及单位运费.

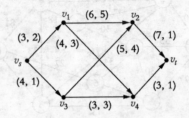

复习题 10 题图

(1) 请问该输运网络的最大输运能力是多少?
(2) 在该输运网络被充分利用的前提下, 应如何降低运气成本?

第 12 章

概率统计基础

17世纪,法国贵族德·梅勒在掷骰子时,有急事必须中途停止赌博.双方各出的30个金币的赌资要靠已得胜负的次数及对以后胜负的预测进行分配,但不知用什么样的比例分配才算合理.德·梅勒写信向当时法国最具声望的数学家帕斯卡请教.帕斯卡在自己思考这个问题的同时,又和当时的另一位数学家费尔马长期通信讨论这一问题.于是,一个新的数学分支——概率论产生了.概率论从赌博的游戏开始,最终服务于社会的每一个角落.

在自然科学与人们的社会活动中,存在着大量的随机现象.概率统计是研究随机现象及其规律性的一个数学分支.自1933年柯尔莫哥洛夫(Копмогоров)建立了概率空间以来,这门学科得到迅猛的发展.今天概率统计的方法已被广泛应用于各个部门的工作中,如信息产业、自动控制、地震预报、石油勘探、人口控制、农业试验、医学、军事、经济现代化管理、社会科学调查等.本章将简要介绍概率统计的一些基本方法.

§12.1 随机事件及其概率

12.1.1 随机现象与随机事件

在自然界和人们的社会活动中经常要遇到各种各样的现象,这些现象大体上可分两类:确定性现象和非确定现象.确定性现象,是指在一定条件下重复试验或观察,它的结果是确定的.例如:在标准大气压下水加热到 100℃ 必然会沸腾;又如,生铁在室温下必定不能熔化;再如,向上抛一块石头必然下落等.非确定现象,是指在一定条件下试验或观察,它的结果事先不能确定,即结果会呈现出一种偶然性.例如:抛掷一枚质地均匀的硬币,可能正面朝上也可能反面朝上,在每次抛之前无法预知哪一面朝上;从一大批产品中任意抽取一个产品,这个产品可能是正品也可能是废品,结果带有随机性.诸如此类的这种非确定的现象我们称为**随机现象**.随机现象虽然呈现一种偶然性,但却有一定的规律.如多次重复抛一枚均匀的硬币,出现正面与反面的次数比约为 1:1. 这种在大量重复实验或观察中所呈现出的规律性称为随机现象的**统计规律性**.

1. 随机试验与随机事件

在研究随机现象的规律性时,我们将对随机现象进行的观察或实验统称为**随机试验**. 例如:暗盒里有 5 个黑球,5 个白球,取出一个观察它是"白球"或"黑球";掷一粒骰子,观察它出现的点数;记录某电话总机在一分钟内所接到的呼唤的次数;在一批灯泡里,任取一只,测试它的寿命等,都是随机试验的例子.

随机试验具有以下 3 个特点:

(1) 试验可以在相同条件下重复进行;

(2) 每次试验的结果具有多种可能性,且事先知道实验的所有可能结果;

(3) 每次试验只出现这些可能结果中的一个,但在实验前不能确定哪一个结果会出现.

定义 1 在一定条件下,对随机现象进行试验所出现的每一可能的结果,叫做随机事件(简称事件),通常用大写字母 A,B,C 等表示.

例如,每掷一次硬币是一次试验,可能出现的结果"正面向上"是一个事件,"反面向上"也是一个事件;掷一颗骰子是一次试验,出现 4 点、出现偶数点、出现数字小于 3 等,都是随机事件.

在随机事件中,不可能再分解的事件,称为**基本事件**;由若干个基本事件组合而成的事件称为**复合事件**. 例如,掷一颗骰子,出现的点数为 1,2,3,4,5,6 都是基本事件,而出现的点数小于 3 的事件 $A = \{1,2\}$ 是复合事件,是由出现点数为 1 和出现点数为 2 两个基本事件构成.

随机试验中,必然会发生的事件叫做**必然事件**,记作 Ω. 必然不发生的事件叫做**不可能事件**,记作 Φ. 例如,3 个产品中有两个次品,从中任取两个,"至少一个是次品"是必然事件,"两个都是正品"是不可能事件;在标准大气压下,把纯水加热到 100℃,水沸腾为必然事件;某战士进行一次射击,命中环数不超过 10 也是必然事件,但超过 10 环是不可能事件. 在概率论中,我们把必然事件和不可能事件当作特殊的随机事件.

随机试验的所有可能发生的基本事件组成的集合称为这个试验的**样本空间**(基本事件空间),通常用 Ω 表示. 随机试验的每一个可能发生的基本事件称为一个**样本点**(基本事件),一般用 ω 表示,$\omega \in \Omega$. 例如,抛一枚均匀硬币,这个随机试验的样本空间 Ω_1 是 = {正面,反面},样本点有两个:$\omega_1 = $ 正面,$\omega_2 = $ 反面;在掷一颗骰子的试验中,样本点有 6 个,该试验的样本空间为 $\Omega = \{1,2,3,4,5,6\}$. 这样,随机事件就成为样本空间 Ω 的一个样本点的子集. 特别地,由单个样本点 ω 组成的单点集$\{\omega\}$,就是基本事件. 由于每次试验中一定有样本空间 Ω 中的某一个样本点发生,因此样本空间 Ω 又称为必然事件;空集 Φ 为不可能事件,显然它在每次试验中一定都不发生. 例如,掷骰子实验中,"点数不大于6"是必然事件,"点数大于6"是不可能事件.

需要指出的是,必然事件和不可能事件都是确定性现象的表现,本质上不是随机事件,但为了研究方便,通常看作随机事件的特殊情况.

例1 某战士进行一次射击,$A_1=\{1\}$, $A_2=\{2\}$, $\cdots$, $A_{10}=\{10\}$ 分别表示的结果为1环至10环,B 表示至少命中5环,C 表示命中8环以上. 试写出样本空间,并指出 $A_1, A_2, \cdots, A_{10}, B$ 事件中哪些是基本事件;表示事件 B 和 C.

解 样本空间 $\Omega=\{1,2,\cdots,10\}$;$A_1, A_2, \cdots, A_{10}$ 都是基本事件;$B=\{5,6,7,8,9,10\}$;$C=\{9,10\}$.

把上面做法推广到有可列个样本空间是不难的,这种空间称为**离散样本空间**.

2. 事件之间的关系和运算

概率论中的事件是赋予了具体含义的集合. 因此,事件之间的关系与运算可以按照集合论中集合之间的关系与运算来处理.

因为随机事件可以看作基本事件全集 Ω 的子集,因此,我们可以用集合的观点讨论事件之间的关系.

(1) 事件的包含关系:

若事件 A 发生,必定导致事件 B 发生,则称**事件 A 包含于事件 B**,或称**事件 B 包含事件 A**,记为 $A \subseteq B$ 或 $B \supseteq A$.

例1中,$B=\{至少命中5环\}$,$C=\{命中8环以上\}$,则 $B \supseteq C$ 或 $C \subseteq B$. 为了表述方便,规定对任一事件 A,有 $\Phi \subseteq A$. 显然,对任一事件 A,有 $A \subseteq \Omega$. 这里,Φ 和 Ω 分别表示不可能事件和事件 A 相应试验的样本空间.

(2) 事件的相等关系:

若事件 A 发生,必定导致事件 B 发生,事件 B 发生,也必定导致事件 A 发生,即 $A \subseteq B$ 且 $B \subseteq A$,则称事件 A 与事件 B 相等,记作 $A=B$. 也就是说事件 A,B 所包含的基本事件是一样的.

例2 掷一颗骰子,观察出现的点数,指出下列各事件之间的包含关系. $A=\{出现点数大于4\}$,$B=\{出现点数小于6\}$,$C=\{出现点数不小于5\}$,$D=\{出现点数不小于2,也不大于5\}$.

解 因为 $\Omega=\{1,2,3,4,5,6\}$,$A=\{5,6\}$,$B=\{1,2,3,4,5\}$,$C=\{5,6\}$,$D=\{2,3,4,5\}$.

所以 $D \subseteq B$,$A=C$.

(3) 事件的和(并):

事件 A 与事件 B 至少有一个发生的事件,称为事件 A 与事件 B 的**和(并)**,记作 $A \cup B$ 或 $A+B$,即 $A \cup B = \{A, B$ 中至少发生一个$\}$.事件 A 与事件 B 的和事件,就是把 A 与 B 所包含的事件并在一起.如在例 2 中 $A \cup B = \Omega$.

类似地,n 个事件 $A_1, A_2, \cdots, A_n$ 至少有一个发生的事件,称为这 n 个事件的和(并),记为 $A_1 \cup A_2 \cup \cdots \cup A_n$ 或 $\bigcup\limits_{i=1}^{n} A_i$.

(4) 事件的积(交):

事件 A 与事件 B 同时发生的事件,称为事件 A 与事件 B 的**积(交)**,记作 $A \cap B$ 或 AB,即 $A \cap B = \{A$ 发生,B 也发生$\}$.如在例 2 中 $A \cap B = \{5\}$,$B \cap D = \{2, 3, 4, 5\}$.

类似地,n 个事件 $A_1, A_2, \cdots, A_n$ 同时发生的事件,称为事件 $A_1, A_2, \cdots, A_n$ 的积(交),记作 $A_1 \cap A_2 \cap \cdots \cap A_n$ 或 $\bigcap\limits_{i=1}^{n} A_i$.

(5) 事件的互不相容(互斥):

若事件 A 与事件 B 不能同时发生,即 $AB = \Phi$,则称事件 A 与 B **互不相容(或互斥)**.如在例 2 中 $A = \{$出现点数大于 $4\}$,$B = \{$出现点数小于 $4\}$,则 A 与 B 是互斥的.

(6) 事件的对立(互逆):

若事件 A 与事件 B 至少发生一个,且互不相容,即 $A \cup B = \Omega$,$AB = \Phi$,则称 $A B$ 是**互为对立事件**(或**互逆事件**),分别记为 $A = \overline{B}$ 或 $B = \overline{A}$,显然 $A\overline{A} = \Omega$,$\overline{\overline{A}} = A$.如在掷一枚硬币的试验中,$\Omega = \{$正,反$\}$,$A = \{$正面$\}$,$B = \{$反面$\}$,则 A, B 是互不相容事件.

(7) 事件的差:

事件 A 发生而事件 B 不发生的事件,称为事件 A、事件 B 的差,记作 $A - B$.显然 $\overline{A} = \Omega - A$.

事件之间的关系和运算常可用图 12-1-1 所示的图形表示.

在进行事件的运算时,经常要用到如下规则:

交换律　$A \cup B = B \cup A$;

结合律　$A \cup (B \cup C) = (A \cup B) \cup C$;$A(BC) = (AB)C$;

分配律　$A(B \cup C) = (AB) \cup (AC)$;$A \cup (BC) = (A \cup B)(A \cup C)$;

对偶律　$\overline{A \cup B} = \overline{A}\overline{B}$,$\overline{AB} = \overline{A} \cup \overline{B}$.

例 3　设 A, B, C 分别表示 3 个事件,试以 A, B, C 的运算表示下列事件:

(1) 仅 A 发生;(2) A, B, C 都不发生;(3) A, B, C 恰好有一个发生.

解　(1) $A\overline{B}\overline{C}$;(2) $\overline{A}\overline{B}\overline{C}$;(3) $A\overline{B}\overline{C} \cup \overline{A}B\overline{C} \cup \overline{A}\overline{B}C$.

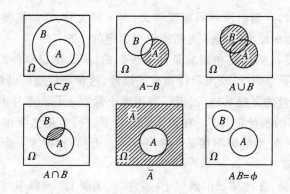

图 12-1-1

例 4 A 表示一批产品"次品数少于 6 个",B 表示同批产品中"次品数等于 6 个". 用文字叙述事件 A 与事件 B 的和、积的意义,并判断各对事件是否相容、是否对立.

解 $A \cup B$ 表示这批产品中"次品数少于 6 个"与"次品数等于 6 个"至少有一个发生,即"次品不多于 6 个";$A \cap B$ 表示这批产品中"次品数少于 6 个"与"次品数等于 6 个"同时发生,显然是不可能事件;事件 A 与事件 B 是不相容的,但不对立.

12.1.2 随机事件的概率与古典概型

1. 概率的统计定义与性质

定义 2 在相同的条件下进行 n 次试验,如果事件 A 发生了 m 次,则称比值 m/n 为事件 A 发生的频率,记为 $f(A)$,即 $f(A) = m/n$.

从下面的例子可以知道,在大量的重复试验中,事件 A 发生的频率会呈现出一定的规律. 历史上不少人作过抛硬币这一试验,设 A 表示出现正面的事件,表 12-1-1 记录了几个人的试验结果.

表 12-1-1

试验者	n	m	$f_n(A)$
D. Mogen	2 048	1 061	0.518
Buffon	4 040	2 048	0.506 9
K. Pearson	12 000	6 019	0.501 6
K. Pearson	24 000	12 012	0.500 5

从表 12-1-1 可以看出,事件 A 在 n 次试验中发生的频率 $f(A)$ 具有事件波动

性,且当 n 较小时,它随机波动的幅度较大;当 n 较大时,它随机波动的幅度较小,最后,随着 n 的逐渐增大,$f(A)$ 逐渐稳定于固定值 0.5.

一般地,只要试验是在相同的条件下进行的,那么随机事件发生的频率会逐渐稳定于某个常数 p,它反映出事件固有的属性,这种属性是可以对事件发生的可能性大小进行测量的客观基础.因而可以用这个常数 p 作为事件的概率.

定义 3(概率的统计定义) 在相同的条件下进行大量重复试验,当试验次数充分大时,事件 A 发生的频率在某一确定值 p 附近摆动,则称 p 为事件 A 的概率,记作 $P(A)$,即 $P(A) = p$.

根据上述定义,在抛掷硬币试验中,事件"正面朝上"的概率等于 0.5.

在许多实际问题中,直接用上述定义求事件的概率是困难的,有时甚至不可能的,因此,可以取 n 充分大时的频率作为概率的近似值.

由概率的统计定义,可以推出概率有如下性质:

性质 1 对于任一事件 A,有 $0 \leqslant P(A) \leqslant 1$.

性质 2 $P(\Omega) = 1, P(\Phi) = 0$.

性质 3 若事件 A 与事件 B 互不相容,则 $P(A \cup B) = P(A) + P(B)$.

性质 3 叫做概率的**可加性**.

推论 1 若 $A_1, A_2, \cdots, A_n$ 是两两互不相容的事件,则有
$$P(A_1 \cup A_2 \cup \cdots \cup A_n) = P(A_1) + P(A_2) + \cdots + P(A_n),$$
即 $P(\bigcup_{i=1}^{n} A_i) = \sum_{i=1}^{n} P(A_i)$).该式称为**互不相容事件概率的加法公式**.

推论 2 $P(\bar{A}) = 1 - P(A)$.

因为 $A \cup \bar{A} = \Omega$,所以 $P(A \cup \bar{A}) = P(\Omega) = 1$,又因为 $A\bar{A} = \Phi$,所以 $P(A \cup \bar{A}) = P(A) + P(\bar{A})$,因此 $P(A) + P(\bar{A}) = 1$,即 $P(\bar{A}) = 1 - P(A)$.

性质 4 对任意两个事件 A, B,有
$$P(A \cup B) = P(A) + P(B) - P(AB),$$
此式称为**广义加法公式**.

该加法公式可以推广到有限个事件的情形,如有事件 A, B, C,则有
$$P(A + B + C) = P(A) + P(B) + P(C) - P(AB) - P(AC) - P(BC) + P(ABC),$$

特别地,有 $P(B - A) = P(B) - P(AB)$,且当 $A \subset B$ 时,$P(B - A) = P(B) - P(A)$.

例 5 对某社区调查结果的统计表明,有台式电脑的家庭占 80%,有手提笔记本电脑的家庭占 18%,没有电脑的家庭占 15%,如果随机到一个家庭去,试求:

(1) 没有手提笔记本电脑的概率;

(2) 有电脑的概率;

(3) 有台式电脑或无电脑的概率;

(4) 手提笔记本电脑和台式电脑都有的概率.

解 设事件 $A = \{$有台式电脑$\}$;$B = \{$有手提笔记本电$\}$.

(1) 没有手提笔记本电脑这一事件是事件 B 的逆事件,而 $P(B) = 0.18$,所以有
$$P(\bar{B}) = 1 - P(B) = 1 - 0.18 = 0.82.$$

(2) $A + B$ 表示"有电脑"这一事件,而 $P(\overline{A+B}) = 0.15$,所以有
$$P(A+B) = 1 - P(\overline{A+B}) = 1 - 0.15 = 0.85.$$

(3) 由于事件 A 与事件 $\overline{A+B}$ 是互不相容事件,因此有台式电脑或无电脑的概率为
$$P(A + \overline{A+B}) = P(A) + P(\overline{A+B})$$
$$= 0.8 + 0.15 = 0.95.$$

(4) 由于事件 A 与事件 B 不是互不相容,故可得
$$P(A+B) = P(A) + P(B) - P(AB),$$
有
$$0.85 = 0.8 + 0.18 - P(AB),$$
解得
$$P(AB) = 0.8 + 0.18 - 0.85 = 0.13,$$
所以手提笔记本电脑和台式电脑都有的概率是 0.13.

2. 古典概型

某些特殊类型的概率问题,并不需要进行大量的重复试验,而只需根据问题本身所具有的特性,通过具体的分析就可直接计算出概率.观察下面的案例.

例 6 从省属 5 所高职院校随机抽取一所学院进行年度消防工作检查,求每所学院被抽到的概率.

解 显然每所学院都有可能被抽到,即有 5 个基本事件,而且每一所学院被抽到的机会均等,故每所学院被抽到的可能性都是 $\dfrac{1}{5}$.

以上试验具有两个特点:

(1) **有限性**:每次试验,只有有限种可能的试验结果,或者说基本事件总数为有限个.

(2) **等可能性**:每次试验中,各基本事件出现的可能性相同.

在概率论中,把具有上述两个特征的试验的概率问题称**古典概型**.

定义 4 若试验结果共有 n 个基本事件,这些事件的出现具有相等的可能性,而事件 A 由其中 m 个基本事件组成,则事件 A 的概率是
$$P(A) = \frac{A \text{中包含的基本事件数}}{\text{基本事件总数}} = \frac{m}{n}.$$

例 7 在制作钢材构架前,需对钢材进行检验.今从一批 100 件钢材(内含次品 2 件)中任取 3 件作检验.如果 3 件都是合格品的概率大于 0.95,则认为这批钢材可用于制作构架;如果不能制作构架将另作处理,问这批钢材能否用于制作构架?

解 设"从 100 件钢材中任抽 3 件都是合格品"的事件为 A,则按古典概型有

$$P(A) = \frac{C_{98}^3}{C_{100}^3} = \frac{98 \times 97 \times 96/1 \times 2 \times 3}{100 \times 99 \times 97/1 \times 2 \times 3} = 0.94.$$

由于 $P(A) = 0.94 < 0.95$,所以这批钢材不能用于制作构架,需另作处理.

例 8 从有 3 件次品的 100 件产品中连续地任意抽取两件,(1) 如果抽出一件检查后立即放回,再抽下一件(这样的抽样方式称为**放回抽样**),求"抽查的两件中无次品"的概率;(2) 如果第一件抽出后不放回,再抽第二件(这样的抽样方式称为**不放回抽样**),求"抽查的两件产品中一件为正品,一件为次品"的概率.

解 (1) 由于连续抽取,抽后放回,所以每次抽取时产品总数都是 100 件,故连续抽取两件的基本事件总数为 $C_{100}^1 C_{100}^1 = 100 \times 100 = 100^2$.

设"抽查两件中无次品(全正品)"的事件为 A,那么 A 中的两件正品必须从 97 件正品中抽得,故 A 中包含基本事件个数为 $C_{97}^1 \cdot C_{97}^1 = 97 \times 97 = 97^2$,于是按古典概型计算公式有

$$P(A) = \frac{97^2}{100^2} = 0.941.$$

(2) 设"抽查的两件产品中一件为正品、一件为次品"的事件为 B,"第一次抽得正品、第二次抽得次品"的事件为 B_1,"第一次抽得次品、第二次抽得正品"的事件为 B_2,则 B_1 与 B_2 互斥(即 $B_1 B_2 = \phi$),且 $B = B_1 \bigcup B_2$.

由于从 100 件产品中连续抽取两件,抽后不放回,所以每抽取一件后产品总数就少一件,基本事件总数 $A_{100}^2 = 100 \times 99$.

对于事件 B_1,第一件抽得正品必须从 97 件正品中取得,第二件抽得次品必须从余下 99 件产品中的 3 件次品里取得,所以 B_1 包含基本事件的个数为 $C_{97}^1 \cdot C_3^1 = 97 \times 3$,于是

$$P(B_1) = \frac{C_{97}^1 C_3^1}{A_{100}^2} = \frac{97 \times 3}{100 \times 99} = \frac{97}{3\,300};$$

对于事件 B_2,第一次抽得次品必须从 3 件次品中取得,第二件正品必须从余下 99 件产品中 97 件正品里取得,所以 B_2 包含基本事件个数为 $C_3^1 \cdot C_{97}^1 = 3 \times 97$,于是

$$P(B_2) = \frac{C_3^1 C_{97}^1}{A_100^2} = \frac{3 \times 97}{100 \times 99} = \frac{97}{3\,300}.$$

最后按概率加法公式得

$$P(B) = P(B_1 \cup B_2) = P(B_1) + P(B_2) - P(B_1 B_2)$$
$$= \frac{97}{3\,300} + \frac{97}{3\,300} - 0 = \frac{97}{1\,650}.$$

练习与思考 12-1A

1. 设 A,B,C 为 3 个事件,试以 A,B,C 的运算表示下列事件.
  (1) A 发生,B 与 C 不发生;
  (2) A,B,C 至少有一个发生;
  (3) A,B,C 都发生;
  (4) A,B,C 中至少有两个发生;
  (5) A,B,C 都不发生;
  (6) A,B,C 中不多于一个发生.
2. 10 件产品中有 7 件正品、3 件次品,从中任取 3 件,求取得正品的概率.
3. 某种产品的生产需要经过甲乙两道工序,如果某道工序机器出故障,则停止生产产品. 已知甲、乙工序机器的故障率分别为 0.25 和 0.20,两道工序机器同时发生故障的概率为 0.10. 求停止生产产品的概率.

12.1.3 随机事件的条件概率及其有关的三个概率公式

1. 条件概率

在概率的实际应用中,常会遇到这样的情况,在"事件 B 已发生"的条件下,求事件 A 发生的概率,称为**条件概率**,记为 $P(A/B)$.

$$P(A/B) = \frac{\text{在 } B \text{ 发生条件下 } A \text{ 包含基本事件的个数}}{\text{在 } B \text{ 发生条件下基本事件总数}}.$$

引例 设 100 件某产品中有 5 件不合格品(3 件次品,2 件废品). 现从中抽取一件,求:(1) 抽得的是废品的概率;(2) 已知抽得的是不合格品,又是废品的概率.

解 设"抽得的是废品"的事件为 A,"抽得的是不合格品"的事件为 B,则

(1) 按古典概率计算公式,有 $P(A) = \frac{2}{100}$;

(2) 按条件概率计算公式,有 $P(A/B) = \frac{2}{5}$.

显然 $P(A) \neq P(A/B)$.

由于在 100 件产品中有 5 件不合格品,所以 $P(B) = \frac{5}{100}$;而从 100 件产品中抽

得的是不合格品又是废品的事件是 AB，其概率为 $P(AB) = \dfrac{2}{100}$. 于是有

$$P(A/B) = \dfrac{2}{5} = \dfrac{\frac{2}{100}}{\frac{5}{100}} = \dfrac{P(AB)}{P(B)}.$$

上述关系式具有一般性，由此给出条件概率的一般定义及计算公式.

定义 5 设事件 A 和 B，如果 $P(B) > 0$，有

$$P(A/B) = \dfrac{P(AB)}{P(B)},$$

称 $P(A/B)$ 为在事件 B 发生件下事件 A 发生的**条件概率**.

既然条件概率是一种概率，它必定具有概率定义中要求的条件及有关概率性质. 例如，有界性 $0 \leqslant P(A/B) \leqslant 1$；概率加法公式 $P\{[A_1 \cup A_2]/B\} = P(A_1/B) + P(A_2/B) - P(A_1 A_2/B)$ 等.

2. 概率乘法公式

借助条件概率一般计算式，可得：

定理 1（概率乘法公式） 设事件 A 和 B，如果 $P(B) > 0$，则

$$P(AB) = P(B)P(A/B);$$

如果 $P(A) > 0$，则

$$P(AB) = P(A)P(B/A);$$

如果 $P(A) > 0, P(B) > 0$，则

$$P(AB) = P(A)P(B/A) = P(B)P(A/B).$$

该结论可推广到多事件. 例如，对于事件 A_1, A_2, A_3，如果 $P(A_1) > 0$，$P(A_1 A_2) > 0$，则 $P(A_1 A_2 A_3) = P(A_1)P(A_2/A_1)P(A_3/A_1 A_2)$.

例 9 盒中有 10 张彩票，其中一等奖 3 张；二等奖 7 张，甲、乙、丙三人依次每人从盒中摸取两张，求：

(1) 甲摸到两张二等奖彩票的概率；

(2) 甲摸到两张二等奖彩票的条件下，乙摸到一等奖、二等奖彩票各一张的概率；

(3) 甲摸到两张二等奖彩票的同时，乙摸到一等奖、二等奖彩票各一张且丙摸到一等奖彩票的概率.

解 设 A 表示"甲摸到两张二等奖的彩票"，B 表示"乙摸到一等奖、二等彩票各一张"，C 表示"丙摸到两张一等奖彩票".

由题意知：

(1) $\qquad P(A) = \dfrac{C_7^2}{C_{10}^2} = 0.467;$

(2) $$P(B/A) = \frac{C_3^1 \cdot C_5^1}{C_8^2} = 0.536;$$

(3) $$P(C/AB) = \frac{C_2^2}{C_6^2} = 0.067.$$

所求事件的概率为

$$P(ABC) = P(A)P(B/A)P(C/AB) = 0.467 \times 0.536 \times 0.067 = 0.017.$$

3. 全概率公式

当我们计算较为复杂事件的概率时,往往是将复杂事件分解为若干个互不相容的简单事件之和,通过分别计算这些简单事件的概率,再利用概率的可加性求得最终结果.

我们先看一例.

例10 市场上销售的某种型号的建筑材料,是由甲、乙、丙三地购进,各占总量的 $45\%,30\%,25\%$,其次品率各为 $3.5\%,4\%,3\%$,现从总量中任取一件,求是次品的概率.

解 设事件 A 表示"取出的产品是次品",H_1 表示"取出的是甲地的产品",H_2 表示"取出的是乙地的产品",H_3 表示"取出的是丙地的产品".

因为取出的产品必是甲、乙、丙三地之一生产的,所以 H_1,H_2,H_3 两两互不相容,且有 $H_1 \cup H_2 \cup H_3 = \Omega$. 故

$$A = A\Omega = A(H_1 \cup H_2 \cup H_3) = AH_1 \cup AH_2 \cup AH_3,$$

且 AH_1、AH_2、AH_3 也两两互不相容. 根据加法公式和乘法公式,得

$$\begin{aligned} P(A) &= P(AH_1) + P(AH_2) + P(AH_3) \\ &= P(H_1)P(A/H_1) + P(H_2)P(A/H_2) + P(H_3)P(A/H_3) \\ &= 0.45 \times 0.035 + 0.3 \times 0.04 + 0.25 \times 0.03 \\ &= 0.03525, \end{aligned}$$

故任取一件为次品的概率为 3.525%.

上例将复杂事件 A 的概率,分解成 AH_1,AH_2,AH_3 简单事件的概率和,这种方法具有一般性.

定理2(全概率公式) 设 $B_1,B_2,\cdots,B_n$ 是某一随机试验的一组两两互斥的事件,且 $B_1 + B_2 + \cdots + B_n = \Omega$. 对于该试验中的任一事件 A,如果 $P(B_i) > 0(i = 1,2,\cdots,n)$,则有

$$P(A) = P(B_1)P(A/B_1) + \cdots + P(B_n)P(A/B_n) = \sum_{i=1}^{n} P(B_i)P(A/B_1).$$

例11 某建行规定:凡申请贷款单位其按期偿还贷款的概率不得低于 0.6,否则不予贷款. 现有甲厂欲申请贷款引入一条生产线,预测在生产因素正常的情况下,按期偿还贷款的概率为 0.8,在生产因素不正常的情况下,按期偿还贷款的概

率为 0.3,经多年资料表明该厂生产因素正常的概率为 0.75,试决策建行能不能向甲厂提供贷款.

解 设事件 H_1 表示"生产因素正常",H_2 表示"生产因素不正常",H_1,H_2 互不相容且 $H_1 \cup H_2 = \Omega$.

又设事件 A 表示"按期偿还贷款",

$$\begin{aligned} P(A) &= P(AH_1) + P(AH_2) \\ &= P(H_1)P(A/H_1) + P(H_2)P(A/H_2) \\ &= 0.75 \times 0.8 + 0.25 \times 0.3 \\ &= 0.675. \end{aligned}$$

因为 $P(A) = 0.675 > 0.6$,故建行可以考虑向甲厂提供贷款.

4. 贝叶斯公式

以上介绍了条件概率、乘法公式和全概率公式,在一些问题中常常要同时用到上述 3 个公式,下面举一例子.

例 12 某机电公司门市部出售的灯泡中,甲厂生产的占 70%,乙厂生产的占 30%,甲厂产品的合格概率是 95%,乙厂产品的合格概率是 80%,今从中任抽一只是合格品且是甲厂产品的概率.

解 设事件 H_1 表示"甲厂产品",H_2 表示"乙厂产品",H_1,H_2 互不相容且 $H_1 \cup H_2 = \Omega$. 又设事件 A 表示"抽出的一只灯泡是合格品".

根据题意,得

$$\begin{aligned} P(H_1/A) &= \frac{P(AH_1)}{P(A)} = \frac{P(H_1)P(A/H_1)}{P(H_1)P(A/H_1) + P(H_2)P(A/H_2)} \\ &= \frac{0.7 \times 0.95}{0.7 \times 0.95 + 0.3 \times 0.8} = \frac{0.665}{0.905} \approx 0.7348, \end{aligned}$$

故任抽一只是合格品且是甲厂产品的概率为 0.7348.

一般地,若 $H_1, H_2, H_3, \cdots, H_n$ 是一组两两互不相容事件,且有 $H_1 \cup H_2 \cup \cdots \cup H_n = \Omega$,那么对于任一概率不为零的事件 A,有

$$P(H_n \mid A) = \frac{P(H_n)P(A/H_n)}{\sum_{i=1}^{n} P(H_i) \cdot P(A/H_i)}.$$

上述公式叫做贝叶斯公式(又叫**逆概率公式**),在统计推断中经常用到.

12.1.4 事件的独立性

1. 事件的独立性

在客观世界中,一些事件的发生有联系,但有些事件的发生是互不影响的. 如甲地区发生水灾,与同时间乙地区发生森林火灾没有必然的联系;又如两位同学参加某门课程考试,成绩合格与否互不影响. 对这样同时发生的事件的概率,有如下定义.

定义 6 如果事件 B 的发生不影响事件 A 的概率,即
$$P(A/B) = P(A),$$
则称事件 A 对事件 B 是**独立的**(或称 A 独立于 B),否则称为不独立.

由定义可得出如下 3 个性质:

(1) 若事件 A 独立于事件 B,则事件 B 也独立于事件 A;

(2) 若 A,B 相互独立,则
$$P(AB) = P(A)P(B),$$
反之也成立;

(3) 若事件 A 和 B 相互独立,则下列各对事件
$$\overline{A} \text{ 与 } \overline{B}, A \text{ 与 } \overline{B}, \overline{A} \text{ 与 } B$$
也相互独立.

例 13 设电路如图 12-1-2 所示,其中点 1、点 2 为继电器的接点. 如果各继电器接点闭合与否相互独立,且每一个继电器接点的闭合概率为 0.9. 求 L 至 R 为通路的概率.

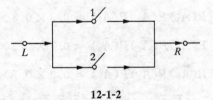

12-1-2

解 设"第 i 个继电器接点闭合"的事件为 $A_i (i=1,2)$,"从 L 到 R 通路"的事件为 B,则 $B = A_1 \bigcup A_2$.

由于 A_1 与 A_2 并不互斥,所以按概率加法公式有
$$P(B) = P(A_1 \bigcup A_2) = P(A_1) + P(A_2) - P(A_1 A_2).$$
又由于 A_1 与 A_2 相互独立,所以按独立事件乘法公式有
$$P(A_1 A_2) = P(A_1)P(A_2).$$
于是
$$P(B) = P(A_1 \bigcup A_2) = P(A_1) + P(A_2) - P(A_1)P(A_2).$$

已知 $P(A_i) = 0.9(i = 1, 2)$, 故 L 至 R 为通路的概率为

$$P(B) = P(A_1) + P(A_2) - P(A_1)P(A_2) = 0.9 + 0.9 - 0.9 \times 0.9 = 0.99.$$

2. 独立试验概型

在概率论中,我们把在相同条件下,独立重复进行 n 次试验的模型称为 **n 次独立试验概型**.

例 14 10 件产品有 3 件不合格,现每次抽取一件检验,有放回地抽取 3 次,试求恰有 2 件不合格品的概率.

解 每抽取一次就是一次试验,且每次试验都是从含有 3 件不合格品的 10 件产品中抽取,其结果只有"抽到合格品"或"抽到不合格品".

设 B 表示"抽取 3 次恰有 2 次抽到不合格品",A_i 表示"第 i 次抽到合格品",$\overline{A_i}$ 表示"第 i 次抽到不合格品".

由题意知

$$P(A_1) = P(A_2) = P(A_3) = \frac{C_7^1}{C_{10}^1} = \frac{7}{10} = 0.7,$$

$$P(\overline{A}_1) = P(\overline{A}_2) = P(\overline{A}_3) = \frac{C_3^1}{C_{10}^1} = \frac{3}{10} = 0.3.$$

事件 B 共有 $C_3^2 = 3$ 个,即

$$B = \overline{A}_1\overline{A}_2 A_3 + A_1\overline{A}_2\overline{A}_3 + \overline{A}_1 A_2 \overline{A}_3.$$

因为这 3 个事件互不相容,根据加法定理,

$$P(B) = P(\overline{A}_1\overline{A}_2 A_3) + P(A_1\overline{A}_2\overline{A}_3) + P(\overline{A}_1 A_2 \overline{A}_3).$$

又因为 A_1, A_2, A_3 是相互独立事件,根据事件的独立性,有

$$P(\overline{A}_1\overline{A}_2 A_3) = P(\overline{A}_1)P(\overline{A}_2)P(A_3) = 0.3 \times 0.3 \times 0.7 = 0.063,$$

$$P(A_1\overline{A}_2\overline{A}_3) = P(A_1)P(\overline{A}_2)P(\overline{A}_3) = 0.7 \times 0.3 \times 0.3 = 0.063,$$

$$P(\overline{A}_1 A_2 \overline{A}_3) = P(\overline{A}_1)P(A_2)P(\overline{A}_3) = 0.3 \times 0.7 \times 0.3 = 0.063,$$

故

$$P(B) = P(\overline{A}_1\overline{A}_2 A_3) + P(A_1\overline{A}_2\overline{A}_3) + P(\overline{A}_1 A_2 \overline{A}_3)$$
$$= C_3^2 (0.3)^2 (0.7) = 3 \times (0.3)^2 (0.7) = 0.189.$$

由上例可见,n 重独立试验概型具有下列两个特点:

(1) 每次试验都是在相同条件下进行,且只有两个结果,即事件 A 或者发生或者不发生;

(2) 在每次试验中事件 A 发生的概率为 $p(0 < p < 1)$.

具有以上两个特点的 n 重试验,又称为 n **重伯努利试验**.

定理 3(伯努利定理) 设一次试验中,事件 A 发生的概率为 $p(0<p<1)$,则 n 重伯努利试验中,事件 A 恰发生 k 次的概率为

$$P_n(k) = C_n^k p^k q^{n-k},$$

其中 $q = 1 - p$.

例 15 一个工人负责维修 10 台同类型机床,在一段时间内每台机床发生故障需要维修的概率为 0.3. 求:(1) 在这段时间内有 $2 \sim 4$ 台机床需要维修的概率;(2) 在这段时间内至少有 1 台机床需要维修的概率.

解 机床只能有"需要维修"与"不需要维修"两种情况,且各台机床是否需要维修相互独立,故 10 台机床相当于 10 重贝努里试验概型.

设这段时间内需维修机床数为 k,则 10 台机床恰好有 k 台机床需维修的概率为

$$P_{10}(k) = C_{10}^k p^k (1-p)^{10-k} = C_{10}^k (0.3)^k (0.7)^{10-k}.$$

(1) $P\{2 \leqslant k \leqslant 4\} = P_{10}(2) + P_{10}(3) + P_{10}(4)$

$$= C_{10}^2 (0.3)^2 (0.7)^8 + C_{10}^3 (0.3)^3 (0.7)^7$$
$$+ C_{10}^4 (0.3)^4 (0.7)^6 = 0.700\ 4.$$

(2) $p\{k \geqslant 1\} = 1 - p\{k < 1\} = 1 - P_{10}(0)$

$$= 1 - C_{10}^0 (0.3)^0 (0.7)^{10}$$
$$\approx 0.971\ 8.$$

练习与思考 12-1B

1. 一袋中装有 10 个球,其中 3 个黑球、7 个白球. 先后两次从中随机各取一球(不放回),求两次取得的均为黑球的概率.

2. 两台车床加工同样规格的零件,第一台出现废品的概率为 0.03,第二台出现废品的概率为 0.02;加工出来的零件放在一起,其中第一台加工的零件数是第二台加工零件数的两倍. 求:(1) 任取一个零件是合格品的概率;(2) 任取一个零件是废品,它是第二台车床加工的概率是多少?

3. 甲、乙两人独立地去破译一份密码,已知各人能译出的概率分别为 $\frac{1}{4}$、$\frac{1}{3}$,求两人中至少有一人能将此密码译出的概率.

§12.2 随机变量及其概率分布

12.2.1 随机变量及其概率分布函数

1. 随机变量

在研究随机现象的过程中,很多随机现象的结果(随机事件)可以用数值表示.

例 1 在含有 3 件次品的 10 件产品中任取 3 件,我们用"$\xi=0$"表示"抽取到 0 件次品";"$\xi=1$"表示"抽取到 1 件次品";"$\xi\leqslant 2$"表示"抽取的次品不超过 2 件";"$\xi\geqslant 1$"表示"抽到的次品至少 1 件".

这种用来表示随机事件结果的变量叫做**随机变量**,通常用字母 ξ,η 或 X,Y,Z 来表示.

有些随机现象的结果显然与数值无关,但我们可以把它的结果与数值一一对应.

例 2 观察某种洗衣机投放市场的销售情况,其可能结果是"畅销"、"一般"、"滞销",显然事件的发生与数值无关,同样可以给一个对应关系:

"$\eta=0$"表示"畅销";"$\eta=1$"表示"一般";"$\eta=2$"表示"滞销". η 取不同的值,表示不同事件发生,故 η 也是一个随机变量.

对任何随机现象的研究都可以转化为对随机变量的研究.

若随机变量的取值可以一一列出,称其为**离散型随机变量**.例 1 和例 2 中的随机变量就是离散型的;若随机变量的取值充满了某个区间,称为**连续型随机变量**. 例如:汽车排气系统的使用寿命,五月份某地区的降雨量,某人在汽车站候车的时间等.

下面介绍描述随机变量按概率的取值规律的方法之一 —— 随机变量的分布函数.

定义 1 设 X 是随机变量,x 是任意实数,则把事件 $\{X\leqslant x\}$ 的概率是 x 的函数称为 X 的**概率分布函数**,记作 $F(x)$,即

$$F(x)=P\{X\leqslant x\} \quad (-\infty<x<\infty). \qquad ①$$

注 (1) $F(x)$ 就是 X 取值小于 x 的概率.如果把 X 看作数轴上随机点的坐标,则分布函数 $F(x)$ 的值是表示 X 落在区间 $(-\infty,x]$ 内的概率,如图 12-2-1 所示,且有 $0\leqslant F(x)\leqslant 1$.

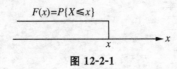

图 12-2-1

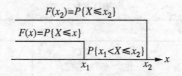

图 12-2-2

(2) 对任意实数 x_1, x_2,当 $x_1 < x_2$ 时,$P\{x_1 < X \leqslant x_2\}$ 就是随机点落在区间 $(x_1, x_2]$ 内的概率,如图 12-2-2 所示,且有

$$P\{x_1 < X \leqslant x_2\} = P\{X \leqslant x_2\} - P\{X \leqslant x_1\} = F(x_2) - F(x_1).$$

(3) 从上式可知,用分布函数可以表达 X 在任一区间上取值的概率. 从这个意义上说,分布函数就是完整地描述了随机变量的规律.

分布函数有下列性质:

(1) 如果 $x_1 < x_2$,则 $F(x_1) \leqslant F(x_2)$;

(2) $F(-\infty) = \lim\limits_{x \to -\infty} F(x) = 0, F(+\infty) = \lim\limits_{x \to +\infty} F(x) = 1$;

(3) $\lim\limits_{x \to x_0^+} F(x) = F(x_0)$.

下面介绍另一种描述随机变量按概率取值的方法 —— 离散型随机变量的概率分布律与连续型随机变量的概率分布密度.

12.2.2 离散型随机变量及其概率分布律

1. 离散型随机变量及其概率分布律

定义 2 设 X 是离散型随机变量,如果它可能取的值为 $x_1, x_2, \cdots, x_n, \cdots$,相应的概率为

$$P\{X = x_i\} = p_i (i = 1, 2, \cdots, n \cdots),$$

如表 12-2-1 所示. 则把上式或表 12-2-1 所表达的对应关系称为离散型随机变量 X 的**概率分布律**(简称**分布律**).

表 12-2-1

X	x_1	x_2	$\cdots$	x_n	$\cdots$
P	p_1	p_2	$\cdots$	p_n	$\cdots$

例如,例 1 中的随机变量的分布律如表 12-2-2 所示.

表 12-2-2

ξ	0	1	2	3
$P(\xi=i)$	$\dfrac{C_7^3}{C_{10}^3}$	$\dfrac{C_3^1 C_7^2}{C_{10}^3}$	$\dfrac{C_3^2 C_7^1}{C_{10}^3}$	$\dfrac{C_3^3}{C_{10}^3}$

根据概率定义,易于得到 X 的分布律的两个性质:

(1) 当 X 取任何可能取的值,其概率不会为负,即 $p_i \geqslant 0 (i=1,2,\cdots,n,\cdots)$;

(2) 当 X 取遍所有可能值时,相应概率之和为 1,即 $\sum\limits_{i=1}^{\infty} p_i = 1$.

因此,具有这两个性质的数列皆可以作为某个离散型随机变量的分布列.

例 2 设离散型随机变量分布律如表 12-2-3 所示. 求:(1)X 的分布函数 $F(x)$,并画出其图形;(2)$P\{1 < x \leqslant 2\}$.

表 12-2-3

X	0	1	2
P	0.3	0.5	0.2

解(1) 当 $x < 0$ 时,事件$\{X \leqslant x\} = \phi$,所以
$$F(x) = P\{X \leqslant x\} = 0;$$
当 $0 \leqslant x < 1$ 时,事件$\{X \leqslant x\} = \{X=0\}$,所以
$$F(x) = P\{X \leqslant x\} = P\{X=0\} = 0.3;$$
当 $1 \leqslant x < 2$ 时,事件$\{X \leqslant x\} = \{X=0\} \bigcup \{X=1\}$,所以
$$F(x) = P\{X \leqslant x\} = P\{X=0\} + P\{X=1\} = 0.8;$$
当 $x \geqslant 2$ 时,事件$\{X \leqslant x\} = \Omega$,所以
$$F(x) = P\{X \leqslant x\} = P(\Omega) = 1.$$
因此,X 的分布函数为
$$F(x) = \begin{cases} 0 & 0 < x, \\ 0.3 & 0 \leqslant x < 1, \\ 0.8 & 1 \leqslant x < 2, \\ 1 & x \geqslant 2. \end{cases}$$

其图形如图 12-2-3 所示. 易于看出,$F(x)$ 在 $x=0,1,2$ 处右连续.

(2) $P\{1 < x \leqslant 2\} = F(2) - F(1) = 1 - 0.8 = 0.2$.

2. 常见离散型随机变量的概率分布律

(1) 两点分布.

如果随机应量 X 的分布列为
$$P(X=k) = p^k q^{1-k} (k=0,1)$$

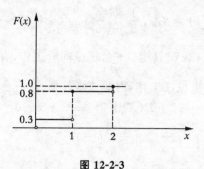

图 12-2-3

或如表 12-2-4 所示. 其中 $0 < p < 1, q = 1 - p$,则称 X 服从以 p 为参数的**两点分布**,记作 $X \sim B(1, p)$.

表 12-2-4

X	1	0
$P(X = k)$	p	q

任何一个只有两个互斥结果的随机试验都能用二点分布(或称"0—1"分布)表示. 例如,产品质量是否合格,电子线路是否正常,射击是否命中,竞技比赛胜负等,都服从两点分布.

(2) 二项分布.

若离散型随机变量 X 的分布列为

$$P_n(\xi = k) = C_n^k p^k q^{n-k} (p > 0, q = 1 - p, k = 0, 1, 2, \cdots, n),$$

则称 X 服从参数为 n, p 的**二项分布**,记作 $X \sim B(n, p)$.

由于 $0 < C_n^k p^k q^{n-k}$ 恰是二项 $(p+q)^n$ 的展开式的通项,所以把分布列叫做二项分布.

二项分布是用来描述 n 重独立试验的,当 $n = 1$ 时,二项分布就是二点分布. 例如,在 n 次抽检中取得合格品的次数;在 n 次射击中命中的次数;在 n 次投币中出现"正面向上"的次数;在 n 次检验中电子线路正常的次数等,都服从二项分布.

例 3 某车间有 10 台容量为 7.5kW 的加工机械. 如果每台的使用情况互相独立,且每台平均每小时开动 12min. 问全部机械用电超过 48kW 的可能性有多大?

解 由于每台加工机械的工作概率为 $\dfrac{12}{60} = \dfrac{1}{5}$,且只有"工作"与"不工作"两种状态,所以一台开动的机械就可看作一次伯努利试验,10 台开动的机械就可看作 10 次伯努利试验,故某一时刻开动的机械台数 X 服从 $n = 10, p = \dfrac{1}{5}$ 的二项分布,即有

$$P\{X=k\} = C_{10}^k \left(\frac{1}{5}\right)^k \left(\frac{4}{5}\right)^{10-k} \quad (k=0,1,\cdots,10).$$

因为 $\frac{48}{7.5} = 6.4$，即 48kW 只能供 6 台机械同时工作，有"用电超过 48kW"就意味着有 7 台或 7 台以上机械在工作，因此该事件概率为

$$P\{X=7\} + P\{X=8\} + P\{X=9\} + P\{X=10\}$$
$$= C_{10}^7 \left(\frac{1}{5}\right)^7 \left(\frac{4}{5}\right)^{10-7} + C_{10}^8 \left(\frac{1}{5}\right)^8 \left(\frac{4}{5}\right)^{10-8}$$
$$+ C_{10}^9 \left(\frac{1}{5}\right)^9 \left(\frac{4}{5}\right)^{10-9} + C_{10}^{10} \left(\frac{1}{5}\right)^{10} \left(\frac{4}{5}\right)^{10-10} = \frac{1}{1\,157}.$$

计算结果表明：用电超过 48kW 的可能性很小，大约 20h 只有 1min. 根据这一点，就可选取适当的供电设备做到既保证供电又节约设备.

(3) 泊松分布.

如果离散型随机变量 X 的发布为

$$P(X=k) = \frac{\lambda^k}{k!} \cdot e^{-\lambda} \quad (\lambda > 0, k=0,1,2,\cdots),$$

则称 X 服从以 λ 为参数的**泊松分布**，记作 $X \sim P(\lambda)$.

泊松分布是 1837 年法国数学家泊松(Poisson) 在研究二项分布的近似计算时发现，$n \to \infty$，如果 np 趋于一个常数 λ，则有

$$P(X=k) = C_n^k P^k q^{n-k} \approx \frac{\lambda^k}{k!} e^{-\lambda}, \text{其中} \lambda = np.$$

即：当 n 很大，np 又不太大时，可用泊松分布来近似计算服从二项分布的 X 的概率.

在一定时间，某交通路口发生交通事故的次数；百货商店顾客的流动数；电话交换台被呼唤的次数；人生保险的死亡人数；某地发生强烈地震的次数；某网站被访问的次数；热电子发射数等，都是服从泊松分布的随机变量.

泊松分布的概率值可查附录一的附表 2 得到.

例 4　已知某随机变量 $\xi \sim P(2)$，求 $P(\xi \geqslant 3), P(\xi \leqslant 2), P(\xi = 3)$.

$$P(\xi \geqslant 3) = \sum_{k=3}^{\infty} \frac{2^k}{k!} e^{-2} = 0.323\,3,$$
$$P(\xi \leqslant 2) = 1 - P(\xi > 2) = 1 - P(\xi \geqslant 3)$$
$$= 1 - 0.323\,3 = 0.676\,7,$$
$$P(\xi = 3) = P(\xi \geqslant 3) - P(\xi \geqslant 4)$$
$$= 0.323\,3 - 0.142\,9 = 0.180\,4.$$

例 5　若一年中某类保险者的死亡率为 0.000 2，试求在 20 000 个保险者里死亡人数超过 12 人的概率.

解 设参加该类保险者在一年内死亡人数为 ξ,则随机变量 ξ 服从二项分布.
$$P(\xi = k) = C_{20\,000}^{k}(0.000\,2)^{k} \cdot (0.999\,8)^{20\,000-k},$$
$$P(\xi > 12) = 1 - P(\xi \leqslant 12)$$
$$= 1 - \sum_{k=0}^{12} C_{20\,000}^{k}(0.000\,2)^{k}(0.999\,8)^{20\,000-k}.$$

计算量很大,由于 20 000 很大,而 $nP = 4$ 很小,所以可以利用泊松分布近似计算,查泊松分布表,可直接得出
$$P(\xi > 12) = P(\xi \geqslant 13) = 0.000\,274.$$
故该项保险者死亡人数超过 12 人的概率为不到万分之三.

练习与思考 12-2A

1. 某试验的成功概率为 0.75,失败概率为 0.25. 如果以 X 表示试验者获得首次成功所进行的试验次数,试写出 X 的分布律.

2. 一批产品中有 5% 的产品为不合格品,现进行放回抽样,从中任意抽取 10 件,试求:(1) 取出不合格产品数 X 的分布律;(2) 至少有 3 件不合格品的概率.

3. 某城市每天发生火灾的次数 X 服从参数 $\lambda = 0.8$ 的泊松分布,求该城市一天内发生 3 次或 3 次以上火灾的概率.

12.2.3 连续型随机变量及其概率分布密度

1. 连续型随机变量及其概率分布密度

对连续型随机变量我们关心的是某一区间的概率,为了研究其概率分布规律,类似于质量 m 的求解(见第 4 章 §4.1 节引例中的"非均匀细棒的质量"),当质量分布的线密度为 $\rho(x)$ 时,则在区间 $[a,b]$ 上分布的质量 m 可由质量分布密度的积分求得:$m = \int_{a}^{b} \rho(x) \mathrm{d}x$,由此引入概率分布密度的概念.

定义 3 设 X 为连续型随机变量,如果存在非负函数 $y = f(x)$,使 X 在任一区间 $[a,b]$ 内取值的概率都有
$$P(a \leqslant X < b) = \int_{a}^{b} f(x) \mathrm{d}x,$$
$f(x)$ 就叫做 X 的**概率密度函数**(简称为密度函数). 记为 $X \sim f(x)$. 概率密度函数有以下性质:

(1) $f(x) \geqslant 0$,即密度函数是非负的;

(2) $\int_{-\infty}^{+\infty} f(x) = 1.$

显然,对于连续随机变量 X,当 $a = b$ 时,有

$$P(X = a) = \int_a^a f(x) = 0.$$

故 $P(a < X < b) = P(a \leqslant X < b) = P(a < X \leqslant b) = P(a \leqslant X \leqslant b).$

例 6 设随机变量的概率分布密度为

$$f(x) = \begin{cases} Ax^2, & 0 < x < 1, \\ 0, & \text{其他}. \end{cases}$$

求:(1) 常数 A (2) 概率 $P\{0 < X < 0.5\}$.

解 (1) 由性质(2)知,$\int_{-\infty}^{\infty} f(x)\mathrm{d}x = 1$,可得

$$1 = \int_{-\infty}^{\infty} f(x)\mathrm{d}x = \int_0^1 Ax^2 \mathrm{d}x = \frac{A}{3},$$

即 $A = 3$,从而

$$f(x) = \begin{cases} 3x^2, & 0 < x < 1, \\ 0, & \text{其他}. \end{cases}$$

(2) 由定义知,$P\{0 < X < 0.5\} = \int_0^{0.5} 3x^2 \mathrm{d}x = x^3 \big|_0^{0.5} = 0.125.$

对于连续型随机变量 X,其分布函数为

$$F(x) = P(\xi \leqslant x) = \int_{-\infty}^x f(x)\mathrm{d}x,$$

且当 $f(x)$ 在 x 处连续时,$F'(x) = f(x)$. 此时,$P(a \leqslant X < b) = F(b) - F(a).$

例 7 设随机变量 X 的分布函数为

$$F(x) = A + B\arctan x \quad (-\infty < x < +\infty).$$

(1) 求系数 A 和 B;
(2) 求 X 的密度函数 $f(x)$;
(3) 求 X 的落在 $\left(0, \dfrac{\pi}{4}\right)$ 上的概率.

解 (1) $F(-\infty) = 0$ 及 $F(+\infty) = 1$,可得

$$\begin{cases} A + B\left(-\dfrac{\pi}{2}\right) = 0, \\ A + B\left(\dfrac{\pi}{2}\right) = 1. \end{cases}$$

解之得

$$\begin{cases} A = \dfrac{1}{2}, \\ B = \dfrac{1}{\pi}, \end{cases}$$

所以

$$F(x) = \frac{1}{2} + \frac{1}{\pi}\arctan x.$$

(2) $f(x) = F'(x) = \left(\dfrac{1}{2} + \dfrac{1}{\pi}\arctan x\right)' = \dfrac{1}{\pi(1+x^2)}.$

(3) $P\left(0 < X < \dfrac{\pi}{4}\right) = F\left(\dfrac{\pi}{4}\right) - F(0) = \dfrac{1}{\pi}\arctan\dfrac{\pi}{4}.$

2. 常用连续型随机变量的概率分布

(1) 均匀分布.

如果连续型随机变量 X 的概率密度函数为

$$f(x) = \begin{cases} \dfrac{1}{b-a}, & a \leqslant x \leqslant b, \\ 0, & 其他, \end{cases}$$

称 X 服从区间上的**均匀分布**,记为 $X \sim U(a,b)$.

例如,公交车站上乘客的候车时间、数值计算中的由四舍五入引起的误差、由计算机产生的随机数、正弦讯号的随机相位等,都服从均匀分布.

例 8 爱奇发动机公司设计的汽车排气系统的寿命服从区间为 2.5 年到 7 年的均匀分布. 假设该公司对所有部件有一个 5 年的保证期,在购买后的 5 年内可以更换任何有缺陷的部件. 求:(1) 在保证期内,任何一辆汽车需要更换排气系统的概率.

(2) 任何一辆汽车的排气系统的寿命在 3 年到 6 年之间的概率.

解 设 X 表示排气系统的寿命的随机变量,且 X 服从均匀分布,有

$$f(x) = \begin{cases} \dfrac{1}{4.5} & 2.5 \leqslant x \leqslant 7, \\ 0 & 其他. \end{cases}$$

(1) $P(X \leqslant 5) = \displaystyle\int_{2.5}^{5} \dfrac{1}{7-2.5} dx = \dfrac{2.5}{4.5} = 0.556,$

(2) $P(3 \leqslant X \leqslant 6) = \displaystyle\int_{3}^{6} \dfrac{1}{7-2.5} dx = \dfrac{6-3}{7-2.5} = 0.667.$

(2) 指数分布.

如果连续型随机变量 X 的概率密度函数为

$$f(x) = \begin{cases} \lambda e^{-\lambda x}, & x \geqslant 0, \\ 0, & x < 0, \end{cases} \quad (其中 \lambda > 0 是常数)$$

称 X 服从以 λ 为参数的**指数分布**,记为 $X \sim E(\lambda)$.

例如,可靠性理论中的无线电元件的寿命、访问某网站的时间、电话通话时间、在银行等待的服务时间等,被认为服从指数分布.

(3) 正态分布.

如果连续型随机变量 X 的密度函数为

$$f(x) = \dfrac{1}{\sqrt{2\pi}\sigma} e^{\frac{(x-\mu)^2}{2\sigma^2}} \quad (-\infty < x < +\infty),$$

其中 μ 为任意实数,$\sigma>0$,则称 X 服从以 μ,σ^2 为参数的**正态分布**,记作 $X \sim N(\mu,\sigma^2)$.

类似第 3 章 §3.3 节例 4 的方法,可作出正态分布概率分布密度函数 $f(x)$ 的图形,如图 12-2-4(a) 所示的中间高、两边低的钟形图形.由图 12-2-4 易于看出正态分布密度的性质:

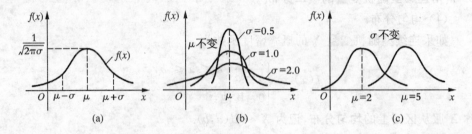

图 12-2-4

(a) 正态分布密度曲线 $f(x)$ 关于直线 $x=\mu$ 对称,在 $x=\mu\pm\sigma$ 处有拐点,在 $x=\mu$ 处达最大值 $\dfrac{1}{\sqrt{2\pi}\sigma}$,即 $x=\mu$ 是正态密度曲线的中心线,如图 12-2-4(a) 所示.

(b) 当 $x\to\infty$ 时,$f(x)\to 0$,即 x 轴为 $f(x)$ 的水平渐近线.

(c) 如果参数 μ 不变,参数 σ 值越大,图形越"胖"、越"矮",参数 σ 值越小,图形越"瘦"、越"高",即表明 σ 值刻画了 X 取值的分散程度:σ 越小分散程度越小,X 取值集中在 $x=\mu$ 附近;σ 越大,分散程度越大,如图 12-2-4(b) 所示.如果参数 σ 不变,则图形的形状、大小不变,而参数 μ 值越小,图形位置越左,参数 μ 值越大,图形位置越右,即表明 μ 的值刻画了 X 取值的位置状态,如图 12-2-4(c) 所示.

正态分布的分布函数

$$F(x) = P\{X \leqslant x\} = \int_{-\infty}^{x} f(x)\mathrm{d}x = \int_{-\infty}^{x} \frac{1}{\sqrt{2\pi}\sigma} \mathrm{e}^{-\frac{(t-u)^2}{2\sigma^2}} \mathrm{d}t \ (-\infty < x < \infty).$$

作出图形如 12-2-5 所示,它是一条单调上升的曲线,纵坐标为 0 是它的下界,纵坐标为 1 是它的上界,在 $x=\mu$ 处有拐点(纵坐标为 $\dfrac{1}{2}$).

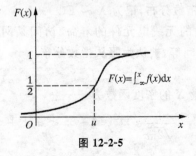

图 12-2-5

作为特例,参数 $\mu=0, \sigma=1$ 的正态分布称为**标准正态分布**,记作 $X \sim N(0,1)$,这时的分布密度 $f(x)$ 与分布函数 $F(x)$,习惯上写成 $\varphi(x)$ 与 $\Phi(x)$,即

$$\varphi(x) = \frac{1}{\sqrt{2\pi}} e^{-\frac{x^2}{2}} \quad (-\infty < x < \infty).$$

与

$$\Phi(x) = \int_{-\infty}^{x} \frac{1}{\sqrt{2\pi}} e^{-\frac{t^2}{2}} dt \quad (-\infty < x < \infty).$$

作出它们的图形如图 12-2-6(a) 与图 12-2-6(b) 所示. 易于看出标准正态分布的分布密度与分布函数有如下性质:

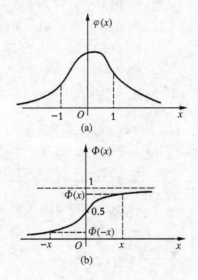

图 12-2-6

(1) $\varphi(x)$ 为偶函数,即 $\varphi(-x) = \varphi(x)$;

(2) $\Phi(-x) = 1 - \Phi(x)$.

正态分布是1818年德国数学家高斯(Gauss,1777—1855年)在研究测量误差理论时引入的一种分布,它在实践中有着广泛应用. 例如正常生产条件下各种产品的质量指标(零件的尺寸、元件的重量、材料的强度等),某地区成年男子的身高与体重,农作物的产量,测量的误差,学生的成绩,炮弹的射程等都服从或近似服从正态分布.

定理 1(正态分布概率计算公式)

(1) 设 $X \sim N(0,1)$,则

$$P\{a < X \leqslant b\} = \Phi(b) - \Phi(a);$$

其中 $\Phi(x) = \int_{-\infty}^{x} \frac{1}{\sqrt{2\pi}} e^{-\frac{t^2}{2}} dt$ 的数值可查附录一得到.

(2) 设 $X \sim N(u, \sigma^2)$，则正态分布的分布函数 $F(x)$ 与标准正态分布的分布函数 $\Phi(x)$ 有如下关系：
$$F(x) = \Phi\left(\frac{x-u}{\sigma}\right);$$
从而有
$$P\{a < x \leqslant b\} = \Phi\left(\frac{b-u}{\alpha}\right) - \Phi\left(\frac{a-u}{\alpha}\right).$$

例9 已知 $\xi \sim N(0,1)$，求：
(1) $P(-1.3 < \xi \leqslant 2)$；(2) $P(\xi > -1.4)$.

解 (1) $P(-1.3 < \xi \leqslant 2) = P(\xi < 2) - P(\xi < -1.3)$
$= P(\xi < 2) - (1 - P(\xi < 1.3))$
$= P(\xi < 2) + P(\xi < 1.3) - 1$
$= 0.9772 + 0.9032 - 1 = 0.8804.$

(2) $P(\xi > -1.4) = P(\xi < 1.4) = 0.9192.$

例10 设 $\xi \sim N(2,9)$，求：
(1) $P(1.1 < \xi < 2.6)$，(2) $P(\xi > 3)$.

解 (1) $P(1.1 < \xi < 2.6) = P(\xi < 2.6) - P(\xi < 1.1)$
$= \Phi\left(\frac{2.6-2}{3}\right) - \Phi\left(\frac{1.1-2}{3}\right)$
$= \Phi(0.2) - \Phi(-0.3) = \Phi(0.2) + \Phi(0.3) - 1$
$= 0.1972.$

(2) $P(\xi > 3) = 1 - \Phi\left(\frac{3-2}{3}\right) = 1 - \Phi(0.333)$
$= 1 - 0.6293 = 0.3707.$

例11 某批零件长度 X(cm) 服从正态分布 $N(20, 0.2^2)$，现从中任取一件，求：(1) 长度与其均值的误差不超过 0.3cm 的概率有多大？(2) 能以 95% 概率保证零件长度与其均值的误差不超过多少厘米？

解 (1) $P\{|X-20| \leqslant 0.3\} = P\{-0.3 \leqslant X-20 \leqslant 0.3\}$
$= P\{19.7 \leqslant X \leqslant 20.3\}$
$= \Phi\left(\frac{20.3-20}{0.2}\right) - \Phi\left(\frac{19.7-20}{0.2}\right)$
$= \Phi(1.5) - \Phi(-1.5) = 2\Phi(1.5) - 1$
$\xrightarrow{\text{查表}} 2 \times 0.9332 - 1 = 0.8664.$

(2) 依题意，求 δ 使 $P\{|X-20| \leqslant \delta\} \geqslant 0.95$. 因为
$P\{|X-20| \leqslant \delta\} = P\{20-\delta \leqslant X \leqslant 20+\delta\}$
$= \Phi\left(\frac{(20+\delta)-20}{0.2}\right) - \Phi\left(\frac{(20-\delta)-20}{0.2}\right)$

$$= \Phi\left(\frac{\delta}{0.2}\right) - \Phi\left(-\frac{\delta}{0.2}\right) = 2\Phi\left(\frac{\delta}{0.2}\right) - 1 \geqslant 0.95,$$

所以
$$\Phi\left(\frac{\delta}{0.2}\right) \geqslant 0.975.$$

查表得
$$\frac{\delta}{0.2} \geqslant 1.96,$$

即
$$\delta \geqslant 0.392 \text{cm}.$$

例 12 设 $X \sim N(u, \sigma^2)$,求:(1) $P\{|X-u| \leqslant \sigma\}$;(2) $P\{|X-u| \leqslant 2\sigma\}$;(3) $P\{|X-u| \leqslant 3\sigma\}$.

解 (1) $P\{|X-u| \leqslant \sigma\} = P\{u-\sigma \leqslant X \leqslant u+\sigma\}$
$$= \Phi\left(\frac{(u+\sigma)-u}{\alpha}\right) - \Phi\left(\frac{(u-\sigma)-u}{\sigma}\right)$$
$$= \Phi(1) - \Phi(-1) = 2\Phi(1) - 1 = 2 \times 0.841\,3$$
$$= 0.682\,6.$$

(2) $P\{|X-u| \leqslant 2\sigma\} = P\{u-2\sigma \leqslant X \leqslant u+2\sigma\}$
$$= \Phi\left(\frac{(u+2\sigma)-u}{\alpha}\right) - \Phi\left(\frac{(u-2\sigma)-u}{\sigma}\right)$$
$$= \Phi(2) - \Phi(-2) = 2\Phi(2) - 1 = 2 \times 0.977\,2 - 1$$
$$= 0.954\,4.$$

(3) $P\{|X-u| \leqslant 3\sigma\} = P\{u-3\sigma \leqslant X \leqslant u+3\sigma\}$
$$= \Phi\left(\frac{(u+3\sigma)-u}{\alpha}\right) - \Phi\left(\frac{(u-3\sigma)-u}{\sigma}\right)$$
$$= \Phi(3) - \Phi(-3) = 2\Phi(3) - 1 = 2 \times 0.998\,7 - 1$$
$$= 0.997\,4.$$

从上面的结果可以看到,$|X-u| \geqslant 3\sigma$ 的概率是很小的,因而可以认为 X 的值几乎一定落在区间 $(u-3\sigma, u+3\sigma)$ 内,这在统计学上称为"3σ 准则".在企业管理中经常应用该准则进行质量检查与工艺过程控制.

练习与思考 12-2B

1. 设连续型随机变量 X 的概率分布密度为
$$f(x) = \begin{cases} k(1-x), & 0 \leqslant x \leqslant 1, \\ 0, & \text{其他}. \end{cases}$$
求:(1) 系数 k;(2) $P\left\{-\frac{1}{2} < X \leqslant \frac{1}{2}\right\}$.

2. 某公共汽车站每隔 4min 有一辆汽车通过,乘客在 4min 内任一时刻到达汽车站是等可能的,求乘客候车时间超过 3min 的概率.

3. (1) 设 $X \sim N(0,1)$,计算 $P\{-1 < X \leqslant 3\}$ 及 $P\{X > 2\}$;(2) 设 $X \sim N(5,3^2)$,计算 $P\{2 < x \leqslant 10\}$ 及 $P\{X \leqslant 10\}$.

4. 已知某台机器生产的螺栓长度 X(cm),服从参数 $u = 10.05$,$\sigma = 0.06$ 的正态分布,如果规定螺栓长度在 (10.05 ± 0.12) 内为合格品,试求螺栓合格品的概率.

5. 一份报纸,排版时出现错误的处数 X 服从正态分布 $N(200,20^2)$,求:(1) 出现错误处数不超过 230 的概率;(2) 出现错误处数在 190～210 间的概率.

§12.3 随机变量的数字特征

我们知道,随机变量的概率分布完整地描述了随机变量的统计规律,但是,对一般的随机变量要确定它的概率分布往往是很困难的. 而且,在许多实际问题中,并不需要完全知道随机变量的概率分布,只需要知道它的某些特征就够了. 例如,要检查一批钢筋的质量,人们关心是钢筋的平均抗拉强度以及任一根钢筋抗拉强度与平均抗拉强度的偏差程度. 这里的"平均抗拉强度"与"偏差程度"都表现为一些数字,而这些数字反映了随机变量的某些特征. 通常把表示随机变量的平均状况和偏差程度等这样一些量称为随机变量的数字特征. 最常见的数字特征有数学期望、方差(或均方差)等.

12.3.1 离散型随机变量的数字特征

设离散型随机变量 X 的分布列如表 12-3-1 所示.

表 12-3-1

X	x_1	x_2	$\cdots$	x_n	$\cdots$
P	p_1	p_2	$\cdots$	p_n	$\cdots$

称其加权平均

$$x_1 p_1 + x_2 p_2 + x_3 p_3 + \cdots + x_n p_n = \sum_{i=1}^{n} x_i p_i$$

为 X 的数学期望(或均值),记为 $E(X)$.

称

$$E[X - E(X)]^2 = \sum_{k=1}^{n} [x_k - E(X)]^2 P_k$$

为 X 的方差,记为 $D(X)$. 方差的算术平方根 $\sqrt{D(X)}$ 称为 X 的标准差.

若 $Y = g(X)$ 是 X 的连续函数,则 Y 的数学期望为

$$E(Y) = E[g(X)] = \sum_{i=1}^{n} g(x_i) p_i.$$

数学期望是以 X 的可能取值及相应的概率为权数的加权平均值,即 X 取值的概率平均值,因而也称之为均值. 方差刻画了随机变量 X 的取值与 X 的数学期望的"平均"的偏离程度. 方差越大,表明 X 的取值越分散,稳定性越差;方差越小,表明 X 的取值越集中,稳定性越好.

数学期望与方差都是数,不是变量,也不再具有随机性. 它们有如下性质:

(1) 常数的数学期望等于该常数,常数的方差等于零. 即
$$E(C) = C, \quad D(C) = 0 \quad (C \text{ 为常数});$$

(2) $E(CX) = CE(X), \quad D(CX) = C^2 D(X) \quad (C \text{ 为常数})$;

(3) 两个随机变量和的数学期望等于它们的数学期望的和,当这两个随机变量相互独立时,它们和的方差则等于它们方差的和. 即
$$E(X+Y) = E(X) + E(Y), \quad D(X+Y) = D(X) + D(Y);$$

(4) 两个相互独立的随机变量乘积的数学期望等于它们的数学期望的乘积,即
$$E(XY) = E(X) E(Y).$$

例 1 某公司有两个投资方案,每种方案的投资收益(单位:万元)是随机变量,分别用 X_1, X_2 表示,其分布律如表 12-3-2 所示. 试判断两种投资方案的优劣.

表 12-3-2

X_1	100	200	300	X_2	160	180	200
P	0.3	0.5	0.2	P	0.3	0.5	0.2

解 判断投资方案的优劣,可从投资的平均收益及投资风险两个角度考虑. 求投资方案的平均收益,即求两个随机变量的数学期望.

$$E(X_1) = 100 \times 0.3 + 200 \times 0.5 + 300 \times 0.2 = 190 \text{(万元)},$$
$$E(X_2) = 160 \times 0.3 + 180 \times 0.5 + 200 \times 0.2 = 178 \text{(万元)}.$$

从平均收益的角度看,第一种方案平均收益要大些,但差别并不明显.

投资风险的大小,在数学上的表现形式之一是投资的方差的大小. 方差大,则风险大;方差小,则风险小.

$$D(X_1) = (100-190)^2 \times 0.3 + (200-190)^2 \times 0.5 + (300-190)^2 \times 0.2$$
$$= 4\,900,$$
$$D(X_2) = (160-178)^2 \times 0.3 + (180-178)^2 \times 0.5 + (200-178)^2 \times 0.2$$
$$= 196.$$

由于 $D(X_2) < D(X_1)$,第二种方案的投资风险较小.

第一种方案的投资风险远大于第二种方案,而这种方案的期望收益差别并不太大,稳健的投资者会选择第二种方案.

例 2 证明 $D(X) = E(X^2) - E^2(X)$.

证明 因为
$$\begin{aligned} D(X) &= E[X - E(X)]^2 = E[X^2 - 2X \cdot EX + (EX)^2] \\ &= E(X^2) - E(2X \cdot EX) + E[(EX)^2] \\ &= E(X^2) - E(2X) \cdot E(EX) + E[(EX)^2]. \end{aligned}$$

由于 EX 是常数,故 $E(EX) = EX, E[(EX)^2] = (EX)^2$,得
$$D(X) = E(X^2) - 2EX \cdot EX + (EX)^2 = E(X^2) - E^2(X).$$

12.3.2 连续型随机变量的数字特征

设 X 是连续型随机变量,且概率密度函数为 $f(x)$,则称
$$E(X) = \int_{-\infty}^{+\infty} xf(x)\mathrm{d}x,$$
$$D(X) = E(X - E(X))^2 = \int_{-\infty}^{\infty} [x - E(X)]^2 f(x)\mathrm{d}x$$
分别为 X 的数学期望与方差.

若 $Y = g(X)$ 是 X 的连续函数,则 Y 的数学期望为
$$E(Y) = E[g(X)] = \int_{-\infty}^{+\infty} g(x)f(x)\mathrm{d}x.$$

连续型随机变量和离散型随机变量的数学期望与方差具有相同的性质.

例 3 某种无线电元件的使用寿命是一个随机变量,它有概率密度函数为
$$f(x) = \begin{cases} \dfrac{1}{4}\mathrm{e}^{-\frac{1}{4}x}, & x > 0, \\ 0, & x \leqslant 0, \end{cases}$$
求这种元件的平均使用寿命与方差.

解 由公式
$$\begin{aligned} E(X) &= \int_{-\infty}^{+\infty} xf(x)\mathrm{d}x = \int_{-\infty}^{0} xf(x) + \int_{0}^{+\infty} xf(x)\mathrm{d}x \\ &= \int_{0}^{+\infty} x \cdot \frac{1}{4}\mathrm{e}^{-\frac{1}{4}x}\mathrm{d}x = -\int_{0}^{+\infty} x\mathrm{e}^{-\frac{1}{4}x}\mathrm{d}\left(-\frac{1}{4}x\right) = -\int_{0}^{+\infty} x\mathrm{d}\mathrm{e}^{-\frac{1}{4}x} \\ &= -\left[x\mathrm{e}^{-\frac{1}{4}x}\Big|_{0}^{+\infty} - \int_{0}^{+\infty}\mathrm{e}^{-\frac{1}{4}x}\mathrm{d}x\right] \\ &= -4\mathrm{e}^{-\frac{1}{4}x}\Big|_{0}^{+\infty} = 4. \end{aligned}$$

$$E(X^2) = \int_{-\infty}^{+\infty} x^2 f(x) \mathrm{d}x = \int_0^{+\infty} x^2 \cdot \frac{1}{4} \mathrm{e}^{-\frac{1}{4}x} \mathrm{d}x = -32\mathrm{e}^{-\frac{1}{4}x} \big|_0^{+\infty} = 32.$$

由 $D(X) = E(X^2) - E^2(X)$,得 $D(X) = 16$.

12.3.3　几个常见分布的数字特征

两点分布的数学期望与方差为
$$E(X) = 1 \times p + 0 \times q = p,$$
$$D(X) = E(X^2) - [EX]^2 = p - p^2 = pq.$$

同理可得二项分布的数学期望与方差分别为
$$E(X) = np, \ D(X) = npq.$$

泊松分布的数学期望与方差分别为
$$E(X) = D(X) = \lambda.$$

对均匀分布,由概率密度函数
$$f(x) = \begin{cases} \dfrac{1}{b-a}, & a \leqslant x \leqslant b, \\ 0, & \text{其他}, \end{cases}$$

知 $E(\xi) = \int_{-\infty}^{+\infty} x f(x) \mathrm{d}x = \int_a^b \dfrac{x}{b-a} \mathrm{d}x = \dfrac{x^2}{2(b-a)} \big|_a^b = \dfrac{b^2 - a^2}{2(b-a)} = \dfrac{b+a}{2}.$

$$\begin{aligned} D(\xi) &= E(\xi^2) - E^2(\xi) = \int_{-\infty}^{+\infty} x^2 f(x) \mathrm{d}x - \left(\frac{b+a}{2}\right)^2 \\ &= \int_a^b \frac{x^2}{b-a} \mathrm{d}x - \frac{b^2 + 2ab + a^2}{4} \\ &= \frac{x^3}{3(b-a)} \Big|_a^b - \frac{b^2 + 2ab + a^2}{4} \\ &= \frac{b^3 - a^3}{3(b-a)} - \frac{b^2 + 2ab + a^2}{4} \\ &= \frac{(b-a)^2}{12}. \end{aligned}$$

类似地,可求出指数分布和正态分布的数学期望与方差.

为了使用方便,我们把常用概率分布及其数字特征列表如表 12-3-3 所示.

表 12-3-3

名　称	概　率　分　布	参 数 范 围	均　　值	方　　差
两点分布	$P(X=k) = P^k q^{n-k}$ $(k=0,1)$	$0 < p < 1$ $q = 1-p$	p	pq
二项分布	$P(X=k) = C_n^k p^k q^{n-k}$ $(k=0,1,\cdots,n)$	$0 < p < 1$ $q = 1-p$ $n \in N$	np	npq
泊松分布	$P(X=k) = \dfrac{\lambda^k}{k!} e^{-\lambda}$ $(k=0,1,2,\cdots)$	$\lambda > 0$	λ	λ
均匀分布	$f(x) = \begin{cases} \dfrac{1}{b-a}, & a \leqslant x \leqslant b \\ 0, & \text{其他} \end{cases}$	$b > a$	$\dfrac{a+b}{2}$	$\dfrac{(b-a)^2}{12}$
正态分布	$f(x) = \dfrac{1}{\sqrt{2\pi}\sigma} e^{-\frac{(x-\mu)^2}{2\sigma^2}}$	$-\infty < \mu < +\infty$ $\sigma > 0$	μ	σ^2
标准正态分布	$f(x) = \dfrac{1}{\sqrt{2\pi}} e^{-\frac{x^2}{2}}$	$\mu = 0, \sigma = 1$	0	1

*12.3.4　大数定律与中心极限定理简介

大数定律与中心极限定理是对大量随机现象中存在的客观规律的数学概括，它既是概率论一部分理论的总结，又是统计推断的部分理论的依据．

大数定律揭示了随机事件的频率与概率的关系，揭示了对随机变量取值的大量观测结果的算术平均值与它的数学期望的关系；中心极限定理回答了什么样的随机变量服从正态分布的问题．

大数定律与中心极限定理包含着许多条数学定理．这里就几个主要定理作介绍．

1. 大数定律

设随机变量 X 具有数学期望 $E(X)$ 与方差 $D(X)$，则对于任意(小)的正数 ε，有

$$P\{|X-E(X)| \geqslant \varepsilon\} \leqslant \frac{D(X)}{\varepsilon^2} \text{ 或 } P\{|X-E(X)| < \varepsilon\} \geqslant 1 - \frac{D(X)}{\varepsilon^2},$$

上式称为**切比雪夫不等式**．利用该不等式可证明下面的定理．

定理 1(伯努利大数定律)　设 n 重伯努利试验中随机事件 A 发生的次数为 k

次，事件 A 的概率为 p，则对于任意(小)的正数 ε，有

$$\lim_{n\to\infty} P\left\{\left|\frac{k}{n}-p\right|<\varepsilon\right\}=1.$$

伯努利大数定律是最早的大数定律，它表明：当试验次数充分大时，事件 A 的频率 $\frac{k}{n}$，在概率意义下接近事件 A 的概率．这就从理论上说明了事件 A 发生的频率具有稳定性，因此当 n 充分大时，即在 n 是"大数"的条件下，可用事件发生的频率近似代替事件的概率．

定理 2(切比雪夫大数定律) 设随机变量 $X_1, X_n, \cdots$ 相互独立，服从同一概率分布，且有相同的数学期望 $E(X_i)=\mu$ 与方差 $D(X_i)=\sigma^2 (i=1,2,\cdots,n,\cdots)$，则对于任意(小)的正数，有

$$\lim_{n\to\infty} P\left\{\left|\frac{1}{n}\sum_{i=1}^{n}X_i-\mu\right|<\varepsilon\right\}=1.$$

上述定理表明，当 n 很大时，相互独立且有相同的数学期望和方差的随机变量序列 $X_1, X_2, \cdots, X_n, \cdots$，前 n 项算术平均值 $\frac{1}{n}\sum_{i=1}^{n}X_i$，在概率意义下接近于它们共同的数学期望．因此，当 n 充分大时，即在 n 是"大数"的条件下，可用算术平均值近似代替数学期望．

2. 中心极限定理

在客观实际中的许多随机变量，其取值的随机性往往是大量相互独立的随机因素综合的影响结果．如果每一个别因素在总的影响中所起作用都极其微小，那么可以证明具有这种特性的随机变量往往都服从正态分布．在概率论中，有关研究独立随机变量的和的极限分布是正态分布的定理都称为中心极限定理．下面介绍一个中心极限定理．

定理 3(林德伯格 - 勒维中心极限定理) 设随机变量 $X_1, X_2, \cdots, X_n, \cdots$ 相互独立，服从同一概率分布，且 $E(X_i)=\mu$ 及 $D(X_i)=\sigma^2 (i=1,2,\cdots)$，则

$$\lim_{n\to\infty} P\left\{\frac{\sum_{i=1}^{n}X_i-n\mu}{\sqrt{n}\sigma}<x\right\}=\int_{-\infty}^{x}\frac{1}{\sqrt{2\pi}}e^{-\frac{t^2}{2}}dt.$$

上述定理表明，当 n 充分大时，具有数学期望和方差的独立同概率分布的随机变量的和近似服从正态分布．由定理可知

$$\frac{\sum_{i=1}^{n}X_i-n\mu}{\sigma\sqrt{n}}\stackrel{近似}{\sim}N(0,1) \text{ 即 } \frac{\frac{1}{n}\sum_{i=1}^{n}X_i-\mu}{\sigma/\sqrt{n}}\stackrel{近似}{\sim}N(0,1),$$

于是

$$\overline{X}=\frac{1}{n}\sum_{i=1}^{n}X_i\stackrel{近似}{\sim}N(\mu,\sigma^2/n).$$

这样定理 3 可表达为:均值为 μ、方差为 $\sigma^2>0$ 的独立同概率分布的随机变量 X_1,$\cdots,X_n,\cdots$ 序列的前 n 项的算术平均值 $\overline{X}$,当 n 充分大时近似服从以均值为 μ、方差为 σ^2/n 的正态分布.这一结果是数理统计中大样本统计推断的理论基础.

练习与思考 12-3

1. 设甲、乙两家灯泡厂生产的灯泡寿命分别为 X,Y(单位:小时),X 与 Y 分布律如表 12-3-4 所示,试问哪家工厂生产的灯泡质量较好?

表 12-3-4

X	900	1 000	1 100	Y	950	1 000	1 050
P	0.1	0.8	0.1	P	0.2	0.4	0.4

2. 设随机变量 X 的分布密度为

$$f(x)=\begin{cases}\dfrac{3}{2}x^2, & -1\leqslant x\leqslant 1,\\ 0, & \text{其他},\end{cases}$$

求 $E(X)$ 及 $D(X)$.

3. 某人购买 1998 年"上海风采"福利彩票,中了一等奖,奖金从人民币 5 万元到 100 万元不等,具体得奖多少要待下一次由他去电视台亲自转"大转盘"转出.该大转盘共设 100 个奖格(大小一样),其中 100 万元奖格 10 个,50 万元奖格 10 个,40 万元奖格 10 个,30 万元奖格 20 个,20 万元奖格 20 个,10 万元奖格 20 个,5 万元奖格 10 个,问该人期望能得奖多少万元?

4. 有两个投资方案,其市场需求、年利润等数据如表 12-3-5 所示,试比较其期望年利润及投资风险值(方差).

表 12-3-5

方案 \ 年利润 万元 \ 市场需求及概率	大	中	小
	0.25	0.50	0.25
A	70	8	−50
B	30	7	−10

§12.4 一元线性回归分析

回归分析是研究变量之间相关关系的一种统计推断方法.一元线性回归则是分析一个因变量与一个自变量之间线性关系的方法,其基本思想是运用最小二乘法确定两个变量间的线性关系,并利用数理统计方法对所确定的线性关系进行估计、检验和预测. 本节主要研究一元线性回归的最小二乘法、一元线性回归参数估计、显著性检验与预测,将非线性回归问题转化为线性回归问题等内容.

12.4.1 一元线性回归分析中的参数估计

1. 一元线性回归的有关概念

我们在生产和生活实际中碰到的各种变量之间的关系,一般可以分成两类,即完全确定的关系和非确定性的依存关系. 例如,当每吨钢材的价格为 P 元时,购买钢材的费用 Y(元)与钢材使用量 X(吨)之间的关系可表示为 $Y=PX$. 因此,如果一个变量值能被一个或若干个其他变量值按某一规律唯一确定,则这类变量之间就具有**完全确定的关系**,或称这些变量之间具有**函数关系**. 如果变量之间既存在密切的数量关系,又不能由一个(或几个)变量之值精确地求出另一个变量之值,但在大量统计资料的基础上,可以判别这类变量之间的数量变化具有一定的规律性,也称为**统计相关关系**. 例如消费支出 Y 与可支配收入 X 之间有一定的关系,在一定范围内,收入增加,在理论上可以估计出增加的消费支出额. 但应看到,可支配收入虽然是影响消费支出的重要因素,却不是唯一的因素. 因此,根据可支配收入并不能精确地求出消费支出,也就不能用精确的函数关系表达式来表示这两个变量之间的关系. 所以,统计相关关系是一种**不确定的关系**. 研究变量间的非确定关系可以通过研究变量间的相关关系来达到,变量相关关系的研究方法有相关分析和回归分析两种方法.

相关分析是通过对客观现象变量间的依存关系的分析,找出现象间的相互依存的形式和相关程度,以及依存关系的变动规律. 当变量间的依存形式呈线性关系时称为**线性相关**,而变量间的关系并不呈线性关系时称为**非线性相关**. 即:变量间的依存关系可以近似地表示为一条直线,则称为线性相关;变量间的依存关系近似地表示为一条曲线,则称为非线性相关. 变量间的相关程度通过相关系数来度量. 两个变量之间的相关程度可以用简单相关系数来衡量;多个变量之间的相关程度可以用复相关系数、偏相关系数等来衡量.

在研究某一客观现象的发展变化规律时,所研究的现象或对象称为**被解释变量**,它是分析的对象;把引起这一现象变化的因素称为**解释变量**,它是引起这一现象变化的原因. 被解释变量则反映了解释变量变化的结果. 回归分析研究某一被解释变量(又称为响应变量或函数)与另一个或多个解释变量(又称为**控制变量**)间的依存关系,其目的在于根据已知的解释变量值或固定的解释变量值(重复抽样)来估计和预测被解释变量的总体平均值.

回归分析按模型中自变量的多少,分为**一元回归模型**和**多元回归模型**. 一元回归模型是指只包含一个解释变量的回归模型;多元回归模型是指包含两个或两个以上解释变量的回归模型.

例如,人的血压 y 与年龄 x 有关,这里 x 是一个普通变量,y 是随机变量.y 与 x 之间的相依关系 $f(x)$ 受随机误差的干扰使之不能完全确定,故可假设

$$y = f(x) + \varepsilon, \tag{12-4-1}$$

式中 $f(x)$ 称作回归函数,ε 为随机误差或随机干扰,它是一个分布与 x 无关的随机变量,我们常假定它是均值为 0 的正态变量.为估计未知的回归函数 $f(x)$,通过 n 次独立观测,得到 x 与 y 的 n 对实测数据 $(x_i, y_i)(i = 1, 2, \cdots, n)$,并利用这些实测数据对 $f(x)$ 作估计.这里血压是被解释变量,年龄是解释变量.由于解释变量(自变量)只有一个,所以这是一个一元回归问题.

又如在考察某化学反应时,发现反应速度 y 与催化剂用量 x_1、反应温度 x_2、所加压力 x_3 等多种因素有关.这里 $x_1, x_2, \cdots$ 都是可控制的普通变量,y 是随机变量,y 与诸 x_i 间的依存关系受随机干扰和随机误差的影响,使之不能完全确定,故可假设

$$y = f(x_1, x_2, \cdots, x_k) + \varepsilon. \tag{12-4-2}$$

这里 ε 是不可观察的随机误差,它是分布与 $x_1, \cdots, x_k$ 无关的随机变量,一般设其均值为 0.这里的多元函数 $f(x_1, \cdots, x_k)$ 称为**回归函数**,为了估计未知的回归函数,同样可作 n 次独立观察,得到 $x_1, \cdots, x_k$ 与 $f(x_1, \cdots, x_k)$ 的一系列观测值,并利用这些观测值去估计 $f(x_1, \cdots, x_k)$.这里反应速度是被解释变量,催化剂用量 x_1、反应温度 x_2、所加压力 x_3 等各种因素为解释变量,由于解释变量(自变量)不只一个,所以这是一个多元回归问题.

回归分析按模型中参数与被解释变量之间是否呈线性关系而分为**线性回归模型和非线性回归模型**.线性回归模型是指参数与被解释变量之间呈线性关系;非线性回归模型是指参数与被解释变量之间呈非线性关系.本节只研究一元线性回归模型.

2. 一元线性回归模型与最小二乘法估计

通常我们将研究对象的全体称为**总体**,总体 X 中的每个元素 X_i 称为**个体**.从总体 X 中任取 n 个个体 $X_1, X_2, \cdots, X_n$,称为来自于总体 X 的样本容量为 n 的一个**随机样本**,$x_1, x_2, \cdots, x_n$ 称为**样本观察值**,简称样本值.如果 $X_1, X_2, \cdots, X_n$ 相互独立,且与 X 有相同分布,则称 $X_1, X_2, \cdots, X_n$ 为总体 X 的**简单随机样本**,简称为**样本**.

理论上讲,根据总体资料可以建立总体回归函数,揭示被解释变量随解释变量的变化而变化的规律.但在实际情况中,总体的信息往往无法全部获得,我们所掌握的不过是与某些固定的 X 值相对应的 Y 值的样本,需要根据已知的样本信息

去估计总体回归函数.

(1) 一元线性回归模型.

例 1 某城市要研究家庭拥有机动车辆随时间变动的情况,有关部门随机抽取一些家庭,对它们拥有机动车的情况作了统计,发现各月机动车家庭普及率情况如表 12-4-1 所示.

表 12-4-1

月份 X_i	1	2	3	4	5	6	7
普及率 $Y_i(\%)$	43.84	45.83	48.03	50.6	52.8	54.3	56.3

显然,y 随着 x 增大而增大,y 与 x 之间存在着相关关系,我们不妨在直角坐标系内把这 7 对数据 $(x_i, y_i)(i=1,2,3,\cdots,7)$ 作为点的坐标作出对应的 7 个点来,如图 12-4-1 所示,由这些点组成的图像叫做**散点图**.

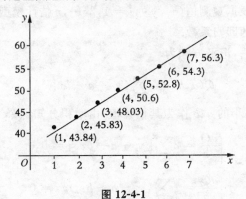

图 12-4-1

从散点图上看,这 7 个点虽是散乱的,但大致是散布在一条直线周围,即 y 与 x 之间的关系大致是线性的.

如果近似作出反映该趋势的直线 $\hat{y}=a+bx$,这样的直线有许多条,那么哪条直线最适合反映这种关系呢?

设这些点 (x_i, y_i) 与直线 $\hat{y}=a+bx$ 沿纵轴方向的偏差为 $\varepsilon_i = y_i - \hat{y}_i$,即 $\varepsilon_i = Y_i - (a+bx_i)$. 我们自然希望所有 ε_i 都最小为佳,也就是使直线 $\hat{y}=a+bx$ 从总体上看与这 7 个点都要尽量地接近. 所以要使偏差平方和 $Q = \varepsilon_i^2 = \sum_{i=1}^{n} \varepsilon_1^2 = \sum_{i=1}^{7}[y_i-(a+bx_i)]^2$ 最小为佳,这样求出 a,b 而得到的直线 $\hat{y}=a+bx$ 才最适合.

一般地,在一元线性回归中,有两个变量,其中 x 是可观测、可控制的普通变量,常称它为**自变量**或**控制变量**,y 为随机变量,常称其为**因变量**或**响应变量**.通过散点图或计算相关系数判定 y 与 x 之间存在着显著的线性相关关系,即 y 与 x 之间存在如下关系：
$$y = a + bx + \varepsilon. \qquad (12\text{-}4\text{-}3)$$

通常认为 $\varepsilon \sim N(0,\sigma^2)$ 且假设 σ^2 与 x 无关. 将观测数据 $(x_i,y_i)(i=1,\cdots,n)$ 代入 (12-4-3) 式，再注意样本为简单随机样本得：
$$\begin{cases} y_i = a + bx_i + \varepsilon_i, \\ \varepsilon_1,\cdots,\varepsilon_n \text{ 独立同分布 } N(0,\sigma^2), \end{cases} (i=1,\cdots,n) \qquad (12\text{-}4\text{-}4)$$

称 (12-4-3) 式或 (12-4-4) 式所确定的模型为一元（正态）线性回归模型，对其进行统计分析就是一元线性回归分析.

不难理解模型 (12-4-3) 中的数学期望 $EY = a + bx$，若记 $y = E(Y)$，则 $y = a + bx$，就是所谓的一元线性回归方程，其图像就是回归直线，b 为**回归系数**，a 称为**回归常数**，有时也通称 a、b 为**回归系数**.

（2）最小二乘法估计

现在讨论如何根据观测值 $(x_i,y_i),i=1,2,\cdots,n$ 估计模型 (12-4-3) 中回归函数 $f(x) = a + bx$ 的回归系数.

采用最小二乘法，记平方和为
$$Q(a,b) = \sum_{i=1}^{n}(y_i - a - bx_i)^2. \qquad (12\text{-}4\text{-}5)$$

找使 $Q(a,b)$ 达到最小的 a、b 作为其估计值，由微积分知识令
$$\begin{cases} \dfrac{\partial Q}{\partial a} = 2\sum_{i=1}^{n}[y_i - a - bx_i] = 0, \\ \dfrac{\partial Q}{\partial b} = 2\sum_{i=1}^{n}(y_i - a - bx_i)x_i = 0, \end{cases}$$

化简得
$$\begin{cases} na + b\sum_{i=1}^{n}x_i = \sum_{i=1}^{n}y_i, \\ a\sum_{i=1}^{n}x_i + b\sum_{i=1}^{n}x_i^2 = \sum_{i=1}^{n}x_iy_i, \end{cases}$$

从中解出
$$\begin{cases} b = \dfrac{\sum\limits_{i=1}^{n}x_iy_i - \dfrac{1}{n}\sum\limits_{i=1}^{n}x_i\sum\limits_{i=1}^{n}y_i}{\sum\limits_{i=1}^{n}x_i^2 - \dfrac{1}{n}(\sum\limits_{i=1}^{n}x_i)^2} = \dfrac{\sum\limits_{i=1}^{n}x_iy_i - n\overline{xy}}{\sum\limits_{i=1}^{n}x_i^2 - n\overline{x}^2}, \\ a = \overline{y} - b\overline{x}, \end{cases}$$

其中 $\overline{x} = \dfrac{1}{n}\sum\limits_{i=1}^{n}x_i, \overline{y} = \dfrac{1}{n}\sum\limits_{i=1}^{n}y_i$ 分别为 x_i 和 y_i 的均值，为了方便计算，我们记
$$L_{xx} = \sum_{i=1}^{n}x_i^2 - n\overline{x}^2 = \sum_{i=1}^{n}(x_i - \overline{x})^2,$$

$$L_{yy} = \sum_{i=1}^{n} y_i^2 - n(\overline{y})^2 = \sum_{i=1}^{n}(y_i - \overline{y})^2,$$

$$L_{xy} = \sum_{i=1}^{n}[x_i y_i - n\overline{x}\,\overline{y}] = \sum_{i=1}^{n}(x_i - \overline{x})(y_i - \overline{y}),$$

则显然有

$$\begin{cases} b = \dfrac{L_{xy}}{L_{xx}}, \\ a = \overline{y} - b\overline{x}, \end{cases} \tag{12-4-6}$$

称 $y = a + bx$ 为经验回归直线方程,或经验公式.

例 2 某种合成纤维的强度与其拉伸倍数有关. 表 12-4-2 是 24 个纤维样品的强度与相应拉伸倍数的实测记录. 试求这两个变量间的回归直线方程.

表 12-4-2

编号	1	2	3	4	5	6	7	8	9	10	11	12
拉伸倍数 x	1.9	2.0	2.1	2.5	2.7	2.7	3.5	3.5	4.0	4.0	4.5	4.6
强度 y (MPa)	1.4	1.3	1.8	2.5	2.8	2.5	3.0	2.7	4.0	3.5	4.2	3.5

编号	13	14	15	16	17	18	19	20	21	22	23	24
拉伸倍数 x	5.0	5.2	6.0	6.3	6.5	7.1	8.0	8.0	8.9	9.0	9.5	10.0
强度 y (MPa)	5.5	5.0	5.5	6.4	6.0	5.3	6.5	7.0	8.5	8.0	8.1	8.1

解 将观察值 $(x_i, y_i), i = 1, \cdots, 24$ 在平面直角坐标系下用点标出即可作出散点图,从散点图可以看出,强度 y 与拉伸倍数 x 之间大致呈现线性相关关系,可知该问题是一元线性回归模型. 利用最小二乘法将其计算列于表 12-4-3.

表 12-4-3

序号	x_i	y_i	x_i^2	y_i^2	$x_i y_i$
1	1.9	1.4	3.61	1.96	2.66
2	2	1.3	4	1.69	2.6
3	2.1	1.8	4.41	3.24	3.78
4	2.5	2.5	6.25	6.25	6.25
5	2.7	2.8	7.29	7.84	7.56
6	2.7	2.5	7.29	6.25	6.75
7	3.5	3	12.25	9	10.5
8	3.5	2.7	12.25	7.29	9.45

续表

序 号	x_i	y_i	x_i^2	y_i^2	$x_i y_i$
9	4	4	16	16	16
10	4	3.5	16	12.25	14
11	4.5	4.2	20.25	17.64	18.9
12	4.6	3.5	21.16	12.25	16.1
13	5	5.5	25	30.25	27.5
14	5.2	5	27.04	25	26
15	6	5.5	36	30.25	33
16	6.3	6.4	39.69	40.96	40.32
17	6.5	6	42.25	36	39
18	7.1	5.3	50.41	28.09	37.63
19	8	6.5	64	42.25	52
20	8	7	64	49	56
21	8.9	8.5	79.21	72.25	75.65
22	9	8	81	64	72
23	9.5	8.1	90.25	65.61	76.95
24	10	8.1	100	65.61	81
合计	127.5	113.1	829.61	650.93	731.6
平均	5.3125	4.7125			

现用公式(12-4-6)求 a,b，这里 $n = 24$.

$$\sum x_i = 127.5, \ \sum y_i = 113.1,$$

$$\sum x_i^2 = 829.61, \ \sum y_i^2 = 650.93, \ \sum x_i y_i = 731.6,$$

$$L_{xx} = 829.61 - \frac{1}{24} \times 127.5^2 = 152.266,$$

$$L_{xy} = 731.6 - \frac{1}{24} \times 127.5 \times 113.1 = 130.756,$$

$$L_{yy} = 650.93 - \frac{1}{24} \times 113.1^2 = 117.946,$$

故

$$b = \frac{L_{xy}}{L_{xx}} = 0.859,$$

$$a = \bar{y} - \hat{b}\bar{x} = 0.15.$$

由此得强度 y 与拉伸倍数 x 之间的回归直线方程为

$$\hat{y} = 0.15 + 0.859x.$$

例 3 根据调查得到某市职工个人月可支配收入与月消费支出数据资料见表 12-4-4(单位:元/月),试求职工个人月可支配收入与消费支出的经验公式.

表 12-4-4

序号	1	2	3	4	5	6	7	8	9	10
可支配收入(X)	800	1 000	1 200	1 400	1 600	1 800	2 000	2 200	2 400	2 600
消费支出(Y)	700	650	900	950	1 100	1 150	1 200	1 400	1 550	1 500

解 列表计算于表 12-4-5,其中 $x_i = X_i - \bar{x}$, $y_i = Y_i - \bar{y}$.

表 12-4-5

序号	X_i	Y_i	x_i	y_i	x_i^2	y_i^2	$x_i y_i$	X_i^2
1	800	700	-900	-410	810 000	168 100	369 000	640 000
2	1 000	650	-700	-460	490 000	211 600	322 000	1 000 000
3	1 200	900	-500	-210	250 000	44 100	105 000	1 440 000
4	1 400	950	-300	-160	90 000	25 600	48 000	1 960 000
5	1 600	1 100	-100	-10	10 000	100	1 000	2 560 000
6	1 800	1 150	100	40	10 000	1 600	4 000	3 240 000
7	2 000	1 200	300	90	90 000	8 100	27 000	4 000 000
8	2 200	1 400	500	290	250 000	84 100	145 000	4 840 000
9	2 400	1 550	700	440	490 000	193 600	308 000	5 760 000
10	2 600	1 500	900	390	810 000	152 100	351 000	6 760 000
合计	17 000	11 100	0	0	3 300 000	889 000	1 680 000	32 200 000
平均	1 700	1 110						

$$b = \frac{\sum x_i y_i}{\sum x_i^2} = \frac{1\ 680\ 000}{3\ 300\ 000} = 0.509\ 1$$

$$a = \bar{y} - b\bar{x} = 1\ 100 - 0.509\ 1 \times 1\ 700 = 244.545\ 5,$$

可得职工个人月可支配收入与消费支出的经验公式,即样本回归函数为

$$\hat{y} = 244.545\ 5 + 0.509\ 1x.$$

上式表明,该市职工每月可支配收入若是增加 100 元,职工将会拿出其中的 50.91 元用于消费.

(3) 最小二乘估计 $\hat{a}, \hat{b}$ 的基本性质.

定理 1 一元线性回归模型(12-4-6)中,a, b 的最小二乘估计 $\hat{a}, \hat{b}$ 满足:

(1) $E(\hat{a}) = a$, $E(\hat{b}) = b$;

(2) $D(\hat{a}) = \left(\dfrac{1}{n} + \dfrac{\bar{x}^2}{L_{xx}}\right)\sigma^2$, $D(\hat{b}) = \dfrac{1}{L_{xx}}\sigma^2$;

(3) $\mathrm{Cov}(\hat{a},\hat{b}) = -\dfrac{\bar{x}}{L_{xx}}\sigma^2$. (注：$\mathrm{Cov}(\hat{a},\hat{b})$ 是 $\hat{a},\hat{b}$ 的协方差)

证 (1) 注意到对任意 $i = 1,2,\cdots,n$, 有
$$E(y_i) = a + bx_i,\ E(\bar{y}) = a + b\bar{x},$$
$$D(y_i) = \sigma^2,\ E(y_i - \bar{y}) = E(y_i) - E(\bar{y}) = b(x_i - \bar{x})^2,$$

于是 $E(\hat{b}) = \dfrac{1}{L_{xx}} E\sum_{i=1}^{n}(x_i - \bar{x})(y_i - \bar{y}) = \dfrac{b\sum_{i=1}^{n}(x_i - \bar{x})^2}{L_{xx}} = b,$

$$E(\hat{a}) = E(\bar{y}) - \bar{x}E(\hat{b}) = a + b\bar{x} - b\bar{x} = a.$$

(2) 利用 $\sum_{i=1}^{n}(x_i - \bar{x}) = 0$, 将 $\hat{a},\hat{b}$ 表示为

$$\hat{b} = \dfrac{1}{L_{xx}}\sum_{i=1}^{n}(x_i - \bar{x})(y_i - \bar{y}) = \dfrac{1}{L_{xx}}\sum_{i=1}^{n}(x_i - \bar{x})y_i, \quad (12\text{-}4\text{-}7)$$

$$\hat{a} = \dfrac{1}{n}\sum_{i=1}^{n}y_i - \bar{x}\hat{b} = \sum_{i=1}^{n}\left[\dfrac{1}{n} - \dfrac{(x_i - \bar{x})\bar{x}}{L_{xx}}\right]y_i. \quad (12\text{-}4\text{-}8)$$

由于 $y_1, y_2, \cdots, y_n$ 相互独立, 有

$$D(\hat{b}) = \dfrac{1}{L_{xx}^2}\sum_{i=1}^{n}(x_i - \bar{x})^2 \sigma^2 = \dfrac{\sigma^2}{L_{xx}},$$

$$D(\hat{a}) = \sum_{i=1}^{n}\left[\dfrac{1}{n} - \dfrac{(x_i - \bar{x})\bar{x}}{L_{xx}}\right]^2 \sigma^2$$

$$= \left[\dfrac{1}{n} + \sum_{i=1}^{n}\dfrac{(x_i - \bar{x})^2 \bar{x}^2}{L_{xx}^2}\right]\sigma^2$$

$$= \left(\dfrac{1}{n} + \dfrac{\bar{x}}{L_{xx}^2}\right)\sigma^2,$$

$$\mathrm{Cov}(\hat{a},\hat{b}) = \sum_{i=1}^{n}\dfrac{(x_i - \bar{x})}{L_{xx}^2}\left[\dfrac{1}{n} - \dfrac{(x_i - \bar{x})\bar{x}}{L_{xx}}\right]\sigma^2$$

$$= -\sum_{i=1}^{n}\dfrac{(x_i - x)^2 \bar{x}}{L_{xx}^2}\sigma^2 = -\dfrac{\bar{x}}{L_{xx}}\sigma^2.$$

定理 1 表明, a,b 的最小二乘估计 $\hat{a},\hat{b}$ 是无偏的, 从 (12-4-7) 式和 (12-4-8) 式知道它们又是线性的, 因此 (12-4-6) 式所示的最小二乘估计 $\hat{a},\hat{b}$ 分别是的线性无偏估计.

12.4.2 一元线性回归分析中的假设检验与预测

1. 线性回归的显著性检验

由前面的讨论可知,对任一组观察值$(x_i, y_i)(i=1,2,\cdots,n)$,不论$y$与$x$是否存在线性相关关系,都可利用最小二乘法求出回归直线$\hat{y} = a + bx$,显然当y与x之间并不存在线性相关关系时,这种回归称为**虚假回归**. 所求的回归直线方程就毫无意义. 因此,我们必须检验y与x之间是否存在显著的线性相关关系.

(1) 平方和分解公式.

已知两个变量x与y之间存在线性相关关系,回归方程为$\hat{y} = a + bx$,其中$b = L_{xy}/L_{xx}$,$a = \bar{y} - b\bar{x}$,则我们有如下公式:

定理 2 $L_{yy} = \sum_{i=1}^{n}(y_i - \bar{y})^2 = \sum_{i=1}^{n}(y_i - \hat{y}_i)^2 + \sum_{i=1}^{n}(\hat{y}_i - \bar{y})^2,$

简记为$L_{yy} = Q + U$,也叫做**总偏差平方和**L_{yy}的分解公式. 其中$Q = \sum_{i=1}^{n}(y_i - \hat{y}_i)^2$就是前面所讲偏差的平方和 $Q(a, b)$,它是由于实际观察数据没有落在回归直线上所引起的,它反映了观察数据偏离回归直线的程度.

而$U = \sum_{i=1}^{n}(\hat{y}_i - \bar{y})^2$叫**回归平方和**,它是由回归直线所引起的,反映回归值$\hat{y}_i$的离散程度. 由于

$$\hat{y}_i - \bar{y} = a + bx_i - \bar{y} = (\bar{y} - b\bar{x}) + bx_i - \bar{y} = b(x_i - \bar{x}),$$

所以 $$U = b^2 \sum_{i=1}^{n}(x_i - \bar{x})^2 = b^2 L_{xx}$$

即U是由回归直线的斜率b与x_i的取值所决定,这清楚地说明U是x对y的线性影响引起的变差.

证明 因为 $y_i - \bar{y} = (y_i - \hat{y}_i) + (\hat{y}_i - \bar{y}),$

所以 $L_{yy} = \sum_{i=1}^{n}(y_i - \bar{y})^2 = \sum_{i=1}^{n}[(y_i - \hat{y}_i) + (\hat{y}_i - \bar{y})]^2$

$$= \sum_{i=1}^{n}[(y_i - \hat{y}_i)^2 + 2(y_i - \hat{y}_i)(\hat{y}_i - \bar{y}) + (\hat{y}_i - \bar{y})^2]$$

$$= \sum_{i=1}^{n}(y_i - \hat{y}_i)^2 + \sum_{i=1}^{n}(\hat{y}_i - \bar{y})^2 + 2\sum_{i=1}^{n}(y_i - \hat{y}_i)(\hat{y}_i - \bar{y}).$$

而 $\sum_{i=1}^{n}(y_i - \hat{y}_i)(\hat{y}_i - \bar{y})$

$$= \sum_{i=1}^{n}[(y_i - \bar{y}) - (\hat{y}_i - \bar{y})](\hat{y}_i - \bar{y})$$

$$= \sum_{i=1}^{n} [(y_i - \bar{y}) - b(x_i - \bar{x})] b(x_i - \bar{x})$$

$$= b \sum_{i=1}^{n} [(y_i - \bar{y})(x_i - \bar{x}) - b(x_i - \bar{x})^2]$$

$$= b[L_{xy} - bL_{xx}] = b \cdot 0 = 0,$$

所以
$$L_{yy} = \sum_{i=1}^{n}(y_i - \bar{y})^2 = \sum_{i=1}^{n}(y_i - \hat{y}_i)^2 + \sum_{i=1}^{n}(\hat{y}_i - \bar{y})^2$$
$$= Q + U = Q + b^2 L_{xx}.$$

显然,U 越大,Q 就越小,即 y 与 x 的线性关系就越显著;反之,U 越小,Q 就越大,即 y 与 x 的线性关系就越不明显. 从前面的讨论中可以看出,如果在总偏差平方和 L_{yy} 中,回归平方和 U 很大而偏离平方和 Q 很小,就可以认为变量 y 与 x 之间的线性相关关系显著. 反之则认为 y 与 x 之间的线性关系不显著,即当 U/L_{yy} 接近 1 时,y 与 x 的线性关系显著.

(2) 相关系数.

由于 $U/L_{yy} = b^2 L_{xx}/L_{yy} = [L_{xy}/\sqrt{L_{xx}L_{yy}}]^2$,所以记 $r = \dfrac{L_{xy}}{\sqrt{L_{xx}L_{xy}}}$ 称为**样本相关系数**,简称相关系数. 与 $b = L_{xy}/L_{xx}$ 相比较,可立即发现 r 与 b 同号.

由 $r^2 = U/L_{yy} = [L_{yy} - Q]/L_{yy}$,得 $Q = L_{yy}(1 - r^2)$.

这表明 $|r| \leqslant 1$,且 L_{yy} 固定时,$|r|$ 越接近于 1,Q 就越小,从而 y 与 x 的线性关系就越明显. 特别当 $|r| = 1$ 时,$Q = 0$,$U = L_{yy}$,即 y 的变化完全由 y 与 x 的线性关系引起. 因此统计量 r 刻画了 y 与 x 之间线性关系的密切程度. 故可作为假设 $H_0: y$ 与 x 之间线性关系不存在,即 $b = 0$ 的检验统计量.

(3) 线性回归的显著性检验.

现在,我们来检验 y 与 x 之间是否存在显著的线性相关关系.

对变量 y 与 x 之间线性相关关系的显著性检验可用相关系数 r 检验法,其具体步骤如下:

第一步 提出假设 $H_0: b = 0$ 即 y 与 x 之间不存在线性相关关系;

第二步 作统计量 $r = \dfrac{L_{xy}}{\sqrt{L_{xx}L_{xy}}}$,根据数据计算 L_{xx},L_{yy} 和 L_{xy} 得到 r 的观察值;

第三步 对于给定的显著性水平 α,确定自由度为 $n - 2$,查相关系数临界值表,得临界值 $\lambda = r_\alpha(n-2)$;

第四步 作出判断:当 $|r| \geqslant \lambda$,则拒绝 H_0,即 y 与 x 之间线性关系显著;当 $|r| < \lambda$,则接受 H_0,即 y 与 x 之间线性关系不显著.

例 4 某公司一年中某种产品每月的总收益 R(万元)与每月销售量 x(万件)

的统计数据如表 12-4-6 所示. 试求:

表 12-4-6

x	1.08	1.12	1.19	1.28	1.36	1.48	1.59	1.68	1.87	1.98	2.07
R	2.25	2.37	2.40	2.55	2.64	2.75	2.92	3.03	3.14	3.36	3.50

(1) 每月的总收益 R 与每月销售量 x 之间的线性回归方程;

(2) 设显著性水平为 $\alpha = 0.01$,试检验 R 与 x 之间线性关系是否显著.

解 (1) 因为 $\bar{x} = 1.54, \bar{R} = 2.85, L_{xx} = 1.29, L_{RR} = 1.91$,

而 $$L_{xR} = \sum_{i=1}^{n} x_i R_i - n\bar{x}\bar{R} = 54.24 - 52.68 = 1.56,$$

所以 $b = L_{xR}/L_{xx} = 1.56/1.29 = 1.21, a = \bar{R} - b\bar{x} = 2.85 - 1.21 \times 1.54 = 0.99$,

故每月的总收益 R 与每月销售量 x 之间的线性回归方程为

$$R = 0.99 + 1.21x.$$

(2) 假设 H_0:R 与 x 之间不存在线性相关关系. 作统计量

$$r = \frac{L_{xy}}{\sqrt{L_{xx}L_{yy}}} = \frac{1.56}{\sqrt{1.29 \times 1.91}} = 0.994.$$

对于给定的显著性水平 $\alpha = 0.01$,自由度为 $n - 2 = 12 - 2 = 10$.

查相关系数临界值表得临界值 $\lambda = r_\alpha(10) = 0.708$

由于 $r = 0.994 > 0.708$,所以拒绝假设 H_0,即每月的总收益 R 与每月销售量 x 之间的线性关系显著.

对于 r 检验法,需要说明的是:① 虽然 $0 \leqslant |r| \leqslant 1$,但当 $r = 0$ 时,$L_{xy} = 0$,即 $b = 0$,此时回归直线平行于 x 轴,说明 y 的取值与 x 无关. 即:y 与 x 之间无线性相关关系,但不能排除它们之间存在其他的非线性关系,如图 12-4-2 所示.

② 当 $|r| = 1$ 时,$Q = 0$ 即 $y_i = \hat{y}_i$,说明 n 个散点均在回归直线上,此时 y 与 x 之间构成线性函数关系.

③ 当 $0 < |r| < 1$ 时,x 与 y 之间有一定的线性相关关系,r 的绝对值越接近于 1,散点越靠近回归直线. 这时 y 与 x 的线性关系越密切. 只有当 r 的绝对值大到一定程度(即 $|r| \geqslant \lambda$)时,这时的线性关系才是显著的,所求的一元线性回归方程才有意义. 且 $r > 0$ 时称为 y 与 x 正相关;$r < 0$ 时,称为 y 与 x 负相关.

2. 用线性回归方程作预测

一元线性回归方程一经求出,并经过相关性检验,如果线性相关显著,便可用来进行预测.

(1) 点预测.

所谓点预测,就是利用所求得的一元线性回归方程 $\hat{y} = a + bx$ 对预定的

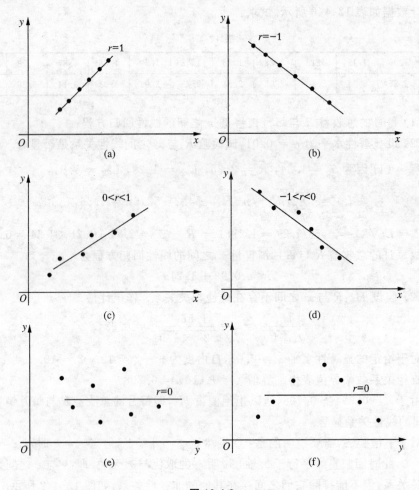

图 12-4-2

$x = x_0$ 值,由线性回归方程算出 $\hat{y}_0 = a + bx_0$ 作为 y_0 的预测值.

(2) 区间预测.

区间预测就是对预定的 $x = x_0$ 值,利用区间估计的方法来由线性回归方程 $\hat{y} = a + bx$ 求出精确值 y_0 的置信区间.

一般地,对于给定的 $x = x_0$,由线性回归方程 $\hat{y} = a + bx$ 可求出 y_0 的预报值 $\hat{y}_0 = a + bx_0$,可以证明,随机变量 $T = \dfrac{y_0 - \hat{y}_0}{s\sqrt{1 + \dfrac{1}{n} + \dfrac{(x_0 - \bar{x})^2}{L_{xx}}}}$ 服从自由度为 $n-2$ 的 t 分布. 其中 $S = \sqrt{\dfrac{Q}{n-2}}$, $Q = L_{yy} - bL_{xy} = (1-r^2)L_{xx}$.

所以,对于给定的置信水平 $1-\alpha$(或置信度 α),查自由度为 $n-2$ 的 t 分布,可得临界值 $\lambda = t_\alpha(n-2)$,使 $P(|T|>\lambda)=\alpha$,从而得到 y_0 的置信水平为 $1-\alpha$ 的置信区间为 $\left[\hat{y}_0 - \lambda S\sqrt{1+\dfrac{1}{n}+\dfrac{(x_0-\bar{x})^2}{L_{xx}}},\ \hat{y}_0 + S\lambda\sqrt{1+\dfrac{1}{n}+\dfrac{(x_0-\bar{x})^2}{L_{xx}}}\right]$,其中 $\lambda = t_{\alpha/2}(n-2)$.

当 n 较大且 x_0 较接近 $\bar{x}$ 时,$\sqrt{1+\dfrac{1}{n}+\dfrac{(x_0-\bar{x})^2}{L_{xx}}} \approx 1$.

而此时 $t(n-2)$ 分布也接近标准正态分布,所以 λ 也可由查标准正态分布表来得到.故此时 y_0 的 $1-\alpha$ 置信区间为

$$\left[\hat{y}_0 - \lambda\sqrt{\dfrac{Q}{n-2}},\ \hat{y}_0 + \lambda\sqrt{\dfrac{Q}{n-2}}\right],\ \text{其中}\ \lambda = U_{\alpha/2}.$$

例 5 炼钢是一个氧化脱碳过程,冶炼时间的长短直接影响到钢液含碳量的多少.表 12-4-7 是某平炉 34 炉的熔毕碳 x_i(即全部炉料熔化完毕时钢液的含碳量)与精炼时间 y_i 的生产记录.(1)试求精炼时间 y 对熔毕碳 x 的回归直线方程;(2)对于显著性水平 $\alpha = 0.05$,试检验 y 与 x 的线性相关关系是否显著;(3)预报当熔毕碳 $x_0 = 144$(即 1.44%)时,精炼时间 y_0 在什么范围内($\alpha = 0.05$)?

表 12-4-7

熔毕碳 x_i(0.01%)	180	104	134	141	204	150	121	151	147	145	
精炼时间 y_i(min)	200	100	135	125	235	170	125	135	155	165	
x_i(0.01%)141	144	190	190	161	165	154	116	123	151	110	108
y_i(min)135	160	190	210	145	195	150	100	110	180	130	110
x_i(0.01%)158	107	180	127	115	191	190	153	155	177	177	143
y_i(min)130	115	240	135	120	205	220	145	160	185	205	160

解 (1)为了简化计算,令 $X = x - 150$,$Y = (y-160)/5$,这样 X_i, Y_i 的数值就要比原始数据 x_i, y_i 小得多,如表 12-4-8 所示.

表 12-4-8

X_i	30	-46	-16	-9	54	0	-29	1	-3	-5	
Y_i	8	-12	-5	-7	15	2	-7	-5	-1	1	
X_i	-9	-6	40	40	11	15	4	-34	-27	1	-40	-42
Y_i	-5	0	6	10	-3	7	-2	-12	-10	4	-6	-10
X_i	8	-43	30	-23	-35	41	40	3	5	27	27	-7
Y_i	-6	-9	16	-5	-8	9	12	-3	0	5	9	0

因为 $\bar{X} = 0.09, \bar{Y} = -0.353,$
$L_{XX} = 25\,462.7, L_{YY} = 2\,003.76, L_{XY} = 6\,465.06,$

所以 $\bar{x} = \bar{X} + 150 = 150.09, \bar{y} = 5\bar{Y} + 160 = 158.24,$
$L_{xx} = L_{XX} = 25\,462.7, L_{yy} = 5^2 L_{YY} = 50\,094, L_{xy} = 5L_{XY} = 32\,325.3,$

故 $b = L_{xy}/L_{xx} = 32\,325.3/25\,462.7 = 1.27,$
$a = \bar{y} - b\bar{x} = 158.24 - 1.27 \times 150.09 = -32.38,$

即所求精炼时间 y 对熔毕碳 x 的回归直线方程为 $y = -32.38 + 1.27x.$

(2) 提出假设 H_0: y 与 x 线性关系不显著.

由于
$$r = \frac{L_{xy}}{\sqrt{L_{xx}L_{yy}}} = \frac{32\,325.3}{\sqrt{25\,462.7 \times 50\,094}} = 0.905$$

接近 1, 而对于 $\alpha = 0.05, n - 2 = 34 - 2 = 32$, 查相关系数表得临界值 $\lambda = r_{0.05}(32) < 0.349 = r_{0.05}(30),$

故 $r = 0.905 > \lambda$, 即拒绝 H_0. 所以, y 与 x 之间线性关系显著.

(3) 当 $x_0 = 144$ (即 1.44%) 时, 由回归方程可算出
$y_0 = -32.38 + 1.27 \times 1.44 = 150.50 \text{(min)}.$

由于 $n = 34$ 较大, 可用近似的预测区间

$$\left[\hat{y}_0 - \lambda\sqrt{\frac{Q}{n-2}}, \hat{y}_0 + \lambda\sqrt{\frac{Q}{n-2}}\right],$$

其中 $\lambda = U_{\alpha/2} = U_{0.025} = 1.96,$

$$Q = L_{yy}(1 - r^2) = 9\,065.76, \sqrt{\frac{Q}{n-2}} = 16.83.$$

故 y_0 的预测区间为 $[117.51, 183.49]$, 即: 当熔毕碳 $x_0 = 144$ (即 1.44%) 时, 我们可以有 95% 的把握预测其相应的精炼时间 y_0 落在 $(117.51, 183.49)$ 分钟内.

3. 相关分析与回归分析的区别与联系

由前面的讨论, 有
$$\frac{U}{L} = \frac{\hat{b}^2 L_{xx}}{L_{yy}} = \left(\frac{L_{xy}}{L_{xx}}\right)^2 \frac{L_{xx}}{L_{yy}} = r^2,$$

得回归平方和 $\qquad U = r^2 L,$

残差平方和 $\qquad Q = Q(\hat{a}, \hat{b}) = L(1 - r^2).$

可见 r^2 反映了回归平方和在总偏差平方和中所占的比重, 该比重越大, 误差平方和在总偏差平方和中所占的份量就越小. 通常称 r^2 为**拟合优度系数**, r 就是变量 x 与 y 的积差相关系数, 另一方面由

$$F = \frac{(n-2)U}{Q} = \frac{(n-2)r^2 L}{(1-r^2)L} = \left[\frac{r\sqrt{(n-2)}}{\sqrt{1-r^2}}\right]^2$$

可以看出,在检验 y 与 x 是否显著线性相关时,F 检验法与相关系数 T 检验法等效.

相关关系不表明变量的因果关系是双向对称的,在相关分析中,对所讨论的两个变量或多个变量是平等对待的,相关系数 r 反映数据 (x_i, y_i) 所描述的散点对直线的靠拢程度. 而在回归分析中,变量在研究中的地位不同,要求因变量(响应变量)y 是随机变量,自变量一般是可控制的普通变量(当然也可以是随机的). 在回归方程中,回归系数只反映回归直线的倾斜程度,且变量间的关系不是双向对称的.

12.4.3 可线性化的一元非线性回归

前面讨论的线性回归问题,是在回归模型为线性这一基本假定情况下给出的,然而在实际问题中还会经常碰到非线性回归的情形,这里只讨论可以化为线性回归的非线性回归问题,仅通过对某些常见的可化为线性回归问题的讨论来阐明解决这类问题的基本思想和方法.

1. 曲线改直

例6 炼钢过程中用来盛钢水的钢包,由于受钢水的浸蚀作用,容积会不断扩大. 表 12-4-9 给出了使用次数和容积增大量的 15 对试验数据. 试求 Y 关于 x 的经验公式.

表 12-4-9

使用次数(x_i)	增大容积(y_i)	使用次数(x_i)	增大容积(y_i)
2	6.42	9	9.99
3	8.20	10	10.49
4	9.58	11	10.59
5	9.50	12	10.60
6	9.70	13	10.80
7	10.00	14	10.60
8	9.93	15	10.90
		16	10.76

解 首先要知道 Y 关于 x 的回归函数是什么类型,作散点图即可从图 12-4-3 中看出,开始浸蚀速度较快,然后逐渐减缓,变化趋势呈双曲线状.

因此可选取双曲线模型,设 y 与 x 之间具有如下双曲线关系:

$$\frac{1}{y} = a + b \frac{1}{x}. \tag{1}$$

作为回归函数的类型,即假设 y 与 x 满足

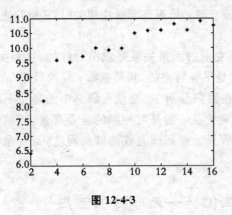

图 12-4-3

$$\frac{1}{y} = a + b\frac{1}{x} + \varepsilon. \tag{2}$$

令 $\xi = \frac{1}{x}, \eta = \frac{1}{y}$ 则有

$$\eta = a + b\xi + \varepsilon, \ E\varepsilon = 0, \ D\xi = \sigma^2.$$

这是一种非线性回归,先由 x,y 的数据取倒数,可得 η, ξ 的数据 $(0.500\ 0,\ 0.155\ 8),\cdots,(0.062\ 5, 0.092\ 9)$,对得到的 15 对新数据,用最小二乘法可得:线性回归方程

$$\hat{\eta} = 0.131\ 2\xi + 0.082\ 3$$

后,代回原变量得

$$\frac{1}{y} = 0.131\ 2\ \frac{1}{x} + 0.082\ 3 = \frac{0.131\ 2 + 0.082\ 3x}{x},$$

故 $\hat{y} = \dfrac{x}{0.082\ 3x + 0.131\ 2}$ 为 y 关于 x 的经验公式(回归方程).

在本例中,假设 y 与 x 之间满足双曲线回归模型,显然这是一种主观判断,因此所求得的回归曲线不一定是最佳的拟合曲线. 在实用中,往往选用几种不同曲线进行拟合,然后分别计算相应的残差平方和 $Q_e = \sum_i (y_i - \hat{y}_i)^2$ 或 $\hat{\sigma}$(标准误差)进行比较,Q_e(或 $\hat{\sigma}$)最小者为最优拟合.

2. 常见可改直的曲线

下面简介一些可通过变量替换化为线性回归的曲线回归模型.

(1) 双曲线 $\dfrac{1}{y} = a + \dfrac{b}{x}$,作变换 $y' = \dfrac{1}{y}, x' = \dfrac{1}{x}$,则回归函数化为 $y' = a + bx'$.

(2) 幂函数 $y = ax^b$(或 $y = ax^{-b}$)$(b > 0)$,对幂函数两边取对数 $\ln y = \ln a + b\ln x$,作变换 $y' = \ln y, x' = \ln x, a' = \ln a$,则有 $y' = a \pm b'x'$.

(3) 指数函数 $y = ae^{bx}$ 或 $y = ae^{-bx}$ $(b > 0)$,

两边取对数 $\ln y = \ln a \pm bx$, 令 $y' = \ln y$, $a' = \ln a$, 有 $y' = a' \pm bx$.

(4) 倒指数函数 $y = ae^{-\frac{b}{x}}$ 或 $y = ae^{\frac{b}{x}}(b > 0, a > 0)$,

两边取对数后作变换 $y' = \ln y$, $x' = \dfrac{1}{x}$, $a' = \ln a$,

则有
$$y' = a' \pm b'x'.$$

(5) 对数函数, $y = a + b\ln x$,

作变换 $x' = \ln x$, 则有 $y = a + bx'$.

由例 6 的散点图 12-4-3 可以看出, 除双曲线拟合外, 本例还可选择倒指数拟合.

对于 $y = ae^{b/x}$, 两边取对数得 $\ln y = b \cdot \dfrac{1}{x} + \ln a$.

令 $\eta' = \ln y$, $\xi' = \dfrac{1}{x}$ 变为如下的回归问题:
$$\eta' = A + B\xi' + \varepsilon.$$

利用最小二乘法求得: $\hat{b} = -1.1107$, $\hat{A} = 2.4578$.
因此回归直线为 $\eta' = -1.1107\xi' + 2.4578$,
代回原变量得 $\hat{y} = 11.6489 e^{-1.1107/x}$.

计算双曲线拟合时, $Q = 1.4396$, $\hat{\sigma} = 0.3328$, 倒指数拟合时, $\hat{\sigma} = 0.2168$, 故倒指数拟合效果更好些.

练习与思考 12-4

1. 考察硫酸铜($CuSO_4$)在 100 g 水中的溶解量与温度间的关系时, 作了 9 组独立试验, 结果如表 12-4-10 所示.(1) 试求溶解量与温度之间的回归方程;(2) 对所求参数的显著性检验($\alpha = 0.01$);(3) 水温在 25℃ 时对溶解量作出预测.

表 12-4-10

温度 x(℃)	0	10	20	30	40	50	60	70
溶解量 y(g)	14.0	17.5	21.2	26.1	29.2	33.3	40.0	48.0

2. 采用腐蚀的方法在金属制品的表面上刻线, 腐蚀深度 Y(单位: μm) 与腐蚀时间 X(单位: s) 有关. 为研究这种关系, 观察得到一组数据如表 12-4-11 所示.

表 12-4-11

X(s)	5	10	20	30	40	50	60	70	80	90
$Y(\mu m)$	7	9	10	14	17	20	25	25	30	33

(1) 试求关于腐蚀深度 Y 与腐蚀时间 X 的一元线性回归方程;
(2) 对所求的回归方程作显著性检验($\alpha = 0.05$);
(3) 当时间为 110s 时,估计腐蚀深度值,并求 $\alpha = 0.05$ 时深度值的置信区间.

§12.5　数学实验(九)

【实验目的】
(1) 能利用数学软件,根据已知的分布,计算事件的概率.
(2) 能利用数学软件,计算随机变量的数学期望与方差.

【实验内容及要点】

实验内容 A
(1) 根据随机变量的分布,计算相应的概率(密度)、分布函数.
(2) 对给定的概率 α,计算满足 $P(X \leqslant x_\alpha) = \alpha$ 的值 x_α,即会求相应的逆概率分布.

实验要点 A
参见表 12-5-1 和表 12-5-2.

表 12-5-1

常见分布的 命令关键词	二项分布	泊松分布	均匀分布	指数分布	正态分布	t 分布	χ^2 分布
Mathcad 分布	binom	pois	unif	exp	norm	t	chisq
Matlab 软件	bino	poiss	unif	exp	norm	t	chi2

表 12-5-2

命令关键词	概率(密度)	分布函数	逆概率分布
Mathcad 软件	d	p	q
Matlab 软件	pdf	cdf	inv

注:对于离散型随机变量 X, $P(X \geqslant k) = 1 - P(X < k) = 1 - P(X \leqslant k-1)$.

实验练习 A
1. 计算下列随机变量的概率.
 (1) 若 $X \sim B(15, 0.3)$,计算 $P(X = 4)$;
 (2) 若 X 服从参数为 0.7 的泊松分布,计算 $P(X = 1)$;
 (3) 若 $X \sim N(1, 4)$,计算 $P(X \leqslant 1.5)$.
2. 利用分布函数($F(x) = P(X \leqslant x)$)计算下列事件的概率.
 (1) 若 $X \sim B(15, 0.3)$,计算 $P(X \leqslant 1)$;

(2) 若 X 服从参数为 0.7 的泊松分布,计算 $P(X>1)$;
(3) 若 X 在区间 $[1.5,10]$ 上服从均匀分布,计算 $P(X\leqslant 3)$;
(4) 若 X 服从参数为 3 的指数分布,计算 $P(-1<X\leqslant 2)$;
(5) 若 $X\sim N(3,2^2)$,计算 $P(|X|<2)$.

3. 计算下列逆概率分布.
(1) 若 $X\sim N(0,2^2)$,试确定满足 $P(X\leqslant x)>0.8$ 的 x 的取值;
(2) 若 $X\sim N(0,1)$,试确定满足 $P(|X|\leqslant x)=0.95$ 的 x 的取值.

实验内容 B
能根据随机变量的分布,计算相应的数学期望、方差.

实验步骤 B
对离散型随机变量:输入分布律数据 $X,P \to$ 计算期望 $e=\sum_i X_i \cdot P_i \to$ 计算方差
$$d=\sum_i (X_i)^2 \cdot P_i - e^2;$$

对连续型随机变量:若已知分布函数 $F(x)$,先求导得密度函数 $f(x)=F'(x)$
$\to$ 计算期望 $e=\int_{-\infty}^{+\infty} x\cdot f(x)\mathrm{d}x \to$ 计算方差 $d=\int_{-\infty}^{+\infty} x^2\cdot f(x)\mathrm{d}x - e^2$.

实验练习 B
1. 设随机变量的分布律如表 12-5-3 所示.
求:$E(X),D(X),E(2X-1),D(2X-1)$.

表 12-5-3

X	-2	0	2
P	0.4	0.3	0.3

2. 设连续型随机变量 X 的分布函数为
$$F(x)=\begin{cases} 1-\dfrac{8}{x^3}, & x\geqslant 2, \\ 0, & x<2. \end{cases}$$
求:(1) X 的概率密度函数 $f(x)$;
(2) $E(X),D(X)$.

练习与思考 12-5

1. 若 $X\sim N(4,3^2)$,试确定满足 $P(X\geqslant x)=0.3$ 的 x 的取值.
2. 据统计资料分析,某工地的水泥月消耗量服从参数为 5 的泊松分布,问在水泥零库存的

情况下,下月初应购买多少水泥(单位:车),才能以 0.999 的概率保证该工地的需求.

3. 设有 A、B 两类投资项目,A 项目的年收益 $X \sim N(27, 5^2)$,B 项目的年收益 $Y \sim N(30, 2^2)$(单位:万元).

(1) 计算 $P(X > 30)$,$P(Y > 30)$;

(2) 若要求年收益 30 万元以上,应选择哪一项目?

§12.6 数学建模(七)—— 概率模型

12.6.1 外贸销售组织问题

设国际市场上每年对我国某种出口商品的需求量是随机变量 X(单位:吨),它服从区间 $[2\,000, 4\,000]$ 上均匀分布.如果每销售 1 吨该种商品,可为国家赚取外汇 3 万元;如销售不出去,则每吨商品需付贮存费 1 万元.问外汇部门如何组织货源,才能使国家收益最大?

设国家收益为 Y(万元),显然它的销售量与组织货源数量有关.如果组织货源的数量为 t(吨),按题意可以只考虑 $2\,000 \leqslant t \leqslant 4\,000$ 吨的情况.

按题意,如果 $X \geqslant t$,货物可全部售出,其收益 $Y = 3t$;如果 $X < t$,货物只售出 X,另有 $t - X$ 未售出,其收益 $Y = 3X + (-1)(t - X) = 4X - t$,于是有

$$Y = g(X) = \begin{cases} 3t, & X \geqslant t, \\ 4X - t, & X < t. \end{cases}$$

由于 X 在 $[2\,000, 4\,000]$ 上服从均匀分布,其分布密度为

$$f(x) = \begin{cases} \dfrac{1}{4\,000 - 2\,000}, & 2\,000 \leqslant x \leqslant 4\,000, \\ 0, & \text{其他}, \end{cases}$$

所以期望的收益值为 $E(Y)$.按随机变量函数的数学期望公式有

$$E(Y) = \int_{-\infty}^{\infty} g(x) f(x) \mathrm{d}x = \int_{-\infty}^{\infty} \frac{1}{2\,000} g(x) \mathrm{d}x$$

$$= \frac{1}{2\,000} \left[\int_{2\,000}^{t} (2x - t) \mathrm{d}x + \int_{t}^{4\,000} 3t \mathrm{d}x \right]$$

$$= \frac{1}{2\,000} (-2t^2 + 14\,000t - 8 \times 10^6).$$

为了求得 $E(Y)$ 最大值时的 t 值,上式对 t 求导数,得

$$\frac{\mathrm{d}E(Y)}{\mathrm{d}t} = \frac{1}{2\,000} (-4t + 14\,000).$$

令 $\dfrac{\mathrm{d}E(Y)}{\mathrm{d}t} = 0$,得驻点

$$t = 3\,500(吨).$$
由于 t 在所论区间内只有一个驻点,且 $E(Y)$ 存在最大值,所以 $t = 3\,500(吨)$ 就是使国家收益最大的货源量.

12.6.2 报童卖报问题

一个报童,每天清晨从报社购进报纸零售,晚上将没有卖掉的报纸退回报社处理.已知每份报纸进价为 c 元,零售价为 s 元,退回处理价为 v. 报童售出一份报纸赚 $s-c$ 元,退回一份报纸赔 $v-c$ 元.报童每天购进报纸太少,不够卖时会少赚钱;购进报纸太多,卖不完时要赔钱.由于每天卖掉的报纸数量是随机的,设为 X; 而根据过去卖报情况,X 的分布律如表 12-6-1 所示.问报童每天应购进报纸多少时收益最大?

表 12-6-1

X	1	2	$\cdots$	n	$\cdots$
P	p_1	p_2	$\cdots$	p_n	$\cdots$

设每天购进报纸的数量为 Q,每天的收益为 Y.

(1) 每天售出报纸的收益为
$$Y_1(Q) = \begin{cases} Xs, & X \leqslant Q, \\ Qs, & X \geqslant Q, \end{cases}$$
相应的概率分布如表 12-6-2 所示.

表 12-6-2

X	1	2	$\cdots$	$Q-1$	Q	$Q+1$	$Q+2$	$\cdots$
P	p_1	p_2	$\cdots$	p_{Q-1}	p_Q	p_{Q+1}	p_{Q+2}	$\cdots$
Y_1	$1s$	$2s$	$\cdots$	$(Q-1)s$	Qs	Qs	Qs	$\cdots$

收益期望值
$$E[Y_1(Q)] = (1sp_1 + 2sp_2 + \cdots + Qs\,p_Q) + (Qs\,p_{Q+1} + Qs\,p_{Q+2} + \cdots)$$
$$= \Big(\sum_{i=1}^{Q} ip_i\Big)s + \Big(\sum_{i=Q+1}^{\infty} p_i\Big)Qs.$$

(2) 每天未售出,处理报纸的收益为
$$Y_2(Q) = (Q-X)u,\ X < Q,$$
相应的概率分布如表 12-6-3 所示.

表 12-6-3

X	1	2	$\cdots$	$Q-1$	Q
P	p_1	p_2		p_{Q-1}	p_Q
Y_2	$(Q-1)v$	$(Q-2)v$		$[Q-(Q-1)]v$	$(Q-Q)v$

收益期望值

$$E[Y_2(Q)] = (Q-1)vp_1 + (Q-2)vp_2 + \cdots + 1 \cdot vp_{Q-1} = \left(\sum_{i=1}^{Q-1}(Q-i)p_i\right)v$$

(3) 每天购进报纸收益为

$$Y_3(Q) = Qc,$$

收益期望值

$$E[Y_3(Q)] = Qc.$$

把上面 3 项相加,就得报童每天卖报的总收益期望值,

$$E[Y(Q)] = E[Y_1(Q)] + E[Y_2(Q)] + E[Y_3(Q)]$$
$$= \left[s\left(\sum_{i=1}^{Q}ip_i\right) + Qs\left(\sum_{i=Q+1}^{\infty}p_i\right)\right] + v\left(\sum_{i=1}^{Q-1}(Q-i)p_i\right) - Qc.$$

下面的问题是要确定使总收益期望值 $E[Y(Q)]$ 达最大值的购进报纸量 Q. 由于 X 取值是离散,不能用连续函数求导的解析方法来求极值.

现用差分方法来求解. 既然 Q 使 $E[Y(Q)]$ 达最大,所以 Q 应同时满足下面两个不等式:

$$E[Y(Q)] \geqslant E[Y(Q-1)],$$
$$E[Y(Q)] \geqslant E[Y(Q+1)].$$

由 $0 \leqslant E[Y(Q)] - E[Y(Q-1)]$,得

$$0 \leqslant \left[s\left(\sum_{i=1}^{Q}ip_i\right) + Qs\left(\sum_{i=Q+1}^{\infty}p_i\right) + v\sum_{i=1}^{Q-1}(Q-i)p_i - Qc\right]$$
$$- \left[s\left(\sum_{i=1}^{Q-1}ip_i\right) + (Q-1)s\sum_{i=Q}^{\infty}p_i + v\sum_{i=1}^{Q-2}(Q-1-i)p_i - (Q-1)c\right],$$

整理后得

$$p_1 + p_2 + \cdots + p_{Q-1} \leqslant \frac{s-c}{s-v}.$$

类似地,由 $0 \leqslant E[Y(Q)] - E[Y(Q+1)]$,得

$$0 \leqslant \left[s\left(\sum_{i=1}^{Q}ip_i\right) + Qs\left(\sum_{i=Q+1}^{\infty}p_i\right) + v\sum_{i=1}^{Q-1}(Q-i)p_i - Qc\right]$$
$$- \left[s\left(\sum_{i=1}^{Q+1}ip_i\right) + (Q+1)s\sum_{i=Q+2}^{\infty}p_i + v\sum_{i=1}^{Q}(Q+1-i)p_i\right.$$

$$-(Q+1)c\Big],$$

整理得

$$p_1 + p_2 + \cdots + p_{Q-1} + p_Q \geqslant \frac{s-c}{s-v}.$$

联立上面两式,得

$$p_1 + p_2 + \cdots + p_{Q-1} \leqslant \frac{s-c}{s-v} \leqslant p_1 + p_2 + \cdots + p_{Q-1} + p_Q.$$

利用上式,便可求出使收益期望值 $E[Y(Q)]$ 达最大的购进报纸为 Q^* 的近似值.

例 1 一报童卖报,进价每份 3.5 角,售价每份 5 角,处理价 2 角.已知该报童过去两个月销售的统计资料如表 12-6-4 所示,问每天购进报纸的数量为多少时,报童的平均收益最大?

表 12-6-4

序号	1	2	3	4	5	6	7
每天销售份数	100	120	140	160	180	200	220
两月中出现频数	2	5	12	17	13	8	3
频率	0.033	0.083	0.200	0.284	0.217	0.133	0.050
累计频率	0.033	0.116	0.316	0.600	0.817	0.950	1.00

解 从表 12-6-4 看出,每天销售 160 份的频数(或频率)最大,但不一定意味着购进 160 份平均收益最大,尚需作费用分析.

已知 $c = 3.5, s = 5, v = 2$,满足

$$\frac{5-c}{5-v} = \frac{5-3.5}{5-2} = 0.5.$$

把统计表中给出的频率作概率近似值,有

$$\sum_{i=1}^{3} p_i = p_1 + p_2 + p_3 = 0.033 + 0.083 + 0.200 = 0.316,$$

$$\sum_{i=1}^{4} p_i = p_1 + p_2 + p_3 + p_4 = 0.033 + 0.083 + 0.200 + 0.284 = 0.6,$$

显然

$$\sum_{i=1}^{3} p_i = 0.316 < \frac{s-c}{s-v} = 0.5 < \sum_{i=1}^{4} p_i = 0.6.$$

如果把 $\sum_{i=1}^{3} p_i$ 记作 $Y(140)$,把 $\sum_{i=1}^{4} p_i$ 记作 $Y(160)$,则上式变为

$$Y(140) < \frac{s-c}{s-v} = 0.5 < Y(160),$$

即购进报纸量 Q^* 在 140 到 160 份之间. 又因 $\frac{s-c}{s-v} = 0.500$,更靠近 $Y(160) = 0.600$,所以取 $Q^* = 160$ 份. 这时平均收益为

$$E[Y(160)] = E[Y_1(160)] + E[Y_2(160)] + E[Y_3(160)]$$
$$= [5 \times (100 \times 0.033 + 120 \times 0.083 + 140 \times 0.200$$
$$+ 160 \times 0.284) + 160 \times 5 \times (0.217 + 0.133 + 0.050]$$
$$+ 2 \times [(160 - 100) \times 0.33 + (160 - 120) \times 0.083$$
$$+ (160 - 140) \times 0.200] - 160 \times 3.5 = 212.1 (角).$$

练习与思考 12-6

某报刊门市部出售电影画报,批发价每册 4 元,零售价每册 6 元,处理价每册 2 元. 根据过去统计资料每月销售频率分布如表 12-6-5 所示,求最优购进量.

表 12-6-5

X	200	202	205	215	220	226	228	230
P	0.02	0.06	0.10	0.20	0.30	0.22	0.06	0.04

本 章 小 结

一、基本思想

在社会生活与生产活动中存在着大量的随机现象. 虽然这种现象以偶然性为特征,但大量偶然性中存在有必然的规律. 为了研究随机现象的统计规律性,需进行大量的具有可重复性、可观察性、不确定性的试验(即随机试验). 而试验的结果,是可能发生也可能不发生的事件(即随机事件),也可以是随试验结果不同取不同值的变量(即随机变量). 概率论正是从随机事件和随机变量两方面来分析随机现象规律性的.

1. 随机事件的概率是度量随机事件发生可能性大小的数量指标,它是以随机事件频率的稳定性为基础抽象出来的概念,应注意概率与频率的区别与联系. 概率是随机事件的客观属性,与试验情况无关,而频率完全依赖于试验的结果. 但在试验次数很大时,频率与概率左右摆动;且可用频率作概率的近似值. 伯努利大数定律揭示了概率与频率的关系.

随机事件的条件概率是一种以另一事件发生为前提的概率,它具有概率的一切特征与性质.

随机事件的独立性,是随机事件的概率特征. 与随机事件互不相容(或互斥)无因果关系.

常见随机试验概型有两个:(1) 古典概型,它具有有限性与等可能性两特征;(2) 伯努利概型,它具有两结果性与独立性两特征.

2. 随机变量的概率分布就是随机变量取值情况下的概率规律,它表达了随机变量取什么值以及以多大概率取这些值的随机试验统计规律,使用随机变量及其概率分布表达随机试验的概率规律更简明、更完整.

随机变量分布表达方式有两种:(1)离散型随机变量的概率分布律 $P\{X = x_i\} = p_i$ 与连续型随机变量的概率分布密度 $f(x)$,它们都具有非负性与归一性两特征.(2)概率分布函数 $F(x) = P\{X \leqslant x\}$,它具有单调非减性、归一性、右连续性特征.它与分布律的关系是

$$F(x) = P\{X \leqslant x\} = \sum_{x_i < x} P_i,$$

与分布密度关系是

$$F(x) = P\{X \leqslant x\} = \int_{-\infty}^{x} f(x)\mathrm{d}x.$$

随机变量的数字特征 —— 数学期望与方差,虽然不能完整地描述随机变量所有特征,但它们具有很多优点.(1)数学期望是随机变量的取值中心,反映了随机变量的位置性特征;方差描述了随机变量取值的分散程度,反映了随机变量取值的稳定性特征.(2)一些重要的概率分布都由它们所确定;例如,正态分布的数学期望与方差正好是正态分布的两个参数,知道其数学期望与方差就知道其概率分布.(3)它们具有良好的性质,且易于求得.因此随机变量的数字特征是描述随机变量概率分布的有效工具.切比雪夫大数定律揭示了数学期望与算术平均值的关系.

常见离散型随机变量的概率分布有 0-1 分布,二项分布和泊松分布;当 $n = 1$ 时,二项分布就是 0-1 分布;当 n 很大,p 很小,np 又是一个较小的有限常数时,二项分布近似于泊松分布.常见连续型随机变量的概率分布有均匀分布、指数分布和正态分布.林德伯格-勒维中心极限定理表明,当 $n \to \infty$ 时服从任何分布的 n 个随机变量的和的极限分布是正态分布.

二、主要内容

1. 随机事件及其概率

(1) 两个基本概念.

随机试验与随机事件(包括事件间四种关系、三种运算,事件的独立性)概念.

随机事件的统计概率、一般概率及条件概率的概念.

(2) 两个基本概型.

① 古典概型.如果随机试验中基本事件总数为 n,事件 A 所含基本事件个数为 m,则事件 A 的概率为

$$P(A) = \frac{m}{n}$$

② 伯努利概型.如果每次试验中事件 A 的概率总是 p,则在 n 次试验中事件 A 恰好发生 k 次的概率为

$$P_n(k) = C_n^k p^k (1-p)^{n-k} \quad (k = 0, 1, \cdots, n)$$

(3) 4 个基本计算公式(适合任何概型)

① 加法公式.对于任意两事件 A, B,则 $P(A \bigcup B) = P(A) + P(B) - P(AB)$.特别当 A, B 互斥(即 $AB = \phi$)时,则

$$P(A + B) = P(A) + P(B).$$

② 乘法公式. 如果 $P(A) > 0, P(B) > 0$, 则
$$P(AB) = P(A)P(B/A) = P(B)P(A/B).$$
特例,当 A,B 相互独立（即 $P(B/A) = P(B)$、$P(A/B) = P(A)$ 时,则
$$P(AB) = P(A)P(B) = P(B)P(A).$$

③ 全概率公式. 设 $B_1, B_2, \cdots, B_n$ 是某一随机试验的一组两两互斥的事件,且 $B_1 + B_2 + \cdots + B_n = \Omega$. 对于该试验中的任一事件 A, 如果 $P(B_i) > 0 (i = 1, 2, \cdots, n)$, 则 A 的全部概率为
$$P(A) = \sum_{i=1}^{n} P(B_i) P(A/B_i).$$

④ 逆概率公式. 设 $B_1, B_2, \cdots, B_n$ 是某一随机试验的一组两两互斥的事件,且 $B_1 + B_2 + \cdots + B_n = \Omega$. 对于该试验中的任一事件 A, 如果 $P(A) > 0$, 则在 A 发生条件下 B_i 发生的概率为
$$P(B_i/A) = \frac{P(B_i)P(A/B_i)}{\sum_{i=1}^{n} P(B_i)P(A/B_i)} \quad (i = 1, 2, \cdots, n).$$

2. 随机变量及其概率分布与数字特征

(1) 3 个基本概念

随机变量概念,包括离散型随机变量与连续型随机变量、随机变量独立性概念;

随机变量概率分布的概念;

随机变量数字特征的概念.

(2) 随机变量概率分布两种表达方式.

① 概率分布函数. 设 X 是随机变量, x 是任意实数, 称 x 的函数
$$F(x) = P\{X \leqslant x\}$$
为 X 的概率分布函数.

② 概率分布律或概率分布密度.

设离散型随机变量 X 可能取的值为 $x_1, x_2, \cdots, x_n, \cdots$ 相应的概率为 $P\{X = x_i\} = p_i (i = 1, 2, \cdots)$, 则把该对应关系称为 X 的概率分布律. 它与概率分布函数的关系是
$$F(x) = P\{X \leqslant x_i\} = \sum_{x_i < x} p\{X = x_i\}.$$

设连续型随机变量 X, 它的分布函数为 $F(x)$. 如果存在一个非负函数 $f(x)$, 使得对于任意实数 x, 有 $F(x) = P\{X \leqslant x\} = \int_{-\infty}^{x} f(x) \mathrm{d}x$, 则把 $f(x)$ 称为 X 的概率分布密度.

(3) 随机变量的两个数字特征.

① 随机变量的数学期望(包括离散型随机变量数学期望,连续随机变量的数学期望,数学期望的性质).

② 随机变量的方差(包括随机变量的方差,方差的性质).

(4) 常见 6 种随机变量的概率分布及数字特征(见表 12-3-3).

(5) 随机变量的概率与数字特征的计算.

① 随机变量概率计算.
$$P\{x_1 < X \leqslant x_2\} = P\{X \leqslant x_2\} - P\{X \leqslant x_1\}.$$

当 X 为离散型随机变量时, $P\{X \leqslant x\} = \sum_{x_i < x} P\{X = x_i\} = \sum_{x_i < x} p_i;$

当 X 为连续型随机变量时,$P(X \leqslant x) = \int_{-\infty}^{x} f(x)\mathrm{d}x$.

② 正态分布随机变量的概率计算.

当 $X \sim N(0,1)$ 时,$P\{x_1 < X \leqslant x_2\} = \Phi(x_2) - \Phi(x_1)$;

当 $X \sim N(\mu,\sigma^2)$ 时,$P\{x_1 < X < x_2\} = \Phi\left(\dfrac{x_2 - \mu}{\sigma}\right) - \Phi\left(\dfrac{x_1 - \mu}{\sigma}\right)$.

③ 随机变量数字特征计算.

离散型随机变量 X 的数学期望为

$$E(X) = \sum_{i=1}^{\infty} x_i p_i;$$

连续型随机变量 X 的数学期望为

$$E(X) = \int_{-\infty}^{\infty} x f(x)\mathrm{d}x.$$

随机变量方差为

$$D(X) = \sum_{i=1}^{\infty}[x_i - E(X)]^2 p_i,\ D(X) = \int_{-\infty}^{\infty}[X - E(X)]^2 f(x)\mathrm{d}x;$$
$$D(X) = E(X^2) - (EX)^2.$$

本章复习题

一、选择题

1. 投掷一粒骰子,我们将"出现奇数点"的事件称为( ).
   (A) 样本空间;   (B) 必然事件;   (C) 随机事件;   (D) 基本事件.

2. 事件 A,B 互为对立事件等价于( ).
   (A) A,B 互斥;   (B) A,B 相互独立;
   (C) $A \cup B = \Omega$;   (D) $A \cup B = \Omega$,且 $AB = \Phi$.

3. 如果事件 A 与 B 相互独立,则事件 A、B 满足( ).
   (A) $AB = \Phi$;   (B) $A \cup B = \Omega$;
   (C) $P(AB) = P(A)P(B)$;   (D) $P(A \cup B) = P(A) + P(B)$.

4. 随机地掷一枚均匀骰子两次,则两次出现的点数之和为 8 的概率为( ).
   (A) $\dfrac{3}{36}$;   (B) $\dfrac{5}{36}$;   (C) $\dfrac{4}{36}$;   (D) $\dfrac{6}{36}$.

5. 甲、乙两人各自独立地向一目标射击一次,射中率分别是 0.6、0.5,射击目标被击中的概率为( ).
   (A) 0.75;   (B) 0.8;   (C) 0.85;   (D) 0.9.

6. 下列各题中,可作为某随机变量分布律的是( ).

   (A)

X	1	2	3
P	0.3	0.4	0.5

   ;

(B)
X	-1	0	1	2
P	0.2	0.3	0.5	0.1
;

(C) $P\{X=k\} = \left(\dfrac{3}{2}\right)^k$, $k=1,2,3,4,5$;

(D) $P\{X=k\} = \dfrac{2^{5-k}}{63}$, $k=0,1,2,3,4,5$.

7. 设 $X \sim N(0,1)$, $\varphi(x)$ 为 X 的概率分布密度, 则 $\varphi(0) = ($).

(A) 0;   (B) $\dfrac{1}{\sqrt{2\pi}}$;   (C) 1;   (D) $\dfrac{1}{2}$.

8. 设 $X \sim N(2,9)$, 如果 $Y = \dfrac{X-2}{3}$, 则 Y 服从( ).

(A) $N(0,3)$;   (B) $N(0,2)$;   (C) $N(0,1)$;   (D) $N(2,3)$.

9. 设 $X \sim N(\mu, \sigma^2)$, 如果 σ 增大, 则 $P\{|X-u| < \sigma\}($).

(A) 单调增大;   (B) 单调减少;   (C) 增减不定;   (D) 保持不变.

10. 设 $X \sim B(n,p)$, 且 $E(X) = 12$, $D(X) = 4$, 则 p 等于( ).

(A) $\dfrac{1}{3}$;   (B) $\dfrac{2}{3}$;   (C) $\dfrac{1}{2}$;   (D) $\dfrac{3}{4}$.

11. 设 $D(X) = [E(X)]^2$, 则 X 服从( ).

(A) 正态分布;   (B) 指数分布;   (C) 二项分布;   (D) 泊松分布.

12. 设 X,Y 相互独立, 且 $D(X) = 4$, $D(y) = 2$, 则 $D(3X - 2Y) = ($).

(A) 8;   (B) 16;   (C) 24;   (D) 44.

二、填空题

1. 同时抛掷两枚硬币试验, 则试验的样本空间为_____.

2. 设 A,B,C 是三个事件, 则三个事件中至多发生一个可表示为_____.

3. 将 $P(A), P(A \cup B), P(AB)$ 和 $P(A) + P(B)$ 从小到大用不等号联系为_____.

4. 袋中有 3 个红球, 4 个白球, 5 个黑球, 从中抽取两次, 每次抽出一球, 在不放回的情况下, 第一次抽到红球、第二次抽到白球的概率_____; 在放回的情况下, 第一次抽到黑球、第二次抽到白球的概率_____.

5. 某楼有供水龙头 5 个, 调查表明每一龙头打开的概率为 $\dfrac{1}{10}$, 则恰有 3 个龙头同时打开的概率为_____.

6. 已知 $P(A) = 0.5$, $P(B) = 0.6$, $P(A \cup B) = 0.7$, 则 $P(AB) = $_____, $P(A/B) = $_____.

7. 设 X 的概率分布函数为 $F(x) = P\{X \leqslant x\} = A + B \arctan x$ $(-\infty < x < \infty)$ 则 $A = $_____, $B = $_____, $P\{-1 < X \leqslant \sqrt{3}\} = $_____.

8. 设 X 的分布律 $P\{X=k\} = \dfrac{k+1}{10}$ $(k=0,2,5)$, 则 $P\{X>1\} = $_____.

第12章 概率统计基础

9. 设 $X \sim U[1,5]$，则 X 落入 $[2,4]$ 的概率 = _____ .

10. 设 $X \sim B(n,p)$，且 $E(X) = 6$，$D(X) = 3.6$，则 $n = $ _____ ，$p = $ _____ .

11. 设 $X \sim N(3,1)$ 则 $E(X^2) = $ _____ .

12. 设 $X \sim N(-1,4)$，$Y \sim N(1,2)$，且 X,Y 相互独立，则 $E(X-2Y) = $ _____ ，$D(X-2Y) = $ _____ .

三、解答题

1. 袋内装有5个白球和3个黑球，从中任取两球，求(1)取得白球的概率；(2)恰取得1只黑球的概率.

2. 某人外出旅游两天，据天气预报，第一天下雨的概率为0.6，第二天下雨的概率为0.2，两天都下雨的概率为0.1，求(1)至少有一天下雨的概率；(2)两天都不下雨的概率.

3. 设某工厂有两车间生产同型号家用电器，第1、2车间的次品率分别为0.15、0.12；两车间成品都混合堆放在一个仓库内，已知第1、2车间生产的成品比例为2∶3. 今有一客户从成品仓库中随机提取一产品，求该产品是合格品的概率.

4. 设某公路上经过的货车与客车的数量之比为2∶1，货车中途停车修理的概率为0.02，客车为0.01，今有一辆车中途停车修理，求该车是货车的概率.

5. 某宾馆大楼有4部电梯，通过调查知道在某时刻各电梯正在运行的概率为0.75，求：(1)在此时刻恰有两部电梯在运行的概率；(2)在此时刻所有电梯都在运行的概率；(3)在此时刻至少有一部电梯在运行的概率.

6. 有一汽车站有大量汽车通过，每辆汽车在一天某时段出事故的概率为0.0001，如果某天该时段有1000辆汽车通过，求出事故次数不少于2的概率.

7. 设顾客在某银行的窗口等待服务的时间（单位：min）服从 $\lambda = \frac{1}{4}$ 的指数分布，求：(1)顾客等待时间超过4min的概率；(2)等待时间在3min到6min的概率.

8. 某厂生产的滚珠直径服从正态分布 $N(2.05, 0.01)$，合格的规格规定为 2 ± 0.2，求该厂生产滚珠的合格率.

9. 甲、乙两种牌号的手表，其日走时误差 X 分布律如表所示.

复习题9题表

$X_甲$	-1	0	1	$X_乙$	-2	-1	0	1	2
P	0.1	0.8	0.1	P	0.1	0.2	0.4	0.2	0.1

试比较两种牌号手表质量的好坏？

10. 设一电路中的电流 $I(A)$ 与电阻 $R(\Omega)$ 是两个相互独立的随机变量，且它们的概率分布密度分别为

$$f_1(i) = \begin{cases} 2i, & 0 \leqslant i \leqslant 1, \\ 0, & \text{其他}; \end{cases} \quad f_2(r) = \begin{cases} \dfrac{r^2}{9}, & 0 \leqslant r \leqslant 3, \\ 0, & \text{其他}. \end{cases}$$

求电压 $V = IR$ 的数学期望.

附录一　有关概率统计用表

附表 1　标准正态分布表

$$\Phi(x) = \int_{-\infty}^{x} \frac{1}{\sqrt{2\pi}} e^{-\frac{t^2}{2}} dt = P(X \leqslant x)$$

x	0.00	0.01	0.02	0.03	0.04	0.05	0.06	0.07	0.08	0.09
0.0	0.5000	0.5040	0.5080	0.5120	0.5160	0.5199	0.5239	0.5279	0.5319	0.5359
0.1	0.5398	0.5438	0.5478	0.5517	0.5557	0.5596	0.5636	0.5675	0.5714	0.5735
0.2	0.5739	0.5832	0.5871	0.5910	0.5948	0.5987	0.6026	0.6064	0.6103	0.6141
0.3	0.6179	0.6217	0.6255	0.6293	0.6331	0.6368	0.6406	0.6443	0.6480	0.6517
0.4	0.6554	0.6591	0.6628	0.6664	0.6700	0.6736	0.6772	0.6808	0.6844	0.6879
0.5	0.6915	0.6950	0.6985	0.7019	0.7054	0.7088	0.7123	0.7157	0.7190	0.7224
0.6	0.7257	0.7291	0.7324	0.7357	0.7389	0.7422	0.7454	0.7486	0.7517	0.7549
0.7	0.7580	0.7611	0.7642	0.7673	0.7704	0.7734	0.7764	0.7794	0.7823	0.7852
0.8	0.7881	0.7910	0.7939	0.7967	0.7995	0.8023	0.8051	0.8078	0.8106	0.8133
0.9	0.8159	0.8186	0.8212	0.8238	0.8264	0.8289	0.8315	0.8340	0.8365	0.8389
1.0	0.8413	0.8438	0.8461	0.8485	0.8508	0.8531	0.8554	0.8577	0.8599	0.8621
1.1	0.8643	0.8665	0.8686	0.8708	0.8729	0.8749	0.8770	0.8790	0.8810	0.8830
1.2	0.8849	0.8869	0.8888	0.8907	0.8925	0.8944	0.8962	0.8980	0.8997	0.9015
1.3	0.9032	0.9049	0.9066	0.9082	0.9099	0.9115	0.9131	0.9147	0.9162	0.9177
1.4	0.9192	0.9207	0.9222	0.9236	0.9251	0.9265	0.9279	0.9292	0.9306	0.9319
1.5	0.9332	0.9345	0.9357	0.9370	0.9382	0.9394	0.9406	0.9418	0.9429	0.9441
1.6	0.9452	0.9463	0.9474	0.9484	0.9495	0.9505	0.9515	0.9525	0.9535	0.9545
1.7	0.9554	0.9564	0.9573	0.9582	0.9591	0.9599	0.9608	0.9616	0.9625	0.9633
1.8	0.9641	0.9649	0.9656	0.9664	0.9671	0.9678	0.9686	0.9693	0.9699	0.9706
1.9	0.9713	0.9719	0.9726	0.9732	0.9738	0.9744	0.9750	0.9756	0.9761	0.9767
2.0	0.9772	0.9778	0.9783	0.9788	0.9793	0.9798	0.9803	0.9808	0.9812	0.9817
2.1	0.9821	0.9826	0.9830	0.9834	0.9838	0.9842	0.9846	0.9850	0.9854	0.9857
2.2	0.9861	0.9864	0.9868	0.9871	0.9875	0.9878	0.9881	0.9884	0.9887	0.9890
2.3	0.9893	0.9896	0.9898	0.9901	0.9904	0.9906	0.9909	0.9911	0.9913	0.9916
2.4	0.9918	0.9920	0.9922	0.9925	0.9927	0.9929	0.9931	0.9932	0.9934	0.9936
2.5	0.9938	0.9940	0.9941	0.9943	0.9945	0.9946	0.9948	0.9949	0.9951	0.9952
2.6	0.9953	0.9955	0.9956	0.9957	0.9959	0.9960	0.9961	0.9962	0.9963	0.9964
2.7	0.9965	0.9966	0.9967	0.9968	0.9969	0.9970	0.9971	0.9972	0.9973	0.9974
2.8	0.9974	0.9975	0.9976	0.9977	0.9977	0.9978	0.9979	0.9979	0.9980	0.9981
2.9	0.9981	0.9982	0.9982	0.9983	0.9984	0.9984	0.9985	0.9985	0.9986	0.9986

附表2 泊松分布数值表表

$$P(X \geq x) = \sum_{r=x}^{\infty} \frac{\lambda^k}{k!} e^{-\lambda}$$

x	$\lambda=0.2$	$\lambda=0.3$	$\lambda=0.4$	$\lambda=0.5$	$\lambda=0.6$	$\lambda=0.7$	$\lambda=0.8$	$\lambda=0.9$	$\lambda=1.0$	$\lambda=1.2$
0	1.000 000 0	1.000 000 0	1.000 000 0	1.000 000	1.000 000	1.000 000	1.000 000	1.000 000	1.000 000	1.000 000
1	0.181 269 2	0.259 181 8	0.329 680 0	0.323 469	0.451 188	0.503 415	0.550 671	0.593 430	0.632 121	0.698 806
2	0.017 523 1	0.036 936 3	0.061 551 9	0.090 204	0.121 901	0.155 805	0.191 208	0.227 518	0.264 241	0.337 373
3	0.001 148 5	0.003 599 5	0.007 926 3	0.014 388	0.023 115	0.034 142	0.047 423	0.062 857	0.080 301	0.120 513
4	0.000 056 8	0.000 265 8	0.000 776 3	0.001 752	0.003 358	0.005 753	0.009 080	0.013 459	0.018 988	0.033 769
5	0.000 002 3	0.000 015 8	0.000 061 2	0.000 172	0.000 394	0.000 786	0.001 411	0.002 344	0.003 660	0.007 746
6	0.000 000 1	0.000 000 8	0.000 004 0	0.000 014	0.000 039	0.000 090	0.000 184	0.000 343	0.000 594	0.001 500
7			0.000 000 2	0.000 001	0.000 003	0.000 009	0.000 021	0.000 043	0.000 083	0.000 251
8					0.000 001	0.000 001	0.000 002	0.000 005	0.000 010	0.000 037
9								0.000 001	0.000 005	
10										0.000 001

x	$\lambda=1.4$	$\lambda=1.6$	$\lambda=1.8$	$\lambda=2.0$	$\lambda=2.5$	$\lambda=3.0$	$\lambda=3.5$	$\lambda=4.0$	$\lambda=4.5$	$\lambda=5.0$
0	1.000 000	1.000 000	1.000 000	1.000 000	1.000 000	1.000 000	1.000 000	1.000 000	1.000 000	1.000 000
1	0.753 403	0.798 103	0.834 701	0.864 665	0.917 915	0.950 213	0.969 803	0.981 684	0.988 891	0.993 262
2	0.408 167	0.475 069	0.537 163	0.593 994	0.712 703	0.800 852	0.864 112	0.908 422	0.938 901	0.959 572
3	0.166 502	0.216 642	0.269 379	0.323 324	0.456 187	0.576 810	0.679 153	0.761 897	0.826 422	0.875 348
4	0.053 725	0.078 813	0.108 708	0.142 877	0.242 424	0.352 768	0.463 367	0.566 530	0.657 704	0.734 974
5	0.014 253	0.023 682	0.036 407	0.052 653	0.108 822	0.184 737	0.274 555	0.371 163	0.467 896	0.559 507
6	0.003 201	0.006 040	0.010 378	0.016 564	0.042 021	0.083 918	0.142 386	0.214 870	0.297 070	0.384 039
7	0.000 622	0.001 336	0.002 569	0.004 534	0.014 187	0.033 509	0.065 288	0.110 674	0.168 949	0.237 817
8	0.000 107	0.000 260	0.000 562	0.001 097	0.004 247	0.011 905	0.026 739	0.051 134	0.086 586	0.133 372
9	0.000 016	0.000 045	0.000 110	0.000 237	0.001 140	0.003 803	0.009 874	0.021 363	0.040 257	0.068 094
10	0.000 002	0.000 007	0.000 019	0.000 046	0.000 277	0.001 102	0.003 315	0.008 132	0.017 093	0.031 828
11		0.000 001	0.000 003	0.000 008	0.000 062	0.000 292	0.001 019	0.002 840	0.006 669	0.013 695
12				0.000 001	0.000 013	0.000 071	0.000 289	0.000 915	0.002 404	0.005 453
13					0.000 002	0.000 016	0.000 076	0.000 274	0.000 805	0.002 019
14						0.000 003	0.000 019	0.000 076	0.000 252	0.000 698
15						0.000 001	0.000 004	0.000 020	0.000 074	0.0002 26
16							0.000 001	0.000 005	0.000 020	0.000 069
17								0.000 001	0.000 005	0.000 020
18									0.000 001	0.000 005
19										0.000 001

附录二 参考答案

第 7 章 二阶微分方程

练习与思考 7-1

1. (1) $y = x\arctan x - \frac{1}{2}\ln(1+x^2) + C_1 x + C_2$; (2) $y = (x+2)e^{-x} + C_1 x + C_2$;

   (3) $y = \frac{1}{3}x^3 - x^2 + 2x + C_1 e^{-x} + C_2$; (4) $y = -\ln|\cos(x+C_1)| + C_2$;

   (5) $y = \frac{2}{9}x^2 + C_1 \ln|x| + C_2$; (6) $\sin(y+C_1) - C_2 e^x = 0$.

2. (1) $y = 3 - e^{1-x}$; (2) $y = \tan\left(x + \frac{\pi}{4}\right)$.

3. 所需时间 $t_0 = \frac{1}{300\ln 6}$.

练习与思考 7-2

1. (1) $y = C_1 e^{-x} + C_2 e^{2x}$; (2) $y = C_1 e^{-4x} + C_2$; (3) $y = (C_1 x + C_2)e^{3x}$;

   (4) $y = (C_1 x + C_2)e^{-\frac{1}{2}x}$; (5) $y = e^x(C_1 \cos 2x + C_2 \sin 2x)$;

   (6) $y = e^{-2x}(C_1 \cos 3x + C_2 \sin 3x)$.

2. (1) $y = 4e^x + 2e^{3x}$; (2) $y = \frac{1}{2}e^x + \frac{3}{2}e^{-x}$;

   (3) $y = 2\cos 5x + \sin 5x$; (4) $y = (3x-2)e^x$.

3. (1) $y = \left(\frac{1}{10}x^2 - \frac{1}{25}\right)e^x + C_1 e^x + C_2 e^{-4x}$; (2) $y = \left(\frac{1}{2}x^2 + C_1 x + C_2\right)e^{-3x}$;

   (3) $y = \frac{1}{4}x^2 + \frac{3}{8}x + \frac{19}{32} + C_1 e^x + C_2 e^{4x}$;

   (4) $y = e^{2x}\left(-\frac{1}{10}\cos x - \frac{3}{10}\sin x\right) + C_1 + C_2 e^{3x}$;

   (5) $y = \frac{x\sin x}{2} + C_1 \cos x + C_2 \sin x$.

4. (1) $y = -\frac{1}{2}x^2 - 3 + e^x$; (2) $y = \frac{1}{4}(x-1)e^x + \frac{1}{4}(x+1)e^{-x}$;

   (3) $y = \left(x^2 - x + \frac{3}{2}\right)e^x - \frac{1}{2}e^{-x}$; (4) $y = -\frac{1}{3}\sin 2x - \cos x + \frac{5}{3}\sin x$.

练习与思考 7-3

1. $\frac{dT}{dt} = -k(T - T_a)$, $T|_{t=0} = 36.5$, $T|_{t=t_0} = 32$, $T|_{t=t_0+1} = 30.5$, 其中 T_a 为当时空气温度.

2. $m\dfrac{dv}{dt} = mg - 0.0005v, s\mid_{t=0} = 150, v\mid_{t=0} = 0$,其中 m 为包裹质量,g 为重力加速度.

3. $\dfrac{dp}{dt} = \alpha[f(p) - g(p)], p\mid_{t=0} = p_0$,其中 $f(p)$ 为需求函数,$g(p)$ 为供给函数,α 为正常数.

4. $\dfrac{dx}{dt} + \dfrac{2x}{100+t} = 0.03, x\mid_{t=0} = 10$.

5. $m\dfrac{d^2x}{dt^2} = -h\dfrac{dx}{dt} - kx + f(t)$,其 $f(t)$ 为干扰函数.

第 7 章复习题

一、判断题

1. 错. 2. 错. 3. 错. 4. 对.

二、填空题

1. 二,非齐次. 2. $y' = f(x,y), y(0) = 0$. 3. $y'' - 5y' + 6y = 0$. 4. $x(ax^2 + bx + c)$.

三、解答题

1. (1) $y = -\sin x + x^3 + C_1x + C_2$; (2) $y = \dfrac{1}{6}x^3 + e^{-x} + C_1x + C_2$;

   (3) $y = +\dfrac{1}{2}x^2 + x + C_1e^x + C_2$; (4) $y = C_2 e^{C_1 x}$;

   (5) $y = \left(C_1 - \dfrac{4}{3}x\right)e^{-x} + C_2 e^{2x}$; (6) $y = \dfrac{1}{4}x^3 - \dfrac{7}{16}x^2 + \dfrac{47}{32}x + C_1 + C_2 e^{-4x}$.

2. (1) $y = \dfrac{4}{9}x^3 - \dfrac{1}{3}\ln x - \dfrac{4}{9}$; (2) $\sec y + \tan y = e^{\pm x}$; (3) $y = e^{-2x}(15\cos 5x + 6\sin 5x)$;

   (4) $y = -\dfrac{1}{8}x\cos 2x + \dfrac{1}{16}\sin 2x$.

3. $t = \sqrt{\dfrac{m}{kg}}\arctan\sqrt{\dfrac{k}{mg}}v_0$, $h = \dfrac{m}{2k}\ln\left(1 + \dfrac{kv_0^2}{mg}\right)$.

4. $x(t) = 2\cos t - 2\cos 2t + 3\sin 2t$.

5. $x(t) = -10\cos\sqrt{\dfrac{\pi g}{200}}t$.

第 8 章 拉普拉斯变换

练习与思考 8-1

1. 略.

2. 略.

3. (1) $\dfrac{3}{s}$; (2) $\dfrac{3}{s^2}$; (3) $\dfrac{1}{s-2}$; (4) $\dfrac{s}{s^2+4}$.

4. (1) $\dfrac{6}{s^2+9} + \dfrac{3s}{s^2+4}$; (2) $\dfrac{s - 2\sqrt{3}}{2(s^2+4)}$; (3) $\dfrac{6s}{(s^2+9)^2}$; (4) $\dfrac{s-3}{(s-3)^2+4}$.

练习与思考 8-2

1. 略.

2. (1) $2e^{3t}$; (2) $e^{-\frac{1}{2}t}$; (3) $3\cos 3t$; (4) $\dfrac{2}{3}\sin\dfrac{1}{3}t$; (5) $\cos 3t - \sin 3t$.

3. (1) $-3e^t + 3e^{2t}$; (2) $\frac{2}{9}\cos\frac{1}{3}t$; (3) $\frac{3}{2}e^{-2t}\sin 2t$; (4) $2e^{-2t} - e^{-t}(\cos t - 2\sin t)$.

练习与思考 8-3

1. 略.

2. (1) $y = e^t$; (2) $y = \frac{5}{4}(e^{5t} - e^{3t})$; (3) $y = \frac{3}{2}\sin 2t$; (4) $y = t$.

数学实验（六）

实验练习 A

1. (1) $-2\cos x - x\sin x + C_1 x + C_2$; (2) $\frac{1}{3}e^{3x}C_1 - \frac{1}{3}x^2 - \frac{2}{9}x + C_2$; (3) $C_2 e^{C_1 x}$.

2. $2xe^{-\frac{x}{2}}$.

3. $\frac{11}{3}e^x + \frac{3}{10}e^{-6x} + \frac{1}{30}e^{4x}$.

实验练习 B

1. (1) $\frac{2}{(s+3)^3}$; (2) $\frac{(s-3)}{[(s-3)^2+4]}$; (3) $\frac{2}{(s^2+16)} + \frac{1}{(s^2+4)} + \frac{2}{s^3}$;

2. (1) $8e^{-3t} - 7e^{-2t}$; (2) $-1 + \frac{1}{2}e^t + \frac{1}{2}e^{-t}$; (3) $\frac{-1}{2} \cdot \sqrt{2} \cdot \sin(\sqrt{2} \cdot t) + \sin(t)$.

练习与思考 8-4

1. $\left(\frac{x}{4} - \frac{1}{4}\right)e^{2x} + \frac{x}{4} + \frac{17}{4}$. 2. $\left(C_1 + C_2 x + \frac{x^2}{2}\right)e^{3x}$. 3. $\frac{2}{s \cdot (s^2+4)}$, $\frac{1}{2} - \frac{1}{2}\cos(2t)$.

第 8 章复习题

一、填空题

1. $\frac{\omega}{(s+\lambda)^2 + \omega^2}$. 2. $\frac{s+\lambda}{(s+\lambda)^2 + \omega^2}$. 3. $\frac{1}{\sqrt{\pi(t-\tau)}}$. 4. $\frac{1}{2}u(t)$. 5. $\frac{t}{2}$.

二、解答题

1. (1) $F(s) = L[\sin(\omega t + \varphi)] = \int_0^\infty \sin(\omega t + \varphi)e^{-st}dt = \frac{s \cdot \sin\varphi + \omega\cos\varphi}{s^2 + \omega^2}$;

   (2) $F(s) = L[e^{-\alpha t}(1 - \alpha t)] = \int_0^\infty e^{-\alpha t}(1 - \alpha t)e^{-st}dt = \frac{s}{(s+\alpha)^2}$;

   (3) $F(s) = L[t\cos(\alpha t)] = \int_0^\infty t\cos(\alpha t)e^{-st}dt = \frac{s^2 - \alpha^2}{(s^2 + \alpha^2)^2}$;

   (4) $F(s) = L[t + 2 + 3\delta(t)] = \int_0^\infty [t + 2 + 3\delta(t)]e^{-st}dt$
   $= \int_0^\infty [t]e^{-st}dt + \int_0^\infty [2]e^{-st}dt + \int_0^\infty 3\delta(t)e^{-st}dt = \frac{3s^2 + 2s + 1}{s^2}$.

2. $\frac{\pi}{2a}e^{-\alpha t}$ 和 $\frac{\pi}{2}(1 - e^{-t})$.

3. (1) $F(s) = \frac{(s+1)(s+3)}{s(s+2)(s+4)}$.

令 $F_2(s) = 0$,可得 3 个单根分别为 $s_1 = 0$, $s_2 = -2$, $s_3 = -4$.

则 $k_1 = sF(s)|_{s_1=0} = s\dfrac{(s+1)(s+3)}{s(s+2)(s+4)}\bigg|_{s_1=0} = \dfrac{(s+1)(s+3)}{(s+2)(s+4)}\bigg|_{s_1=0} = \dfrac{3}{8}$,

$k_2 = (s+2)F(s)|_{s_2=-2} = \dfrac{(s+1)(s+3)}{s(s+4)}\bigg|_{s_2=-2} = \dfrac{1}{4}$,

$k_3 = (s+4)F(s)|_{s_3=-4} = \dfrac{(s+1)(s+3)}{s(s+2)}\bigg|_{s_3=-4} = \dfrac{3}{8}$,

即 $f(t) = \dfrac{3}{8} + \dfrac{1}{4}e^{-2t} + \dfrac{3}{8}e^{-4t}$.

(2) $F(s) = \dfrac{s^2+6s+8}{s^2+4s+3} = \dfrac{s^2+6s+8}{(s+1)(s+3)}$.

令 $F_2(s) = 0$,可得 2 个单根分别为 $s_1 = -1$, $s_2 = -3$.

则 $k_1 = (s+1)F(s)|_{s_1=-1} = \dfrac{s^2+6s+8}{s+3}\bigg|_{s_1=-1} = -\dfrac{3}{2}$,

$k_2 = (s+3)F(s)|_{s_2=-3} = \dfrac{s^2+6s+8}{s+1}\bigg|_{s_2=-3} = \dfrac{1}{2}$,

即 $f(t) = -\dfrac{3}{2}e^{-t} + \dfrac{1}{2}e^{-3t}$.

(3) $F(s) = \dfrac{s^3}{s(s^2+3s+2)} = \dfrac{s^3}{s(s+1)(s+2)}$.

令 $F_2(s) = 0$,可得 3 个单根分别为 $s_1 = 0$, $s_2 = -1$, $s_2 = -2$.

则 $k_1 = sF(s)|_{s_1=0} = \dfrac{s^3}{(s+1)(s+2)}\bigg|_{s_1=0} = 0$,

$k_2 = (s+1)F(s)|_{s_2=-1} = \dfrac{s^3}{s(s+2)}\bigg|_{s_2=-1} = 1$,

$k_3 = (s+2)F(s)|_{s_3=-2} = \dfrac{s^3}{s(s+1)}\bigg|_{s_3=-2} = -4$,

即 $f(t) = e^{-t} - 4e^{-4t}$.

(4) $F(s) = \dfrac{s+1}{s^3+2s^2+2s} = \dfrac{s+1}{s(s+1-j)(s+1+j)} = \dfrac{k_1}{s} + \dfrac{k_2}{s+1-j} + \dfrac{k_3}{s+1+j}$.

$[F_2(s)]' = 3s^2 + 4s + 2$,

则 $k_1 = \dfrac{s+1}{3s^2+4s+2}\bigg|_{s_1=0} = \dfrac{1}{2}$,

$k_2 = \dfrac{s+1}{3s^2+4s+2}\bigg|_{s_2=-1+j} = 0.354\underline{/-135°}$,

$k_3 = \dfrac{s+1}{3s^2+4s+2}\bigg|_{s_3=-1-j} = 0.354\underline{/135°}$,

即 $F(s) = \dfrac{0.5}{s} + \dfrac{0.354\underline{/-135°}}{s+1-j} + \dfrac{0.354\underline{/135°}}{s+1+j}$.

查拉普拉斯变换表,可得

$f(t) = 0.5 + 2\times 0.354 e^{-t}\cos(t-135°) = 0.5 + 0.708e^{-t}\cos(t-135°)$.

4. (1) $\dfrac{1}{1+\omega^2 a^2}(e^{(1+\omega^2 a^2)t} - e^{-\omega^2 a^2 t})$; (2) $\dfrac{1}{\omega^2 a^2}(1-\cos\omega a t)$; (3) $y = \dfrac{1}{2}e^t \sin 2t$;

(4) $y = te^{2t}$; (5) $y = \dfrac{9}{7}(e^{8t} - e^t)$; (6) $y = 2e^{-2t}\sin t$.

第 9 章 多元函数微积分初步

练习与思考 9-1

1. $B(6,2,7)$ 或 $B(6,2,-5)$. 2. $A(-1,-4,3)$. 3. 略. 4. 略. 5. 略.
6. $1/2$. 7. $2x^2 - xy$. 8. $\{(x,y) \mid y > x, x \geqslant 0, x^2 + y^2 < 1\}$. 9. e.

练习与思考 9-2

1. 略. 2. 略. 3. $\dfrac{\partial z}{\partial x} = 4x, \dfrac{\partial z}{\partial y} = 9y^2$.

4. 1. 5. $\dfrac{\partial f}{\partial x} = y\arctan z, \dfrac{\partial f}{\partial y} = x\arctan z, \dfrac{\partial f}{\partial z} = \dfrac{xy}{1+z^2}$.

6. $yx^{y-1}dx + (x^y \ln x + \sin z)dy + y\cos z dz$.

7. $\Delta z = -0.119, dz = -0.125$.

练习与思考 9-3

1. 略. 2. 略. 3. 略.

4. $\dfrac{\partial z}{\partial x} = \dfrac{2x}{y^2}\ln(3x-2y) + \dfrac{3x^2}{(3x-2y)y^2}, \dfrac{\partial z}{\partial y} = -\dfrac{2x^2}{y^3}\ln(3x-2y) - \dfrac{2x^2}{(3x-2y)y^2}$.

5. -1. 6. $\dfrac{\partial z}{\partial x} = \dfrac{f'(x+y-z)}{1+f'(x+y-z)}, \dfrac{\partial z}{\partial y} = \dfrac{f'(x+y-z)}{1+f'(x+y-z)}$.

7. $\dfrac{\partial z}{\partial x} = \dfrac{z}{y}, \dfrac{\partial z}{\partial y} = -\dfrac{z(x+y)}{y^2}$.

练习与思考 9-4

1. 略. 2. 略. 3. 略.

4. (1) 极大值为 $z(0,0) = 1$; (2) 极大值为 $z(0,0) = 0$;

   (3) 极小值为 $z\left(\dfrac{1}{2}, -1\right) = -e/2$.

5. $1/4$. 6. 长度为 20m, 高度为 25m.

练习与思考 9-5

1. (1) 2; (2) $\dfrac{9}{4}$; (3) $\dfrac{1}{2}\left(1 - \dfrac{1}{e}\right)$.

2. (1) $\pi\left(1 - \dfrac{1}{e}\right)$; (2) $\dfrac{\pi}{4}$; (3) $\dfrac{3\pi^2}{64}$.

3. (1) $\int_0^1 dy \int_y^{\sqrt{y}} f(x,y)dx$; (2) $\int_0^4 dx \int_{\frac{x}{2}}^{\sqrt{x}} f(x,y)dy$; (3) $\int_0^1 dy \int_y^{2-y} f(x,y)dy$.

4. $\left(\dfrac{a}{3}, \dfrac{a}{3}\right)$.

5. $I_x = \dfrac{k}{3}ab^3, I_y = \dfrac{k}{3}a^3 b$ (其中 k 为均匀矩形的密度).

第 9 章复习题

一、选择题

1. B. 2. C. 3. C. 4. B. 5. B.

二、解答题

1. (1) $\dfrac{\partial z}{\partial x} = e^{xy}[y\sin(x+y) + \cos(x+y)]$, $\dfrac{\partial z}{\partial y} = e^{xy}[\sin(x+y) + \cos(x+y)]$;

   (2) $\dfrac{dz}{dt} = e^t - \sin t$.

2. (1) 1; (2) $\dfrac{11}{2}$.   3. $(-1, 1, \pm\sqrt{2})$,最小值 2.   4. $\dfrac{50}{3\pi} - \dfrac{9}{\sqrt{5}}, \dfrac{12}{\sqrt{5}}$.

5. (1) $\displaystyle\int_0^1 dx \int_{\frac{1}{2}x}^{2x} f(x,y)dy + \int_1^2 dx \int_{\frac{1}{2}x}^{\frac{2}{x}} f(x,y)dy$, $\displaystyle\int_0^1 dy \int_{\frac{1}{2}y}^{2y} f(x,y)dx + \int_1^2 dy \int_{\frac{1}{2}y}^{\frac{2}{y}} f(x,y)dx$;

   (2) $\displaystyle\int_0^2 dx \int_0^{\sqrt{2x}} f(x,y)dy + \int_2^{2\sqrt{2}} dx \int_0^{\sqrt{8-x^2}} f(x,y)dy$, $\displaystyle\int_0^2 dy \int_{\frac{1}{2}y^2}^{\sqrt{8-y^2}} f(x,y)dx$;

   (3) $\displaystyle\int_{-1}^0 dx \int_{-x}^1 f(x,y)dy + \int_0^1 dx \int_{1-\sqrt{1-x^2}}^1 f(x,y)dy$, $\displaystyle\int_0^1 dy \int_{-y}^{\sqrt{2y-y^2}} f(x,y)dx$;

   (4) $\displaystyle\int_{\frac{1}{2}}^1 dx \int_{\sqrt{1-x^2}}^{\sqrt{2x-x^2}} f(x,y)dy + \int_1^2 dx \int_0^{\sqrt{2x-x^2}} f(x,y)dy$,

   $\displaystyle\int_0^{\frac{\sqrt{3}}{2}} dy \int_{1-\sqrt{1-y^2}}^{1+\sqrt{1-y^2}} f(x,y)dx + \int_{\frac{\sqrt{3}}{2}}^1 dy \int_{1-\sqrt{1-y^2}}^{1+\sqrt{1-y^2}} f(x,y)dx$.

6. (1) $\dfrac{1}{2}e^2 - e$; (2) $2 - \dfrac{\pi}{2}$; (3) $\dfrac{2}{3}(\sqrt{2} - 1) + \dfrac{\pi}{2}$; (4) $\dfrac{16}{2}\left(\pi - \dfrac{2}{3}\right)$; (5) $\dfrac{5}{27}$.

第 10 章 无穷级数

练习与思考 10-1

1. 略.   2. 略.

3. (1) 发散; (2) 收敛; (3) 发散; (4) 收敛.

4. (1) 收敛; (2) 发散; (3) 收敛; (4) 收敛; (5) 收敛; (6) 收敛; (7) 收敛; (8) 发散.

练习与思考 10-2

1. (1) $[-1, 1)$; (2) $(-3, 3)$; (3) $[-3, 3)$; (4) $x = 2$.

2. (1) $s(x) = \dfrac{1+x^2}{(1-x^2)^2}$ $(-1 < x < 1)$; (2) $s(x) = \dfrac{1}{2}\ln\left|\dfrac{x+1}{x-1}\right|$ $(-1 < x < 1)$.

3. (1) $a^x = \displaystyle\sum_{n=0}^{\infty} \dfrac{(x\ln a)^n}{n!}$ $(-\infty < x + \infty)$;

   (2) $\sin \dfrac{x}{2} = \displaystyle\sum_{n=0}^{\infty} (-1)^n \dfrac{x^{2n+1}}{2^{2n+1}(2n+1)!}$ $(-\infty < x + \infty)$.

4. (1) $1 + \dfrac{2x}{1!} + \dfrac{(2x)^2}{2!} + \cdots + \dfrac{(2x)^n}{n!}$; (2) $1 + 2x + 4x^2 + 8x^3 + \cdots + 2^n x^n$.

5. 2.718.

6. $\displaystyle\int_0^1 \dfrac{\sin x}{x} dx \approx 1 - \dfrac{1}{3 \cdot 3!} + \dfrac{1}{5 \cdot 5!} \approx 0.946\,11$.

练习与思考 10-3

1. 略.

2. $\sin\dfrac{x}{2} = \dfrac{8}{\pi}\sum\limits_{n=1}^{\infty}(-1)^{n+1}\dfrac{n\sin nx}{4n^2-1}\ (-\pi < x < \pi)$.

3. 正弦级数 $f(x) = \sum\limits_{n=1}^{\infty}\left[\dfrac{(-1)^{n+1}}{n} + \dfrac{2}{n^2\pi}\sin\dfrac{n\pi}{2}\right]\sin nx\ (0 \leqslant x < \pi)$，余弦级数略.

数学实验（七）

实验练习 A

1. (1)

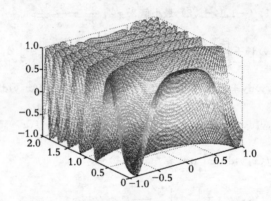

(2)

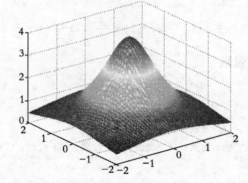

2.

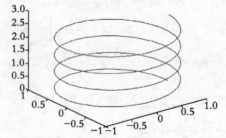

实验练习 B

1. $2 \cdot x \cdot \sin(x+y) + x^2 \cdot \cos(x+y)$, $x^2 \cdot \cos(x+y)$, $2 \cdot x \cdot \cos(x+y) - x^2 \cdot \sin(x+y)$, $-x^2 \cdot \sin(x+y)$.

2. 极小值 $f\left(\dfrac{17}{12}, -\dfrac{17}{16}\right) = \dfrac{-4\,913}{3\,456}$.

3. $z\left(\dfrac{1}{2}, \dfrac{1}{2}\right) = \dfrac{1}{4}$.

4. (1) 3；(2) $\dfrac{-1}{2} \cdot \exp(-1) + \dfrac{1}{2}$；(3) 2.

实验练习 C

1. (1) $\dfrac{1}{(-1+x)}$；(2) $-2 \cdot \dfrac{x}{(-1+x)^3}$；(3) $2 \cdot \dfrac{x}{(x^2-1)^2}$.

2. (1) $-x^2 - \dfrac{x^4}{2} - \dfrac{x^6}{3} - \dfrac{x^8}{4} - \dfrac{x^{10}}{5}$；(2) $x^2 + x^4 + \dfrac{x^6}{2!} + \dfrac{x^8}{3!} + \dfrac{x^{10}}{4}$；

   (3) $x^2 - \dfrac{1}{2} \cdot x^3 + \dfrac{1}{3} \cdot x^4 - \dfrac{1}{4} \cdot x^5$.

3. (1) $\ln(3) - \dfrac{1}{3} + \dfrac{1}{3} \cdot x - \dfrac{1}{18} \cdot (-1+x)^2 + \dfrac{1}{81} \cdot (-1+x)^3$；

   (2) $-4 + 3 \cdot x - 9 \cdot (-1+x)^2 + 27 \cdot (-1+x)^2$；

   (3) $x + \dfrac{1}{2} \cdot (-1+x)^2 + \dfrac{1}{6} \cdot (-1+x)^3$.

练习与思考 10-4

1. 略. 2. $-\exp(-1) \cdot \pi + \pi$. 3. $\dfrac{\pi^2}{6}$.

第 10 章复习题

一、判断题

1. ×. 2. √. 3. √. 4. ×.

二、选择题

1. A. 2. C. 3. B. 4. B. 5. B.

三、填空题

1. 发散. 2. 收敛. 3. 收敛. 4. 发散.

四、解答题

1. (1) 发散；(2) 收敛；(3) 发散；(4) 收敛；(5) 收敛；(6) 收敛.

2. (1) $(-\infty, +\infty)$；(2) $[-1, 1]$；(3) $\left[-\dfrac{1}{2}, \dfrac{1}{2}\right]$；(4) $[-1, 1]$.

3. (1) $\dfrac{1}{1-x^6} = \sum\limits_{n=0}^{\infty} x^{6n} \quad (-1 < x < 1)$；

   (2) $\cos^2 2x = \dfrac{1}{2} + \dfrac{1}{2} \sum\limits_{n=0}^{\infty} (-1)^n \dfrac{(4x)^{2n}}{(2n)!} \quad (-\infty < x < +\infty)$；

   (3) $\ln(2+x) = \ln 2 + \sum\limits_{n=1}^{\infty} (-1)^{n-1} \dfrac{x^n}{2^n n} \quad (-1 < x \leqslant 1)$；

   (4) $\dfrac{1}{x^2-2x-3} = \dfrac{1}{4} \sum\limits_{n=0}^{\infty} \left[(-1)^{n+1} - \dfrac{1}{3^{n+1}}\right] x^n \quad (-1 < x < 1)$.

4. (1) $\dfrac{1}{4-x} = \dfrac{1}{2} \sum\limits_{n=0}^{\infty} \dfrac{(x-2)^n}{2^n} \quad (0 < x < 4)$；

(2) $\ln x = \ln 2 + \sum_{n=1}^{\infty}(-1)^{n-1}\dfrac{(x-2)^n}{2^n n}+\cdots(0<x\leqslant 4)$.

5. $x^2 = \dfrac{\pi^2}{3}+4\sum_{n=1}^{\infty}(-1)^n\dfrac{\cos nx}{n^2},\ -\infty<x+\infty$.

6. $f(x) = 1+\dfrac{4}{\pi}\sum_{n=1}^{\infty}\dfrac{1}{2n-1}\sin\dfrac{(2n-1)\pi}{l}x,\ -l<x<0\ \text{或}\ 0<x<1$.

第 11 章 图与网络基础

练习与思考 11-1

1. (b) 不是图,射线并非点间连线；(a) 是有向图.　2. 略.　3. 是,略(答案不唯一).
4. 按 $A\to B_1\to C_1\to D$ 铺设.

练习与思考 11-2

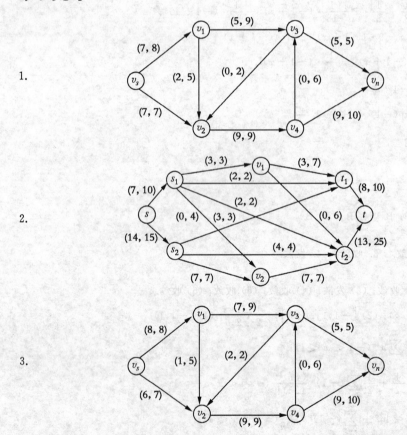

练习与思考 11-3

1. 医院应建在村庄 v_3,小学应建在村庄 v_4.　2. 第 1 年初买车,第 2 年初卖旧车买新车,用到第 4 年初,再次卖旧车买新车使用到第 5 年末卖掉. 总费用 31 万.

附录二 参考答案

练习与思考 11-4

1. 略.　2. 略.　3. 略.

第 11 章复习题

一、选择题

1. A.　2. D.　3. C.

二、填空题

1. 网络,发,收,容量.　2. =,>.　3. 回路,⩾.　4. 流量.　5. 最大流,最小费用.

三、解答题

1. 6,否.　2. 能,$R_1R_2R_3R_6R_9R_6R_5R_8R_7R_4R_5R_2R_1$.
3. 不能(提示:将 5 个展区看作 5 个点,展馆外作为第 6 个点).　4. 略,253.2.

5. (1)

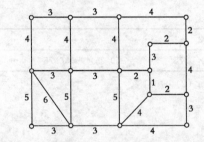

(2) 90 百米.

6. (1) $A \to C \to E$;(2) 最短路;(3) 49min.　7. 114 千元,$0 \to 1 \to 6 \to 8$.

8. (1) 否,略;(2) 能;(3) 不能.

9. (1)

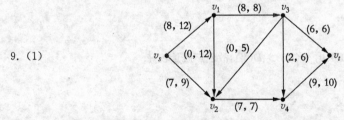

(2) $(X,\overline{X}) = \{(v_1,v_3),(v_2,v_4)\}$;

(3) 扼住瓶颈,即最小割;向迁移路段(v_1,v_3),(v_2,v_4)撒下足够的药粉.

10. (1) 即求最大流量 7;(2) 即求最小费用最大流,最小费用 42.

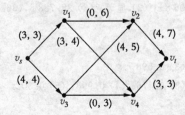

第 12 章 概率统计基础

练习与思考 12-1A

1. (1) $A\bar{B}\bar{C}$ 或 $A - B \cup C$; (2) $A \cup B \cup C$;

   (3) ABC; (4) $AB \cup BC \cup CA$; (5) $\bar{A}\bar{B}\bar{C}$ 或 $\overline{A \cup B \cup C}$; (6) $\overline{AB} \cup \overline{BC} \cup \overline{CA}$.

2. $\dfrac{C_7^1 C_3^2}{C_{10}^3} + \dfrac{C_7^2 C_3^1}{C_{10}^3} + \dfrac{C_7^3 C_3^0}{C_{10}^3}$.

3. 0.35.

练习与思考 12-1B

1. $\dfrac{1}{15}$.   2. 0.973 3, 0.25.   3. $\dfrac{1}{2}$.

练习与思考 12-2A

1.

X	1	2	$\cdots$	k	$\cdots$
P	0.75	0.25×0.75	$\cdots$	$(0.25)^{k-1} \times 0.75$	$\cdots$

2. (1) $C_{10}^k (0.05)^k (0.95)^{10-k}$; (2) 0.011 5.

3. 0.047 4.

练习与思考 12-2B

1. $k = 2$, 0.5.

2. 0.25.

3. (1) 0.84, 0.022 8; (2) 0.793 8, 0.952 5.

4. 0.954 4.

5. (1) 0.933 2; (2) 0.383 0.

练习与思考 12-3

1. $E(X) = 1\,000, E(Y) = 1\,010, D(X) > D(Y)$, 故乙厂质量较好.

2. $E(X) = 0, D(X) = \dfrac{3}{5}$.

3. 31.5 万元.

4. $E(A) = 9, E(B) = 8.5, D(A) = |180|, D(B) = 202.25$.

练习与思考 12-4

1. (1) $\hat{y} = 11.599 + 0.499\,2x$; (2) 显著; (3) 24.1g.

2. (1) $\hat{y} = 5.040\,6 + 0.306\,8x$; (2) 显著; (3) 38.788 6, (36.863 5, 40.713 7).

数学实验（九）

实验练习 A

1. (1) 0.219; (2) 0.348; (3) 0.598 7.

2. (1) 0.035; (2) 0.156; (3) 0.176; (4) 0.998; (5) 0.302.

3. (1) 3; (2) 1.96.

实验练习 B

1. $-0.2, 2.76, -1.4, 11.0$.

2. (1) $f(x) = \begin{cases} \dfrac{24}{x^4}, & x > 2, \\ 0, & x < 2; \end{cases}$ (2) $3, 3$.

练习与思考 12-5

1. 5.573.   2. 13 车.   3. (1) $0.274, 05$; (2) B.

练习与思考 12-6

1. 220 册.

本章复习题

一、选择题

1. C   2. D   3. C   4. B   5. B   6. D   7. B   8. C   9. D   10. B   11. B   12. D

二、填空题

1. {(正面,正面)(正面,反面)(反面,反面)(反面,正面)}.

2. $AB\overline{C} \cup \overline{A}B\overline{C} \cup \overline{AB}C \cup \overline{ABC}$.

3. $P(AB) \leqslant P(A) \leqslant P(A \cup B) \leqslant P(A) + P(B)$.

4. $\dfrac{3 \times 4}{12 \times 11}, \dfrac{5}{12} \times \dfrac{4}{12}$.   5. $C_5^3 \left(\dfrac{1}{10}\right)^3 \left(\dfrac{9}{10}\right)^2$.

6. $0.4, 0.67$.   7. $\dfrac{1}{2}, \dfrac{1}{\pi}, \dfrac{7}{12}$.   8. $\dfrac{9}{10}$.

9. $\dfrac{1}{2}$.   10. $15, 0.4$.   11. 10.   12. -3.

三、解答题

1. (1) $\dfrac{5}{14}$; (2) $\dfrac{5}{28}$.   2. (1) 0.7; (2) 0.3.   3. 0.862.   4. 0.8.

5. (1) $\dfrac{27}{128}$; (2) $\dfrac{81}{256}$; (3) $\dfrac{255}{256}$.

6. $0.000\ 154\ 7$.   7. (1) e^{-1}; (2) $-e^{-\frac{6}{4}} + e^{-\frac{3}{4}}$.

8. 0.927.   9. $E(X_甲) = E(X_乙) = 0$, $D(X_甲) = 0.2$, $D(X_乙) = 1$, 故甲比乙好.

10. $\dfrac{3}{2}$ 伏特.

图书在版编目(CIP)数据

实用数学·下册(工程类) / 张圣勤,叶迎春主编.
—上海：复旦大学出版社,2010.3
(复旦卓越·数学系列)
ISBN 978-7-309-07058-3

Ⅰ.①实… Ⅱ.①张…②叶… Ⅲ.①高等数学—高等学校—教材 Ⅳ.①O13

中国版本图书馆 CIP 数据核字(2010)第 016496 号

实用数学·下册(工程类)
张圣勤　叶迎春　主编

出版发行	复旦大学出版社　上海市国权路579号　邮编:200433
	86-21-65642857(门市零售)
	86-21-65100562(团体订购)　86-21-65109143(外埠邮购)
	fupnet@fudanpress.com　http://www.fudanpress.com
责任编辑	梁　玲
出 品 人	贺圣遂
印　　刷	句容市排印厂
开　　本	787×960　1/16
印　　张	15.75
字　　数	285 千
版　　次	2010 年 3 月第一版第一次印刷
书　　号	ISBN 978 - 7 - 309 - 07058 - 3 / O·439
定　　价	28.00 元

如有印装质量问题,请向复旦大学出版社发行部调换。
版权所有　　侵权必究